A. Signorini (Ed.)

Teorie non linearizzate in elasticità, idrodinamica, aerodinamica

Lectures given at the
Centro Internazionale Matematico Estivo (C.I.M.E.),
held in Venezia, Italy,
September 20-28, 1955

Springer

FONDAZIONE
CIME
ROBERTO CONTI

C.I.M.E. Foundation
c/o Dipartimento di Matematica "U. Dini"
Viale Morgagni n. 67/a
50134 Firenze
Italy
cime@math.unifi.it

ISBN 978-3-642-10901-0 e-ISBN: 978-3-642-10902-7
DOI:10.1007/978-3-642-10902-7
Springer Heidelberg Dordrecht London New York

Reprint of the 1st ed. C.I.M.E., Florence, 1955
With kind permission of C.I.M.E.

Printed on acid-free paper

Springer.com

CENTRO INTERNATIONALE MATEMATICO ESTIVO
(C.I.M.E)

4° Ciclo - Fondazione Giorgio Cini – Isola San Giorgio (Venezia)
20-28 sett. 1955

TEORIE NON LINEARIZZATE IN ELASTICITA', IDRODINAMICA, AERODINAMICA

A. S I G N O R I N I

TRASFORMAZIONI TERMOELASTICHE FINITE DI SOLIDI INCOMPRIMIBILI

ROMA - Istituto Matematico dell'Università, 1956

A. Signorini.

TRASFORMAZIONI TERMOELASTICHE FINITE DI SOLIDI INCOMPRIMIBILI

Queste lezioni hanno come direttiva una sintesi di quanto si trova sistematicamente sviluppato in una mia Memoria sulle trasformazioni termoelastiche finite di solidi incomprimibili, in corso di stampa negli Annali di Matematica pura e applicata t. XXXIX (1955) pp. 147-201 . Verranno anche esposti, come necessaria premessa, alcuni dei risultati di due precedenti Memorie degli stessi Annali. Invece, per motivo di brevità, non potrò dare neppure un cenno delle ulteriori ricerche sviluppate dal prof. T. Manacorda in tre recentissimi suoi lavori:

Sul potenziale isotermo nella più generale Elasticità di secondo grado per solidi incomprimibili Ann. di Mat., t.XLI, pp. 1-10 ;

Sulla torsione di un cilindro circolare omogeneo e isotropo nella teoria delle deformazioni finite di solidi elastici incomprimibili Boll. della U.M.I., 1955, pp. 177-89 ;

Sulla più generale teoria linearizzata delle trasformazioni reversibili adiabatiche Rivista di Matematica dell'Università di Parma, v.5, pp. 233-53 .

Per solidi incomprimibili sembra assai utile l'introduzione [V, n.7] di certe due variabili indipendenti al posto dei tre allungamenti unitari principali. Fra l'altro essa porta a delimitare in modo espressivo l'area di definizione del potenziale isotermo [v. fig. a pag.].

Nella seconda Memoria degli Annali insistetti sul fatto che la ipotesi caratteristica della Elasticità di secondo grado aveva superato così felicemente tanti severi controlli di carattere qualitativo da farmi pensare che per qualche solido naturale potesse andar bene anche quantitativamente. Questa mia presunzione viene ora avvalorata dal teorema del n. 3 del cap. VI: per solidi incomprimibili l'ipotesi caratteristica della Elasticità di secondo grado impone al potenziale isotermo una forma che - ove si annulli uno dei tre parametri in essa disponibili - coincide con la forma proposta e discussa da M. Mooney fin dal 1940. Anzi l'annullarsi di tale parametro risulta pure necessario se incondizionatamente si accettano i risultati di esperienze assai recenti.

Capitolo I.

SPOSTAMENTI TRIDIMENSIONALI REGOLARI

GENERALITA'

Siano C_* e C due configurazioni di un sistema continuo tridimensionale S, scelte a piacere nell'insieme di tutte quelle che per esso vogliono intendersi possibili; in modo che lo spostamento da C_* [configurazione di partenza] in C [configurazione di arrivo] possa identificarsi con un qualunque spostamento globale di S. La C_* verrà anche chiamata configurazione di riferimento.

Indicherò sempre con P, P_* una qualunque coppia di punti corrispondenti in C e C_*, con $\underline{s}$ il vettore P_*P, cioè lo spostamento del punto P_* nello spostamento globale di S da C_* in C,

$$\mathcal{S} \equiv C_* \longrightarrow C.$$

Fisso a piacere una terna cartesiana trirettangola

$$\mathcal{C} \equiv O\underline{c}_1 \underline{c}_2 \underline{c}_3$$

e rispetto a $\mathcal{C}$ convengo, una volta per tutte, di indicare con y_1, y_2, y_3 le coordinate del generico P_*, con x_1, x_2, x_3, le coordinate di P, con

$$u_r = x_r - y_r \qquad (r = 1, 2, 3)$$

le componenti di $\underline{s}$, ecc. : anche adoprando, senz'altro avviso i coefficienti di un'omografia vettoriale, li intenderò riferiti alla $\mathcal{C}$.

Potrò pensare biunivoca e incondizionatamente regolare la corrispondenza fra P_* e P; in particolare sempre positivo il determinante funzionale

$$\mathcal{D} = \frac{\partial(x_1, x_2, x_3)}{\partial(y_1, y_2, y_3)} . \tag{1}$$

Riusciranno comode le notazioni abbreviative

$$x_{rs} = \frac{\partial x_r}{\partial y_s} \quad , \quad u_{rs} = \frac{\partial u_r}{\partial y_s}$$

Non escludo [salvo contrario avviso] che S possa essere soggetto a qualche <u>vincolo interno</u>, del tipo

$$\mathfrak{D} = f(y_1, y_2, y_3) *.$$

Fin d'ora convengo pure di chiamare <u>omogeneo</u> ogni spostamento pel quale le x siano funzioni lineari delle y: potrà magari trattarsi di uno spostamento rigido.

2. <u>CORRISPONDENZA DEGLI ELEMENTI LINEARI.</u>

Siano: $dP_* \equiv (dy_1, dy_2, dy_3)$ il generico <u>elemento lineare orientato</u> uscente da P_* e $dP \equiv (dx_1, dx_2, dx_3)$ il suo corrispondente in C, $\underline{a}^*$ ed $\underline{a}$ i versori di dP_* e dP.

Sempre in riguardo al generico P_* indicherò con la semplice notazione α l'omografia vettoriale

$$\frac{dP}{dP_*} \equiv \| x_{rs} \|$$

per la quale evidentemente è

$$(1)' \qquad I_3\alpha = \mathfrak{D} > 0.$$

E' proprio la α che specifica la legge di corrispondenza fra dP_* e dP, mediante l'uguaglianza

$$(2) \qquad dP = \alpha \, dP_* .$$

Talvolta chiamerò dP l'<u>immagine</u> di dP_* su C [e dP_* l'immagine di dP su C_*].

Indicando con δ_a il <u>coefficiente di dilatazione lineare</u> in P_* <u>nella direzione di</u> $\underline{a}^*$ [cioè ponendo $|dP| = (1+\delta_a)|dP_*|$] la (2) può anche sostituirsi con

$$(2)' \qquad (1+\delta_a)\underline{a} = \alpha \underline{a}_* ,$$

che implica

$$(3) \qquad \delta_a = |\alpha \underline{a}^*| - 1 .$$

Indicando con δ_c il coefficiente di dilatazione cubica in P_* [cioè ponendo $dC = (1+\delta_c)\, dC_*$] la $(1)'$ evidentemente fornisce

$$(4) \qquad \delta_c = I_3\alpha - 1 .$$

E' pure evidente che la α risulta indipendente da P_* solo quando $\mathcal{S}$ è omogeneo.

3. DEFORMAZIONE PURA E ROTAZIONE LOCALE. SPOSTAMENTI OMOGENEI.

Per uno spostamento infinitesimo notoriamente conviene la sistematica decomposizione dell'omografia α nella somma di una dilatazione con un'omografia assiale; decomposizione che - indipendentemente dall'entità dello spostamento - si specifica in

$$(5) \qquad \alpha = D\alpha + \underline{\omega}\wedge$$

non appena si ponga

$$(5)' \qquad \underline{\omega} = \frac{1}{2}\,\mathrm{rot}_{P_*}\underline{s} .$$

Per uno spostamento finito conviene invece decomporre la α nel prodotto di due omografie, con le modalità che ora preciserò.

Chiamo dilatazione pura ogni dilatazione [propria] per la quale tutti e tre i coefficienti principali siano positivi, cioè un'omografia vettoriale che ammetta tre semirette unite mutuamente ortogonali. Tale ad es. risulta

$$\varpi = K\alpha \cdot \alpha$$

nel solo fatto che la α non è degenere.

Sia allora α_δ la dilatazione pura univocamente caratterizzata dall'uguaglianza

$$\alpha_\delta^2 = \varpi ,$$

cioè la dilatazione pura che si ricava da ϖ quando, senza toccare le sue direzioni unite, si sostituisce ciascuno dei suoi coefficienti principali col valore assoluto della rispettiva radice quadrata.

Si può dimostrare che α in conseguenza dell'essere $I_3\alpha > 0$ coincide col prodotto di α_δ per un conveniente rotore[1] α_ϱ ,

$$\alpha = \alpha_\varrho \cdot \alpha_\delta : \tag{6}$$

anzi è questo l'unico modo di decomporre α nel prodotto di una dilatazione pura per un rotore.

Ebbene, proprio la (6) è la formola di decomposizione che meglio conviene per i successivi sviluppi. Ad α_δ e α_ϱ rispettivamente do il nome di <u>deformazione pura in</u> P_* e <u>rotazione in</u> P_* , ovvero <u>rotazione locale</u> [v. n.6].

L'intervento di (6) riduce (3) e (4) a

$$\delta_a = |\alpha_\delta \underline{a}^*| - 1 , \quad \delta_c = I_3\alpha_\delta - 1. \tag{7}$$

Se $C_* \to C$ si riduce a uno spostamento rigido, si annullano tutti i coefficienti di dilatazione lineare: ciò che, per effetto di $(7)_1$, esattamente implica

$$\alpha_\delta = 1 \quad . \; . \; . \; . \; . \; C_* \; . \tag{8}$$

---

(1) E' superfluo ricordare che un'omografia vettoriale prende il nome speciale di "rotore" se la corrispondente affinità degenera in uno spostamento rigido con un punto fisso.

Anzi questa condizione è pure sufficiente perchè $C_* \to C$ conservi le lunghezze, cioè [nell'insieme degli spostamenti regolari] è proprio caratteristica degli spostamenti rigidi.

Stante l'unicità della decomposizione in prodotto (6), per ogni spostamento omogeneo tanto α_δ, quanto α_ϱ non possono dipendere da P_*, ma si può anche dimostrare che la sola condizione

$$\alpha_\delta = \text{cost.} \quad . \quad . \quad . \quad . \quad C_*$$

basta per garantire che lo spostamento è omogeneo: naturalmente essa è un pò meno restrittiva della (8).

4. CORRISPONDENZA DEGLI ELEMENTI DI SUPERFICIE ORIENTATI.

Siano: $d\sigma_*$ il generico elemento di superficie per P_* e $d\sigma$ il corrispondente elemento per P; $\underline{n}^*$ il versore della normale a $d\sigma_*$ [orientata in modo arbitrario] ; $\underline{n}$ il versore della normale a $d\sigma$, orientata in verso concorde al vettore $\alpha\underline{n}^*$ [che in genere non sarà ortogonale a $d\sigma$, ma neppure potrà mai essergli parallelo] .

Indichiamo con C_{rs} (r,s, = 1,2,3) il complemento algebrico di x_{rs} nel determinante funzionale $\mathfrak{D}$ e con $R\alpha$ la omografia complementare di α,

$$R\alpha \equiv \| C_{rs} \| \equiv I_3 \alpha \cdot K\alpha^{-1}$$

La $R\alpha$ non differisce da α per $\alpha_\delta \equiv 1$ [spostamento rigido] . Comunque la $R\alpha$ dà la legge di corrispondenza tra gli elementi di superficie orientati $\underline{n}^* d\sigma_*$, $\underline{n}\, d\sigma$, mediante l'uguaglianza

$$\underline{n}\, d\sigma = R\alpha\left(\underline{n}^* d\sigma_*\right). \tag{9}$$

Chiamando δ_σ il coefficiente di dilatazione superficiale [in P_*] secondo la giacitura normale a $\underline{n}^*$ [cioè ponendo $d\sigma = \left(1+\delta_\sigma\right) d\sigma_*$]

la (9) può sostituirsi con

(9)' $$\left(1+\delta_\sigma\right)\underline{n} = R\alpha\,\underline{n}^*,$$

che implica

(10) $$1+\delta_\sigma = \left|R\alpha_\delta\,\underline{n}^*\right|.$$

Per un momento siano: $\mathcal{C}_*$ e $\mathcal{C}$ una parte qualunque di C_* e la parte corrispondente di C; σ e σ_* i contorni completi di C e C_*; $\underline{n}$ e $\underline{n}^*$ i versori delle loro normali interne.

Per effetto di (9), l'identità

$$\int_\sigma \underline{n}\, d\sigma = 0$$

non differisce da

$$\int_{\sigma_*} R\alpha(\underline{n}^*)\, d\sigma_* = 0,$$

che a sua volta [sempre col concorso del lemma di Green] può sostituirsi con

$$\sum_1^3{}_i \int_{\mathcal{C}_*} \frac{\partial R\alpha(\underline{c}_i)}{\partial y_i}\, dC_* = 0.$$

L'arbitrarietà di $\mathcal{C}_*$ [insieme al fatto che le funzioni integrande sono continue e indipendenti dal campo di integrazione] dà allora luogo alla identità vettoriale

(11) $$\sum_1^3{}_i \frac{\partial R\alpha(\underline{c}_i)}{\partial y_i} = 0,$$

equivalente alle tre identità scalari

(11)' $$\sum_1^3{}_i \frac{\partial c_{si}}{\partial y_i} = 0 \qquad (s = 1, 2, 3).$$

5. SPOSTAMENTI EQUIVALENTI.

Accanto a C_* e C, considere una terza configurazione C' di S, *a priori* soggetta alla sola condizione che lo spostamento $\rightarrow$ C' sia regolare e accenno con α'_δ, α'_e ciò che divengono α_δ, α_e quando C' prende il posto di C.

Dirò che i due spostamenti

$$\mathcal{S} \equiv C_* \to C \quad , \quad \mathcal{S}' \equiv C_* \to C'$$

sono equivalenti ogni qualvolta sia rigido lo spostamento $C \to C'$.

Si può dimostrare che ciò si verifica quando e solo quando

$$(12) \qquad \alpha'_\delta = \alpha_\delta \quad \ldots \ldots \quad C_* .$$

Rimane così stabilito che la conoscenza in tutto C_* della α_δ individua $C_* \to C$ [spostamento regolare] a meno di uno spostamento rigido.

Si può anzi aggiungere che la α_δ purchè la si conosca in tutto C_* individua α_ϱ a meno di un rotore costante: per due spostamenti equivalenti, in ogni punto di C_*, le deformazioni pure coincidono e le rotazioni locali si ricavano l'una dall'altra mediante il semplice prodotto per un rotore costante.

6. FORMA DIFFERENZIALE CARATTERISTICA.

Riassumiamo dai n.[i] precedenti le uguaglianze

$$(13) \qquad \delta_a = |\alpha_\delta \underline{a}^*| - 1 \quad , \quad \delta_\sigma = |R\alpha_\delta \underline{n}^*| - 1 , \; \delta_c = I_3 \alpha_\delta - 1 .$$

Questo gruppo di formule mette in evidenza che attorno a P_* le dilatazioni lineari, superficiali e cubica sono tutte individuate da $(\alpha_\delta)_{P_*}$. Invece nelle leggi complete di corrispondenza tra gli elementi lineari e tra gli elementi di superficie orientati per P_* e P, cioè in

$$dP = \alpha_\varrho(\alpha_\delta \, dP_*) \quad , \quad \underline{n}\, d\sigma = \alpha_\varrho (R\alpha_\delta \underline{n}^*) d\sigma_* \, ,$$

interviene anche $(\alpha_\varrho)_{P_*}$.

Questa osservazione già giustifica le denominazioni di "deformazione pura" e "rotazione locale" rispettivamente attribuite ad α_δ , α_φ al n. 3: fin d'ora si può dire che la deformazione dell'elemento [tridimensionale] di S circostante a P_* è completamente caratterizzata da $(\alpha_\delta)_{P_*}$.

Ciò premesso, rappresentiamo con b_{rs} $(r,s = 1,2,3;\ b_{rs} = b_{sr})$ i coefficienti della dilatazione pura $\varpi = K\alpha\cdot\alpha$; il che implica

$$b_{rs} = \sum_1^3{}_i\, x_{ir} x_{is} \tag{14}$$

e anche l'identità

$$|dP|^2 = \sum_{1rs}^3 b_{rs}\, dy_r\, dy_s .$$

Essendo $\alpha_\delta^2 = \varpi$, i b_{rs} individuano α_δ [e viceversa] : onde si può anche dire che la deformazione dell'elemento di S circostante a P_* è completamente caratterizzata dai valori in P_* delle sei funzioni scalari b_{rs} .

Non è questo il solo motivo per cui nella trattazione scalare dell'attuale argomento si dà alla forma differenziale

$$\sum_{1rs}^3 b_{rs}\, dy_r\, dy_s$$

il nome di <u>forma caratteristica</u> dello spostamento $C_* \to C$. Si tratta proprio della forma differenziale che esprime il quadrato dell'elemento lineare di C mediante le y [ds^2 euclideo] : è per questo che i b_{rs} , quando siano noti in tutto C_* , individuano lo spostamento globale $C_* \to C$, a meno di uno spostamento rigido.

7. OMOGRAFIA DI DEFORMAZIONE.

Accanto alla α_δ e alla ω , dovrò sistematicamente adoperare l'omografia ε <u>omografia di deformazione</u> definita dall'uguaglianza

$$1 + 2\varepsilon = \varpi = K\alpha\cdot\alpha . \tag{15}$$

Risultando

$$1+2\varepsilon = \alpha_\delta^2 ,$$

la (8) esattamente equivale a

(16) $$\varepsilon = 0 \quad \ldots\ldots\ldots \quad C_* :$$

in modo che - in pieno accordo con la qualifica di "omografia di deformazione" per la ε - anche la (16) è necessaria e sufficiente[2] perchè $C_* \to C$ si riduca a uno spostamento rigido.

La ε risulta sempre una dilatazione, con le stesse direzioni unite di α_δ^2 e α_δ, ma in genere non è una dilatazione pura. Per i suoi coefficienti rispetto alla $\mathcal{C}$, dalle (14) ben facilmente si ricavano le espressioni

(17) $$\varepsilon_{rs} = \frac{1}{2}\left(u_{rs} + u_{sr}\right) + \frac{1}{2}\sum_{1}^{3}{}_i\, u_{ir} u_{is} \qquad (r, s = 1, 2, 3) .$$

Molte volte saranno utili anche le notazioni a un solo indice

(17)' $$\varepsilon_r = \varepsilon_{rr} \; , \qquad \varepsilon_{r+3} = 2\,\varepsilon_{r+1,r+2} = 2\,\varepsilon_{r+2,r+1} \; (r = 1,2,3),$$

che corrispondono a porre

(17)" $$\varepsilon \equiv \begin{Vmatrix} \varepsilon_1 & \frac{\varepsilon_6}{2} & \frac{\varepsilon_5}{2} \\ \frac{\varepsilon_6}{2} & \varepsilon_2 & \frac{\varepsilon_4}{2} \\ \frac{\varepsilon_5}{2} & \frac{\varepsilon_4}{2} & \varepsilon_3 \end{Vmatrix} .$$

E' ormai classica la denominazione di <u>caratteristiche di</u> deformazione proprio per le sei funzioni scalari ε_q (q=1,2,...6).

---

(2) Analogamente la (12) può sostituirsi con $\varepsilon = \varepsilon' \ldots C_*$.

Le caratteristiche di deformazione bastano a individuare α_δ; invece nella successiva deduzione di α_ρ da α i valori delle nove u_{rs} intervengono anche fuori delle sei combinazioni ε_q.
La $(13)_1$ evidentemente equivale a

(18)
$$\left(1+\delta_a\right)^2 = \underline{a}^* \times (1+2\varepsilon)\underline{a}^*,$$

cioè a

(18)'
$$\delta_a\left(1+\frac{\delta_a}{2}\right) = \sum_{1}^{3}{}_{rs}\, \varepsilon_{rs}\, a_r^* a_s^*.$$

8. DIREZIONI PRINCIPALI. INVARIANTI DI DEFORMAZIONE.

Una direzione si dice direzione principale di deformazione per P_* quando essa è direzione unita per $(\alpha_\delta)_{P_*}$; una terna di direzioni mutuamente ortogonali si dice terna principale di deformazione per P_* quando essa è terna unita per $(\alpha_\delta)_{P_*}$.

E' evidente che una terna principale di deformazione è terna principale dell'omografia $\alpha = \alpha_\rho \alpha_\delta$, ma sussiste pure la proprietà inversa, perchè i coefficienti principali di α_δ sono tutti positivi. (3)

In altri termini una terna di elementi mutuamente ortogonali uscenti da P_* è trasformata dallo spostamento $C_* \rightarrow C$ in una terna di elementi lineari anch'essi mutuamente ortogonali solo quando è terna principale di deformazione per P_*. Inoltre l'uguaglianza $\alpha_\delta^2 = 1+2\varepsilon$ implica la coincidenza di ogni direzione principale di deformazione con una direzione unita dell'omografia di deformazione, ecc.

---

(3) Una dilatazione δ ammette terne principali non unite solo quando si annulla la somma di due coefficienti principali: ciò segue subito dal fatto che ogni terna principale di δ è unita per $K\delta\cdot\delta = \delta^2$ e viceversa.

I tre coefficienti principali

$$E_r > -\frac{1}{2} \qquad (r=1,2,3)$$

della dilatazione ε hanno il nome di <u>caratteristiche principali di deformazione</u> [in P_*]. Essi coincidono con le radici dell'equazione cubica

(19) $$E^3 - E^2 \cdot I_1 + E \cdot I_2 - I_3 = 0\ ,$$

dove sono semplicemente indicati con I_1, I_2, I_3, i tre <u>invarianti principali di deformazione</u>, cioè i tre invarianti principali della ε,

(20) $$\begin{cases} I_1 = \sum_1^3{}_r\, \varepsilon_r = \sum_1^3{}_r\, E_r\ , \\ I_2 = \varepsilon_2\varepsilon_3 + \varepsilon_3\varepsilon_1 + \varepsilon_1\varepsilon_2 - \frac{1}{4}\sum_1^3{}_r\, \varepsilon_{r+3}^2 = E_2E_3 + E_3E_1 + E_1E_2, \\ I_3 = \varepsilon_1\varepsilon_2\varepsilon_3 + \frac{1}{4}\varepsilon_4\varepsilon_5\varepsilon_6 - \frac{1}{4}\sum_1^3{}_r\, \varepsilon_r\varepsilon_{r+3}^2 = E_1E_2E_3\ . \end{cases}$$

Chiamando A_r $(r=1,2,3)$ i coefficienti principali $1+2E_r$ della $1+2\varepsilon$ e

(21) $$\begin{cases} \mathfrak{J}_1 = 3 + 2I_1 \\ \mathfrak{J}_2 = 3 + 4I_1 + 4I_2 \\ \mathfrak{J}_3 = 1 + 2I_1 + 4I_2 + 8I_3 \end{cases}$$

i suoi invarianti principali, la (19) può sostituirsi con

(22) $$A^3 - A^2 \cdot \mathfrak{J}_1 + A\mathfrak{J}_2 - \mathfrak{J}_3 = 0.$$

Si chiama <u>invariante di deformazione</u> ogni invariante dell'omografia ε .

Essendo questa una dilatazione, il più generale invariante di deformazione è dato da una funzione arbitraria dei tre invarianti principali I_1, I_2, I_3.

Accennando con

$$(23)\qquad \mathfrak{D}(\varepsilon) = \sqrt{1 + 2I_1 + 4I_2 + 8I_3}$$

l'espressione di $\mathfrak{D}$ mediante le sei caratteristiche di deformazione [cfr. (1)' e $(21)_3$], si può anche dire che il più generale invariante di deformazione è dato da una funzione arbitraria di $\mathfrak{I}_1$, $\mathfrak{I}_2$ e $\mathfrak{D}(\varepsilon)$.

Sempre in corrispondenza al generico P_* si chiamano <u>allungamenti principali</u> i coefficienti di dilatazione lineare $\Delta_1, \Delta_2, \Delta_3$ inerenti alla [o ad una] terna principale di deformazione. Dalla (18) ovviamente risulta

$$(24)\qquad \Delta_r = \sqrt{1+2E_r} - 1 > -1 \qquad (r = 1,2,3);$$

i binomi $1 + \Delta_r$ danno i coefficienti principali di α_δ.

I valori dei tre invarianti principali di deformazione restano sempre soggetti [anche in assenza di ogni vincolo interno] alle limitazioni necessarie e sufficienti perchè la (19) abbia tutte e tre le radici reali e $> -\frac{1}{2}$: condizione equivalente a quella che la (22) abbia tutte e tre le radici reali e positive.

9. <u>SPOSTAMENTO INVERSO.</u>

In questo n°. prenderò in speciale esame lo spostamento $C \to C_*$: <u>spostamento inverso</u>. Per esso può ripetersi tutto ciò che finora ho detto per $C_* \to C$, semplicemente sistituendo u_r con $-u_r$ (r = 1,2,3) e adoprando come variabili indipendenti le x al posto delle y.

In corrispondenza al generico elemento di S pongo

$$\bar{\alpha} = \alpha^{-1} = \frac{dP_*}{dP} \equiv \| y_{rs} \| \equiv \left\| \frac{C_{sr}}{\mathfrak{D}} \right\|,$$

e anche distinguo con un soprassegno l'omografia di deformazione, le caratteristiche di deformazione ecc. dello spostamento inverso: cioè l'omografia di deformazione, le caratteristiche di deformazione, ecc. inerenti a C_* rispetto a C, invece che a C rispetto a C_*. Con questa convenzione, insieme a

$$(25) \qquad 1+2\bar{\varepsilon} = K\bar{\alpha}.\bar{\alpha}$$

risulta

$$(25)' \qquad \bar{\varepsilon}_{rs} = -\frac{1}{2}\left(\frac{\partial u_r}{\partial x_s}+\frac{\partial u_s}{\partial x_r}\right)+\frac{1}{2}\sum_1^3{}_i \frac{\partial u_i}{\partial x_r}\frac{\partial u_i}{\partial x_s} \quad (r,s=1,2,3)$$

ecc.

Specialmente occorre, per futuri sviluppi, rilevare che [pel generico spostamento finito] la $\bar{\varepsilon}$ è in corrispondenza biunivoca [non con ε, ma invece] con la trasformata [4] di ε mediante α_ς:

$$\varepsilon_\varsigma = \alpha_\varsigma \varepsilon \alpha_\varsigma^{-1}.$$

Invero dalla (25), per effetto dell'uguaglianza $\bar{\alpha} = \alpha^{-1}$, semplicemente si ottiene

$$(26) \qquad 1+2\bar{\varepsilon} = \left(1+2\varepsilon_\varsigma\right)^{-1}.$$

---

(4) In corrispondenza a un'omografia qualunque $\gamma \equiv \| g_{rs} \|$ e ad un rotore $\mathcal{R}$ chiamo trasformata di γ mediante $\mathcal{R}$ l'omografia $\gamma_{\mathcal{R}} = \mathcal{R}\gamma\mathcal{R}^{-1}$. I coefficienti di $\gamma_{\mathcal{R}}$ rispetto alla terna trirettangola $\tau_{\mathcal{R}} \equiv O\mathcal{R}\varsigma_1\mathcal{R}\varsigma_2\mathcal{R}\varsigma_3$ ordinatamente coincidono con i g_{rs}: in particolare i tre invarianti principali di $\gamma_{\mathcal{R}}$ ordinatamente coincidono con i tre invarianti principali di γ. Se γ è una dilatazione [una dilatazione pura] anche $\gamma_{\mathcal{R}}$ è una dilatazione [una dilatazione pura] che anzi ha gli stessi coefficienti principali di γ e come direzioni unite proprio quelle che si ottengono trasformando mediante $\mathcal{R}$ le direzioni unite di γ.

qui
Di/ad es. risulta che il rotore α_ϱ stabilisce una corrispondenza biunivoca tra le direzioni principali di deformazione dello spostamento $C_* \to C$ e quelle delle spostamento inverso $C \to C_*$.

Per uno spostamento infinitesimo la ε_ϱ si confonde con ε e quindi la (26) si riduce a

$$\bar{\varepsilon} = -\varepsilon \, .$$

Per un qualunque spostamento regolare la (26) implica che i tre invarianti principali di $\bar{\varepsilon}$ sono in corrispondenza biunivoca [5] con i tre invarianti principali di ε_ς . D'altra parte [cfr. nota (4)] si ha $I_s\varepsilon_\varsigma = I_s\varepsilon$ (s = 1, 2, 3): onde resta pure stabilito che, quantunque ε_ϱ generalmente differisca da ε , i tre invarianti principali di $\bar{\varepsilon}$ sono in corrispondenza biunivoca con i tre invarianti principali di ε .

---

(5) Per ogni omografia propria γ gli $I_s\gamma$ sono in corrispondenza biunivoca con gli $I_s\gamma^{-1}$ (s = 1, 2, 3) secondo le uguaglianze

$$I_1\gamma^{-1} = \frac{I_2\gamma}{I_3\gamma} \, , \quad I_2\gamma^{-1} = \frac{I_1\gamma}{I_3\gamma} \, , \quad I_3\gamma^{-1} = \frac{1}{I_3\gamma} \, .$$

o °o

II.

EQUAZIONI GENERALI DELLA MECCANICA DEI SISTEMI CONTINUI E PRIMO PRINCIPIO DELLA TERMODINAMICA

1. GENERALITA', EQUAZIONE DI CONTINUITA'.

Passo ormai a prendere in esame il generico moto di S, indicando semplicemente con C la configurazione del sistema continuo all'istante qualunque t - configurazione attuale - e lasciando C_* a denotare una cohfigurazione di riferimento scelta a piacere nell'insieme di tutte quelle che vogliono intendersi possibili per S.

Magari potrà riuscire comodo - ma non sarà mai necessario - l'identificare C_* con la configurazione iniziale di S.

Riguardo a

$$\mathcal{S}_t \equiv C_* \rightarrow C$$

manterrò tutte le notazioni introdotte nel cap. prec. per ogni singolo spostamento regolare e come d'abitudine indicherò con $\underline{a}$ l'accelerazione, all'istante t, dell'elemento tridimensionale m di S individuato da P_* [cioè dell'elemento circostante all'istante t a P].

Per quanto riguarda la scelta delle variabili indipendenti, il più spesso converrà - o addirittura si imporrà - il ricorso alle variabili lagrangiane

$$y_1, y_2, y_3, t,$$

invece che alle variabili euleriane

$$x_1, x_2, x_3, t.$$

Rappresentando con k il valore in P della densità attuale [densità di S all'istante t] e con k_* il valore in P_* della densità di S nella configurazione di riferimento, quale espressione lagrangiana locale del principio di conservazione della massa si avrà sempre la equazione di continuità

$$k\mathfrak{D} = k_* \tag{1}$$

Appresso sono indicati con Σ_* e Σ il contorno completo di C_* e quello di C, con $\underline{N}^*$ e $\underline{N}$ i versori delle rispettive normali interne.

2. LEMMI.

Pensiamo a un sistema di equazioni del tipo

$$D - \sum_1^3{}_s \frac{\partial \gamma_{\cdot s}}{\partial y_s} = 0 \ldots\ldots C_*, \quad \underline{d} - \gamma \underline{N}^* = 0 \ldots\ldots \Sigma_*, \tag{2}$$

col solo presupposto che D e l'omografia $\gamma \equiv \| g_{rs} \|$ dipendano regolarmente da P_* e $\underline{d}$ sia funzione regolare del punto generico di Σ_*.

Come è ben noto, il sistema (2) può riassumersi nella relazione

$$\int_{C_*} dC_* \sum_1^3{}_{rs}\, g_{rs} \frac{\partial \xi_r}{\partial y_s} + \int_{C_*} \underline{\xi} \times D\, dC_* + \int_{\Sigma_*} \underline{\xi} \times \underline{d}\, d\Sigma_* = 0, \tag{3}$$

purchè la si intenda valida per ogni scelta del vettore $\underline{\xi}(P_*)$.

In seguito avremo ripetutamente a che fare anche con sistemi del tipo

$$\underline{D} - \sum_1^3{}_s \frac{\partial \gamma_{\cdot s}}{\partial y_s} = \mathrm{grad}_{P_*} b \ldots\ldots C_*, \quad \underline{d} - \gamma \underline{N}^* = b \underline{N}^* \ldots\ldots \Sigma_*, \tag{4}$$

col presupposto che anche lo scalare b dipenda regolarmente da P_*. Notiamo fin d'ora che, a parità di $\underline{D}(P_*)$, $\gamma(P_*)$ e $\underline{d}(Q_*)$, un tale sistema non può ammettere [rispetto a $b(P_*)$] due diverse soluzioni, e perchè ne ammetta una $\underline{D}$, γ e $\underline{d}$ dovranno sottostare a opportune restrizioni.

Un sistema del tipo (4) può farsi rientrare nel tipo (2) semplicemente sostituendo in questo γ con $\gamma + b$, onde può riassumersi [cfr. (2)] nella relazione

$$(5) \qquad \int_{C_*} dC_* \sum_{1}^{3}{}_{rs}\, g_{rs} \frac{\partial \xi_r}{\partial y_s} + \int_{C_*} \underline{\xi} \times \underline{D}\, dC_* + \int_{\Sigma_*} \underline{\xi} \times \underline{d}\, d\Sigma_* = -\int_{C_*} b\, \mathrm{div}_{P_*} \underline{\xi}\, dC_*$$

almeno se anche questa s'intende valida per ogni scelta di $\underline{\xi}$ (P_*).

E' evidente che per ogni $\underline{\xi}$ (P_*) solenoidale la (5) si riduce a (3), ma sussiste pure la proprietà inversa: <u>il verificarsi della</u> (3) <u>per ogni</u> $\underline{\xi}$ (P_*) <u>solenoidale basta ad assicurare l'esistenza di uno scalare</u> b (P_*) <u>che renda soddisfatto l'intero sistema</u> (4).

3. EQUAZIONI DI CAUCHY, OMOGRAFIA EULERIANA DI TENSIONE, LAVORO NOMINALE DELLE FORZE INTIME.

Sia $\underline{f}\, d\Sigma$ la forza superficiale esterna agente attualmente sul generico elemento di Σ. Insieme, in corrispondenza al generico m, rappresentiamo con $\underline{F} \cdot k\, dC = \underline{F}\, k_*\, dC_*$ la forza di massa attuale, con X_{rs} (r, s = 1, 2, 3) le ordinarie caratteristiche di tensione. Precisamente intendo data alle equazioni fondamentali di Cauchy la forma:

$$(6) \qquad \begin{cases} k(F_r - a_r) = \sum_{1}^{3}{}_s \dfrac{\partial X_{rs}}{\partial x_s} \; \ldots\ldots \; C,\ t, \\ f_r = \sum_{1}^{3}{}_s X_{rs} \cos \widehat{N x_s} \; \ldots\ldots \; \Sigma,\ t \end{cases} \qquad (r = 1,2,3)$$

lasciando sottintese le relazioni di simmetria

$$X_{rs} = X_{sr} \qquad (r,s = 1,2,3)$$

Chiamo omografia euleriana di tensione la dilatazione

$$\beta \equiv \| X_{rs} \|$$

Col suo intervento le (6) possono riassumersi in

$$(6)' \qquad \begin{aligned} k(\underline{F} - \underline{a}) &= \sum_{1}^{3}{}_{s} \frac{\partial \beta \underline{c}_{s}}{\partial x_{s}} \equiv \mathrm{grad}_{P} \beta \ldots\ldots C,\ t \\ \underline{f} &= \beta \underline{N} \ldots\ldots\ldots\ldots \Sigma,\ t \end{aligned}$$

e, in tutto C, per il generico elemento di superficie orientato $\underline{n}\, d\sigma$ lo sforzo $\underline{\Phi}_n\, d\sigma$ esercitantesi sulla faccia rivolta dalla banda di $-\underline{n}$ resta rappresentato da $\beta(\underline{n}\, d\sigma)$.

Converrà spesso adoprare per le X una notazione a un solo indice ponendo

$$X_{rs} = X_q \qquad (r, s, = 1, 2, 3)$$

con $q = r$ per $s = r$ e $q = 9 - r - s$ per $s \neq r$.

Il sistema (6)' può ridursi al tipo (2) semplicemente sostituendo C a C_*, le x alle y, ecc.: onde la (3) permette di riassumerlo nella relazione

$$(7) \quad \int_C dC \sum_{1}^{3}{}_{r,s} X_{rs} \frac{\partial \xi_r}{\partial x_s} + \int_C \underline{\xi} \times k(\underline{F} - \underline{a})\, dC + \int_\Sigma \underline{\xi} \times \underline{f}\, d\Sigma = 0,$$

purchè la si intenda valida per ogni scelta del vettore $\underline{\xi}$ (P).

Interpretiamo l'insieme dei vettori applicati (P, $\underline{\xi}$(P)) come uno spostamento infinitesimo ∂S di S a partire dalla configurazione attuale C. Nella (7) gli ultimi due integrali daranno il corrispondente lavoro nominale (6) dell'insieme delle forze di

---

(6) V. A. Signorini, Meccanica razionale con elementi di Statica grafica, vol.II 2ª ed., Roma, Perrella, 1954 pp. 53-55, 113-14 e 387-88.

massa, delle forze d'inerzia e delle forze in superficie. Il primo integrale dovrà quindi dare, sempre per ∂S, il lavoro nominale $\partial L^{(i)}$ delle forze intime. Resta così senz'altro acquisita l'uguaglianza

$$\partial L^{(i)} = \int_C dC \sum_1^3{}_{rs} X_{rs} \frac{\partial \xi_r}{\partial x_s} . \tag{8}$$

4. EQUAZIONI DI KIRCHHOFF, EQUAZIONI DI BOUSSINESQ.

In corrispondenza al punto generico Q_* di Σ_* pongo

$$\underline{f}^* d\Sigma_* = \underline{f}\, d\Sigma \tag{9}$$

cioè

$$\underline{f}^* = (1+\delta_\Sigma)\underline{f}$$

se s'indica con δ_Σ il coefficiente di dilatazione superficiale relativo [in Q_*, per $\mathcal{S}_t$] alla giacitura del piano tangente a Σ_*.

Le (6) o (6)' sono equazioni di tipo euleriano, non lagrangiano: col grave inconveniente di far figurare quali variabili indipendenti, accanto alla t, non le y ma le x, che vanno invece annoverate fra le incognite in quasi tutti i problemi di deformazioni finite relativi a fenomeni non permanenti.

Fin dal secolo scorso Kirchhoff, Boussinesq ed E. e F. Cosserat effettuarono la riduzione delle equazioni generali di Cauchy al tipo lagrangiano, nelle varie forme che ora ritroverò: rinunziando anche quì agli originari procedimenti di deduzione, sia per motivi di rapidità, sia per poter meglio coordinare i risultati.

Nella (7) pensiamo il vettore arbitrario $\underline{\xi}$ come funzione di P_* invece di P [che è in corrispondenza biunivoca con P_*]. Potremo così sostituire la (7) con

$$\int_{C_*} dC_* \sum_1^3{}_{rsl} X_{rs} \frac{\partial \xi_r}{\partial y_l} \mathcal{J} \frac{\partial y_l}{\partial x_s} + \int_{C_*} \underline{\xi} \times k_*(\underline{F} - \underline{a})\, dC_* + \int_{\Sigma_*} \underline{\xi} \times \underline{f}^* d\Sigma_* = 0,$$

cioè con

$$\int_{C_*} dC_* \sum_{1}^{3}{}_{rsl} X_{rs} C_{sl} \frac{\partial \xi_r}{\partial y_l} + \int_{C_*} \underline{\xi} \times k_*(\underline{F} - \underline{a}) dC_* + \int_{\Sigma_*} \underline{\xi} \times \underline{f}^* d\Sigma_* = 0,$$

e anche con

$$(10) \qquad \int_{C_*} dC_* \sum_{rl} K_{rl} \frac{\partial \xi_r}{\partial y_l} + \int_{C_*} \underline{\xi} \times k_*(\underline{F} - \underline{a}) dC_* + \int_{\Sigma_*} \underline{\xi} \times \underline{f}^* d\Sigma_* = 0$$

se si pone (r,l = 1,2,3).

$$K_{rl} = \sum_{1}^{3}{}_{s} X_{rs} C_{sl}$$

Chiamerò <u>omografia di Kirchhoff</u> l'omografia

$$(11) \qquad \varkappa = \begin{Vmatrix} K_{11} & K_{12} & K_{13} \\ K_{21} & K_{22} & K_{23} \\ K_{31} & K_{32} & K_{33} \end{Vmatrix} = \beta R \alpha ,$$

che in genere non sarà una dilatazione.

Il confronto della (10) con la (2) porta subito alla conclusione che le equazioni di <u>Cauchy</u> equivalgono alle <u>equazioni di Kirchhoff</u>:

$$(12) \qquad \begin{cases} k_*(\underline{F} - \underline{a}) = \sum_{1}^{3}{}_{s} \frac{\partial \varkappa \xi_s}{\partial y_s} \equiv \operatorname{grad}_{P_*} \varkappa & \ldots\ldots C_*, t, \\ \underline{f}^* = \varkappa \underline{N}^* & \ldots\ldots\ldots \Sigma_*, t. \end{cases}$$

Resta insieme stabilito che la (8) non differisce da

$$(13) \qquad \partial L^{(i)} = \int_{C_*} dC_* \sum_{1}^{3}{}_{rl} K_{rl} \frac{\partial \xi_r}{\partial y_l} .$$

Stanto le identità (I,11), le equazioni di Cauchy equivalgono anche [cfr. (11)] alle <u>equazioni di Boussinesq</u>:

$$(14) \qquad \begin{cases} k_*(\underline{F} - \underline{a}) = \sum_{1}^{3}{}_{s} \frac{\partial \beta}{\partial y_s} R \alpha \xi_s & \ldots\ldots C_*, t, \\ \underline{f}^* = \beta R \alpha \underline{N}^* & \ldots\ldots\ldots \Sigma_*, t. \end{cases}$$

5. OMOGRAFIA LAGRANGIANA DI TENSIONE. EQUAZIONI DEI COSSERAT.

Sia $\underline{\phi}^*_n d\sigma_*$ l'immagine dello sforzo $\underline{\phi}_n d\sigma$ su C cioè [cfr. I, n.2] poniamo

$$\underline{\phi}^*_n d\sigma_* = \alpha^{-1}\left(\underline{\phi}_n d\sigma\right).$$

Ne risulta

$$\underline{\phi}^*_n d\sigma_* = \alpha^{-1}\beta(\underline{n}\, d\sigma) = \alpha^{-1}X(\underline{n}^* d\sigma_*).$$

L'omografia

$$\beta_* = \alpha^{-1}X = I_3\alpha \cdot \alpha^{-1}\beta K\alpha^{-1} \tag{15}$$

è dunque tale che applicata a $\underline{n}^* d\sigma_*$ dà l'immagine su C_* dello sforzo relativo a $d\sigma$. Di qui uno dei motivi per cui converrà chiamare β_* la omografia lagrangiana di tensione, ma va pur subito notato che la (15) equivale sia a

$$X = \alpha\beta_*, \tag{15)'$$

sia a

$$\beta = \frac{1}{I_3\alpha}\alpha\beta_* K\alpha. \tag{15)"$$

La β_* [come β] risulta sempre una dilatazione: per i suoi coefficienti rispetto a $\mathcal{C}$ adoprerò la notazione

$$Y_{rs} \equiv Y_{sr} \qquad (r,s, = 1,2,3),$$

oppure [cfr. n.3] una notazione a un solo indice, ponendo

$$Y_{rs} = Y_q \qquad (r,s, = 1,2,3)$$

con $q = r$ per $s = r$ e $q = 9 - r - s$ per $s \neq r$.

La (15)' permette subito di ridurre le equazioni di Kirchhoff alle equazioni dei Cosserat,

$$k_*(\underline{F}-\underline{a}) = \sum_1^3{}_s \frac{\partial \alpha\beta_* \underline{c}_s}{\partial y_s} \equiv \operatorname{grad}_{P_*} \alpha\beta_* \ldots\ldots \mathcal{C}_*, t,$$

(16)

$$\underline{f}^* = \alpha\beta_* \underline{N}^* \ldots\ldots\ldots\ldots \Sigma_*, t,$$

ma in più dà luogo a una notevolissima espressione del lavoro nominale delle forze intime mediante le sei nuove ausiliarie $Y_1, Y_2, \ldots Y_6$. Precisamente, in modo del tutto banale si può constatare che la (13) viene a equivalere a

(17) $$\partial L^{(i)} = \int_{C_*} dC_* \sum_1^6{}_q Y_q \partial\varepsilon_q,$$

se naturalmente si accennano con $\partial\varepsilon_1, \partial\varepsilon_2, \ldots \partial\varepsilon_6$ le variazioni delle sei caratteristiche di deformazione inerenti allo spostamento infinitesimo $\partial\mathcal{S}$.

6. ULTERIORI PROPRIETA'DELL'OMOGRAFIA LAGRANGIANA DI TENSIONE.

Richiamando l'abituale decomposizione di α in prodotto,

$$\alpha = \alpha_\varrho \alpha_\delta,$$

e ponendo

$$\delta = \frac{1}{I_3 \alpha_\delta} \alpha_\delta \beta_* \alpha_\delta \equiv \| d_{rs} \|,$$

la δ certo risulta una dilatazione e la (15)" può ridursi a

(18) $$\beta = \alpha_\varrho \delta \alpha_\varrho^{-1}.$$

La β si presenta così come la trasformata[(7)] di δ mediante il rotore α_ϱ, onde si può dire che le due dilatazioni β e δ differiscono solo per l'orientamento dei loro assi principali. Più precisamente, per effetto di (18):

a) il rotore α_ϱ stabilisce una corrispondenza biunivoca tra le direzioni unite di δ e quelle di β;

---

(7) Cfr. nota (4)

b) le <u>tensioni principali</u> B_1, B_2, B_3 in P [coefficienti principali di β] ordinatamente coincidono con i coefficienti principali di δ, cioè con le radici dell'equazione secolare (8)

(19) $$\| d_{rs} - \delta_{rs} B \| = 0 .$$

Se $C_* \to C$ degenera in uno spostamento rigido, δ si riduce a β_*; β è un omotetia vettoriale solo quando lo è δ; ecc.

Sia ora d_* una direzione principale di deformazione per P_* e d la sua <u>immagine</u> (9) su C, che necessariamente darà [cfr. I, n.9] una direzione principale di deformazione dello spostamento inverso. Dalle precedenti osservazioni ben facilmente si può ricavare che d è <u>direzione principale di tensione</u> - cioè direzione unita di β per P - solo quando d_* è direzione unita anche di β_* (per P_*).

7. <u>PRIMO PRINCIPIO DELLA TERMODINAMICA.</u>

Sia $\mathcal{N}$ il corpo naturale che si vuole rappresentare col sistema continuo S. Ammetto la possibilità di definire lo <u>stato fisico</u> di ciascun elemento di S mediante un certo numero [magari sovrabbondante] di parametri di carattere puramente locale,

$$X_1, X_2, \dots X_n,$$

che potranno benissimo non rientrare tutti fra quelli finora incontrati. Non si può ad es. escludere che per lo meno convenga fare esplicitamente intervenire, per il generico elemento di S, una certa temperatura, T.

---

(8) E' sottintesa la tradizionale convenzione $\delta_{rs} = 1$ per s=r e $\delta_{rs} = 0$ per $s \neq r$.

(9) Naturalmente voglio dire "la direzione dell'elemento lineare corrispondente in C a un elemento lineare uscente da P_* con la direzione d_*".

Neppure escludo qualche mutua dipendenza tra i parametri X finchè non si riesca a sceglierli opportunamente [v. il n.1 del prossimo cap.]. Prendo poi di mira un determinato, ma qualunque elemento m di S [circostante a P in C] accennando con dC_* il suo volume in C_*, ecc.

Lo stato attuale di m è definito dai valori attuali dei parametri X in P. Variando i X cambia lo stato di m - cioè m subisce una <u>trasformazione</u> - e le trasformazioni <u>elementari</u> di m a partire dal suo stato attuale vengono a essere in corrispondenza biunivoca con tutte le n.^{ple} di incrementi infinitesimi.

$$dX_1,\ dX_2, \ldots.\ dX_n$$

che possono attribuirsi alle X subordinatamente all'eventuale mutua dipendenza delle X medesime.

Per uniformare lo schema del continuo al primo principio della Termodinamica, non basta coordinare a ogni trasformazione elementare di m una certa variazione di forza viva, un certo lavoro elementare delle forze esterne rispetto a m e un certo lavoro elementare $dC_* \cdot l^{(i)}$ delle forze intime: generalmente si deve anche pensare all'assorbimento [in senso algebrico] di una certa <u>quantità di calore</u> $k_* \cdot dC_* \cdot q$ da parte di m.

Con questo, limitatamente alla categoria di fenomeni di cui intendo occuparmi, il primo principio della Termodinamica equivale a postulare l'esistenza di una funzione $w\ (X \mid P_*)$ [cioè di una funzione di $X_1, X_2, \ldots X_n$ e magari di y_1, y_2, y_3] tale che per ogni m e per ogni sua trasformazione elementare risulti(10)

---

(10) Conservo per l'equivalente meccanico del calore la notazione classica E, quantunque lo stesso segno venga adoperato per indicare le caratteristiche principali di deformazione.

(20) $$E k^*_q = k^* dw + l^{(i)}.$$

La (17) impone l'uguaglianza

(21) $$l^{(i)} = \sum_1^6{}_q Y_q d\varepsilon_q.$$

La w ha il nome di <u>energia interna</u> specifica [perchè riferita all'unità di massa]. Si tratta di una <u>funzione caratteristica</u> (11) della costituzione di $\mathcal{N}$, voglio ~~dire~~, di una funzione la cui forma effettiva deve intendersi suggerita, se non imposta, dalla natura di $\mathcal{N}$. Per ciascun m resta arbitraria in w una costante additiva.

---

(11) Si può far rientrare fra le "funzioni caratteristiche" anche la $k^*(y_1, y_2, y_3)$ se pure la si pensa variabile con P_*.

o o o

III.

SISTEMI INCOMPRIMIBILI A TRASFORMAZIONI REVERSIBILI

1. SISTEMI A TRASFORMAZIONI REVERSIBILI.

Darò la denominazione abbreviativa di sistema a trasformazioni reversibili a ogni sistema continuo S_φ per il quale, in aggiunta a (20), si postuli l'esistenza di una funzione caratteristica $s\,(\chi \mid P_*)$ tale che riesca

$$\frac{q}{T} = ds \tag{1}$$

per ciascun elemento m del sistema e per ogni sua trasformazione elementare; s'intende, pur di rappresentare con $T > o$ il valore della temperatura di m in una scala opportuna, la scala assoluta. Anche nella s - entropia specifica - per ogni m rimane arbitraria una costante additiva.

I sistemi S_φ così definiti hanno un'importanza di primo ordine, perchè forniscono lo schema più spontaneo, se pure un po' semplicista, di vastissime categorie di fenomeni sensibilmente reversibili: questa affermazione è implicita nel secondo principio della Termodinamica.

In certo modo i sistemi a trasformazioni reversibili fanno riscontro, nell'ambito dei fenomeni termomeccanici, ai sistemi privi di attrito della Meccanica analitica.

Nel seguito viene sempre indicata con $\mathcal{F}$ la funzione caratteristica

$$\mathcal{F}(\chi \mid P_*) = W - E\,s\,T. \tag{2}$$

La forma effettiva della $\mathcal{F}$ [come quella di ogni altra funzione caratteristica] deve intendersi definita dalla specie del corpo naturale schematizzato in S_φ; per ciascun m rimane arbitraria in $\mathcal{F}$ l'aggiunta di una funzione lineare l_T della sola T.

T.

La $\mathcal{F}$ corrisponde al potenziale termodinamico di Duhem e così sempre la chiamerò.

Da (II, 20), (1) e (II,21) risulta

$$k_* d\mathcal{F} = -\sum_1^6 {}_q Y_q d\varepsilon_q - E k_* s dT, \tag{3}$$

per ogni m e per ogni sua trasformazione elementare.

Basta questo per accorgersi che per ogni elemento del sistema il valore di $\mathcal{F}$ può dipendere solo dai valori locali delle caratteristiche di deformazione e della temperatura assoluta; s'intende quando - insieme alla configurazione di riferimento - si sia comunque scelta la 1. In altri termini almeno riguardo alla funzione caratteristica $\mathcal{F}$ i X_* possono certo ridursi alle ε_q e T:

$$\mathcal{F} \equiv \mathcal{F}(\varepsilon|T ; P_*).$$

Se S_ϱ è esente da ogni vincolo interno, le sette variabili T, $\varepsilon_1, \varepsilon_2, \ldots, \varepsilon_6$ si possono pensare come indipendenti e la (3) si esaurisce nelle sette uguaglianze

$$\begin{cases} Y_q = -k_* \dfrac{\partial \mathcal{F}}{\partial \varepsilon_q} & (q = 1, 2, \ldots, 6) \\ E s = -\dfrac{\partial \mathcal{F}}{\partial T}. \end{cases} \tag{4}$$

2. SISTEMI INCOMPRIMIBILI A TRASFORMAZIONI REVERSIBILI.

Accenniamo con T_* la temperatura nello stato di riferimento C_*, lasciando T a indicare la temperatura attuale. Sia per G_φ un qualunque sistema a trasformazioni reversibili soggetto al vincolo di incomprimibilità a temperatura costante, vincolo che [cfr. (I,23)] si potrà sempre intendere espresso da un'equazione del tipo

$$\mathfrak{D}(\varepsilon) = f(T, T_* ; P_*) \tag{5}$$

con

$$f\left(T_*, T_*; P_*\right) = 1. \tag{5)'}$$

Per ciascun elemento di G_ρ e per ogni sua trasformazione elementare seguita a valere la (3),

$$k_* d\mathcal{F} = -\sum_1^6{}_q Y_q d\varepsilon_q - E k_* s\, dT:$$

il valore di $\mathcal{F}$, per ciascun elemento di G_ρ, continua a essere individuato [a meno, s'intende, di una funzione lineare arbitraria l_T della sola T] dalle ε_q e T, che però, stante la (5), perdono il carattere di argomenti indipendenti.

Un tale legame, per quanto direttamente riguarda il potenziale termodinamico, dà luogo soltanto a un'indeterminazione nel modo di sceglierne l'espressione effettiva. Invece a due forme diverse di uno stesso potenziale termodinamico generalmente corrisponderebbero anche valori diversi per le $\partial\mathcal{F}/\partial\varepsilon_q$, $\partial\mathcal{F}/\partial T$.

Si tratta, però di indeterminazioni che naturalmente finiscono per riuscire inessenziali sotto ogni aspetto, onde nel seguito non verranno prese in considerazione (12). Per eliminarle basta intendere - come intenderò - di far capo sempre a una stessa, ben determinata espressione $\mathcal{F}(\varepsilon | T; P_*)$ del potenziale termodinamico, tra tutte quelle consentite dalla (5), ecc.

La (5) impone ai $d\varepsilon_q$ e dT che figurano nella (3) la relazione

$$\sum_1^6{}_q \frac{\partial \mathcal{D}(\varepsilon)}{\partial \varepsilon_q} d\varepsilon_q = \frac{\partial f}{\partial T} dT$$

e solo essa. Le (4) vanno quindi sostituite con

$$\begin{aligned} k_* \frac{\partial \mathcal{F}}{\partial \varepsilon_q} &= -Y_q + p \frac{\partial \mathcal{D}}{\partial \varepsilon_q} \qquad (q = 1, 2, \ldots, 6), \\ k_* \frac{\partial \mathcal{F}}{\partial T} &= -E k_* s - p \frac{\partial f}{\partial T}, \end{aligned} \tag{6}$$

---

(12) Se ne avrà un riflesso solo nella (29) del cap. V.

senza alcuna specificazione dello scalare p (P,t), che però riesce atto a caratterizzare da solo le reazioni vincolari subite dai singoli elementi di G_ρ.

3. CONSEGUENZE DELLE (6)

Poniamo

(7) $$\varphi_q = k_* \frac{\partial f}{\partial \varepsilon_q} \quad (q=1,2,\ldots 6), \quad \varphi_{rs}=\varphi_q \quad (r,s=1,2,3)$$

sempre intendendo q=r per s=r e q=9-r-s per s≠r. Insieme indichiamo con φ la dilatazione di coefficienti φ_{rs}.

Stante l'uguaglianza

$$\left\| \begin{matrix} \frac{\partial \mathfrak{D}}{\partial \varepsilon_1} & \frac{\partial \mathfrak{D}}{\partial \varepsilon_6} & \frac{\partial \mathfrak{D}}{\partial \varepsilon_5} \\ \frac{\partial \mathfrak{D}}{\partial \varepsilon_6} & \frac{\partial \mathfrak{D}}{\partial \varepsilon_2} & \frac{\partial \mathfrak{D}}{\partial \varepsilon_4} \\ \frac{\partial \mathfrak{D}}{\partial \varepsilon_5} & \frac{\partial \mathfrak{D}}{\partial \varepsilon_4} & \frac{\partial \mathfrak{D}}{\partial \varepsilon_3} \end{matrix} \right\| = \mathfrak{D}(1+2\varepsilon)^{-1},$$

le prime sei delle (6) possono riassumersi in

(8) $$\beta_* = p\mathfrak{D}(1+2\varepsilon)^{-1} - \varphi.$$

Profittando anche delle identità

$$\mathfrak{D}\alpha(1+2\varepsilon)^{-1} = R\alpha, \quad \sum_1^3 \frac{\partial R\alpha \underline{c}_s}{\partial y_s} = 0$$

si conclude che per i sistemi attualmente in esame le equazioni dei Cosserat si specificano in

(9) $$\begin{cases} k_*(\underline{F} - \underline{a}) = R\alpha(\operatorname{grad}_{P_*} p) - \sum_1^3{}_s \frac{\partial \alpha\varphi \underline{c}_s}{\partial y_s} \quad \ldots\ldots C_*, t, \\ \underline{f}^* = pR\alpha \underline{N}^* - \alpha\varphi \underline{N}^* \quad \ldots\ldots\ldots\ldots \Sigma_*, t. \end{cases}$$

La (8) cfr. (II, 15)" ha come immediata conseguenza

(10) $$\beta = p - \frac{1}{\mathfrak{D}} \alpha\varphi K\alpha.$$

Le $(6)_1$ danno pure luogo a una notevolissima espressione del lavoro delle forze intime per una qualunque trasformazione elementare del generico elemento di G_φ; perchè per loro effetto, ponendo

$$\sum_{1q}^{6} \frac{\partial \mathcal{F}}{\partial \varepsilon_q} d\varepsilon_q \equiv d_T \mathcal{F},$$

la (II,21) si riduce a

$$l^{(i)} = -k_* d_T \mathcal{F} + p \frac{\partial f}{\partial T} dT,$$

e in particolare a

(11) $$l^{(i)} = -k_* d_T \mathcal{F}$$

per ogni trasformazione isoterma ($dT=0$, $\mathfrak{D}(\varepsilon)=1$).

Per ogni G_ς [sempre intendendo assegnata la forma effettiva di $\mathcal{F}(\varepsilon \mid T; P_*)$ e di $k_*(P_*)$ la φ resta localmente individuata da ε e T, onde lo stesso può ripetersi per la dilatazione

(12) $$\varphi' = \frac{1}{\mathfrak{D}} \alpha_\delta \varphi \alpha_\delta.$$

Ne risulta [cfr. II, n.6] che <u>le tre differenze</u>

$$B_r - p \qquad (r = 1,2,3)$$

<u>restano sempre localmente individuate solo dalle caratteristiche di deformazione e dalla temperatura</u>, in base all'equazione secolare [cfr. (II,19)]

(13) $$\left\| \varphi'_{rs} + \delta_{rs}(B - p) \right\| = 0 :$$

mentre <u>il rotore</u> α_ς <u>stabilisce una corrispondenza biunivoca tra le direzioni unite di</u> φ' <u>e quelle comuni a</u> β e $\beta - p$.

4. STATI DI EQUILIBRIO SPONTANEO A TEMPERATURA UNIFORME, STATI

NATURALI DI UN G , SISTEMI OMOGENEI IN C_*.

Indicando con τ un determinato valore della temperatura, scelto a piacere dentro un certo intervallo, poniamo

$$\varphi^{(\tau)} = [\varphi]_{t=0,\,T=\tau} \equiv \| \varphi^{(\tau)}_{rs} \| .$$

Dirò che C_* dà una configurazione di equilibrio spontaneo alla temperatura τ [uniforme] quando sia

(14) $$\int_{C_*} dC_* \sum_{1}^{3}{}_{rs}\, \varphi^{(\tau)}_{rs} \frac{\partial \xi_r}{\partial y_s} = 0$$

per ogni scelta del vettore solenoidale $\xi(P_*)$.

Ponendo

(14)' $$e_r = \frac{\partial \xi_r}{\partial y_r}\,, \quad e_{r+3} = \frac{\partial \xi_{r+1}}{\partial y_{r+2}} + \frac{\partial \xi_{r+2}}{\partial y_{r+1}} \quad (r=1,2,3),$$

e

$$\varphi^{(\tau)}_{rs} = \varphi^{(\tau)}_{q}$$

con q = r per s = r e q = 9 - r - s per s ≠ r,
la (14) può sostituirsi con

(14)" $$\int_{C_*} dC_* \sum_{1}^{6}{}_{q}\, \varphi^{(\tau)}_{q} e_q = 0\,,$$

sempre per ogni scelta del vettore solenoidale $\xi(P_*)$.

Uno dei Lemmi del n.2 del cap.II rende la (14) equivalente alla condizione che esista uno scalare $p^{(\tau)}(P_*)$ [necessariamente unico a parità di $\varphi^{(\tau)}$] per il quale risulti

(15) $$\sum_{1}^{3}{}_{s} \frac{\partial \varphi^{(\tau)} \underline{c}_s}{\partial y_s} = \mathrm{grad}_{P_*} p^{(\tau)} \quad \ldots\ldots C_*$$

$$\varphi^{(\tau)} \underline{N}^* = p^{(\tau)} \underline{N}^* \quad \ldots\ldots \Sigma_*,$$

cioè esista uno scalare $p^{(\tau)}(P_*)$ tale che, intendendo [cfr.(10)]

(16) $$\beta^{(\tau)} = p^{(\tau)} - \varphi^{(\tau)} \equiv \| X^{(\tau)}_{rs} \|,$$

risulti

$$(17)\qquad \sum_{1}^{3}{}_s \frac{\partial X_{rs}^{(\tau)}}{\partial y_s} = 0 \ldots C_*, \quad \sum_{1}^{3}{}_s N_s^* X_{rs}^{(\tau)} = 0 \ldots \Sigma_*,$$

Viene insomma stabilito di chiamare C_* " configurazione di equilibrio spontaneo alla temperatura τ " quando in corrispondenza a C_*, per $T \equiv \tau$, le forze intime attive [completamente definite per $T \equiv \tau$ dalla configurazione del sistema] siano tali, che l'insieme di tutte le forze intime [attive e vincolari] possa equivalere a zero per ogni parte di C_*. Appresso una configurazione di equilibrio sponstaneo alla temperatura τ verrà indicata con C_τ.

Le (15) implicano [cfr. (II, 5)]

$$(18)\qquad \int_{C_*} dC_* \sum_{1}^{6}{}_q \varphi_q^{(\tau)} e_q = \int_{C_*} p^{(\tau)} \operatorname{div}_{P_*} \xi \, dC_*$$

per ogni scelta di $\xi\ (P_*)$.

Indicando con $\bar{p}^{(\tau)*}$, $\bar{\varphi}_q^{(\tau)}$ e $\bar{X}_{rs}^{(\tau)}$ i valori medi di $p^{(\tau)}$, $\varphi_q^{(\tau)}$ e $X_{rs}^{(\tau)}$ in C_*, dalla (18) ben facilmente(13) si ricava

$$(19)\qquad \bar{\varphi}_r^{(\tau)} = \bar{p}^{(\tau)}, \quad \bar{\varphi}_{r+3}^{(\tau)} = 0, \quad \bar{X}_{rs}^{(\tau)} = 0 \quad (r,s = 1,2,3)$$

Dirò che C_* dà uno stato naturale di G_ρ alla temperatura τ, se $\varphi^{(\tau)}$ è un'omotetia vettoriale [per ciascun P_*] : è un caso particolare del precedente, perchè l'ipotesi

$$\varphi_1^{(\tau)} \equiv \varphi_2^{(\tau)} \equiv \varphi_3^{(\tau)}, \quad \varphi_4^{(\tau)} \equiv \varphi_5^{(\tau)} \equiv \varphi_6^{(\tau)} \equiv 0$$

rende evidentemente soddisfatta la (14)".

---

(13) Basta specializzare le singole componenti di $\xi\ (P_*)$ in funzioni lineari arbitrarie delle y [spostamento omogeneo]

In questo caso particolare le (15) si riducono a stabilire l'identità del parametro di $\varphi^{(\tau)}$ con $p^{(\tau)}$, insieme a

$$X_{rs}^{(\tau)} = 0 \qquad (r,s = 1,2,3)$$

Insomma viene convenuto di chiamare C_* "stato naturale alla temperatura τ " quando in corrispondenza a tale configurazione per $T \equiv \tau$, le forze intime attive siano tali che possa identicamente annullarsi [cfr. (16)] lo stress totale.

Subordinatamente all'ipotesi che C_* sia una C_τ , perchè si tratti di uno stato naturale di G_ρ basta che sia k_* = cost. e $\mathcal{F}$ non dipenda esplicitamente da P_* : G_ρ <u>omogeneo in</u> C_*.

Invero allora ciascun $\varphi_q^{(\tau)}$ non potrà più differire dal suo valor medio in C_* , onde $\varphi^{(\tau)}$ dovrà essere [cfr. (19)] un'omotetia vettoriale, costante e di parametro $\bar{p}^{(\tau)} \equiv p^{(\tau)}$.

5. TRASFORMAZIONI ISOTERME, LAVORO DELLE FORZE INTIME.

Ormai sistematicamente intenderò che, dopo aver fissato in un modo qualunque il valore di τ , si sia potuta assumere per C_* una C_τ .

Nei nn. seguenti verrà imposta a C_* anche qualche altra restrizione di carattere permanente, comunque fin d'ora è opportuno tener presente la convenuta identità di C_* con una C_τ specificando la notazione $\mathcal{F}(\varepsilon | T; P_*)$ in $\mathcal{F}_\tau(\varepsilon | T; P_*)$.

Definisco il potenziale isotermo W_τ ponendo

$$W_\tau(\varepsilon | P_*) = k_* \left\{ \mathcal{F}_\tau(\varepsilon | \tau; P_*) - \mathcal{F}_\tau(0 | \tau; P_*) \right\}$$

limitatamente alle sestuple di valori delle ε_q per le quali [cfr. (5) - (5)'] riesce

$$\mathcal{D}(\varepsilon) = 1 : \tag{20}$$

definizione che senz'altro implica

$$\varphi_q^{(\tau)} = \left[\frac{\partial W_\tau}{\partial \varepsilon_q}\right]_{\varepsilon=0}$$

e così traduce la (14)" in una restrizione di carattere globale per i valori delle $\left[\partial W_\tau / \partial \varepsilon_q\right]_{\varepsilon=0}$.

In una trasformazione isoterma, con $T \equiv \tau$, che si inizi da C_*, per ogni singolo elemento di G_ϱ [cfr. (11)] il lavoro delle forze intime resta espresso, in funzione dei soli valori finali delle ε_q, da $- dC_* . W_\tau$ mentre le (7) possono specificarsi in

(21) $$\varphi_q = \frac{\partial W_\tau}{\partial \varepsilon_q} \quad (q = 1, 2, \ldots 6).$$

Prendo ora in esame una trasformazione isoterma di G_ϱ che si inizi da C_* e dipenda da un parametro λ. Potrò semplicemente accennarla con $C_* \to C_\lambda$ e intendere $\lambda = 0$ per $C_\lambda \equiv C_*$. Indicherò con $\varepsilon_q(P_*, \lambda)$ i valori delle ε_q corrispondenti a C_λ, ecc.

Posto

(22) $$V_\tau(\lambda) = \int_{C_*} W_\tau\left(\varepsilon(P_*, \lambda) \,|\, P_*\right) dC_*,$$

il lavoro delle forze intime inerente a $C_* \to C_\lambda$ [certamente nullo quando C_λ differisce da C_* solo per uno spostamento rigido] resta espresso da

(22)' $$\mathcal{L}_i(\lambda) = -V_\tau(\lambda).$$

Riguardo a una qualunque, $g(P_*, \lambda)$, delle funzioni scalari, vettoriali od omografiche inerenti a $C_* \to C_\lambda$ intenderò

(23) $$g^{(0)}(P_*) = g(P_*, 0), \quad g^{(n)}(P_*) = \left[\frac{\partial^n}{\partial \lambda^n} g(P_*, \lambda)\right]_{\lambda=0}.$$

Con queste notazioni le $\varepsilon_q^{(1)}$ non differiscono da ciò che danno i secondi membri delle (14)' per $\underline{\xi} = \underline{s}^{(1)}$, mentre risulta

(24) $$\varepsilon_q^{(2)} = \eta_q^{(2)} + 2\zeta_q^{(2)} \qquad (q = 1,2,\dots 6)$$

con

$$\eta_r^{(2)} = u_{rr}^{(2)}, \quad \eta_{r+3}^{(2)} = u_{r+1,r+2}^{(2)}$$

(25) $$\eta_r^{(2)} = u_{rr}^{(2)}, \quad \eta_{r+3}^{(2)} = u_{r+1,r+2}^{(2)} + u_{r+2,r+1}^{(2)} \qquad (r = 1,2,3)$$

e

(26) $$\zeta_q^{(2)} = \sum_1^3{}_i \frac{\partial u_i^{(1)}}{\partial y_r}\frac{\partial u_i^{(1)}}{\partial y_s};$$

La (20), in quanto non differisce da $I_3\alpha = 1$, equivale a

(27) $$\sum_1^3{}_r u_{rr} + I_2\|u_{rs}\| + I_3\|u_{rs}\| = 0.$$

Derivandola 1,2,...n volte rispetto a λ e poi ponendo $\lambda = 0$, si constata che il vincolo di incomprimibilità si riflette in precise restrizioni per $\underline{s}^{(1)}, \underline{s}^{(2)}, \dots \underline{s}^{(n)}$. Riguardo a $\underline{s}^{(1)}$ ed $\underline{s}^{(2)}$ esse sono

(28) $$\mathrm{div}_{P_*}\underline{s}^{(1)} = 0, \quad \mathrm{div}_{P_*}\underline{s}^{(2)} + 2I_2\|u_{rs}^{(1)}\| = 0,$$

e anche per $n > 2$ si trova una restrizione del tipo

(29) $$\mathrm{div}_{P_*}\underline{s}^{(n)} = N_n$$

con N_n funzione nota delle $u_{rs}^{(1)}, u_{rs}^{(2)}, \dots u_{rs}^{(n-1)}$, ma non delle $u_{rs}^{(n)}$.

Appresso intendo

$$M_{jl}^{(\tau)} = \left[\frac{\partial^2 W_\tau}{\partial \varepsilon_j \partial \varepsilon_l}\right]_{\varepsilon=0} \qquad (j,l = 1,2,\ldots 6),$$

e indico con $W_\tau\,(Z_1, Z_2,\ldots Z_6; P_*) = W_\tau\,(Z \mid P_*)$ la forma quadratica

$$\frac{1}{2}\sum_1^6{}_{jl} M_{jl}^{(\tau)} Z_j Z_l + \mu^{(\tau)}\left\{\sum_1^3{}_r Z_r^2 + \frac{1}{2}\sum_1^3{}_r Z_{r+3}^2\right\}$$

Riesce pure comodo - in corrispondenza a ogni $\underline{\xi}\,(P_*)$ - indicare con $Q_\tau\left[d\underline{\xi}/dP_*;\,P_*\right]$ la forma quadratica nelle nove $\partial\xi_r/\partial y_s$ definita, col concorso delle (14)', dal porre

$$Q_\tau\left[\frac{d\underline{\xi}}{dP_*};\,P_*\right] = W_\tau(e_1, e_2, \ldots e_6; P_*) - \frac{1}{2}\sum_1^3{}_{hki} X_{ik}^{(\tau)}\frac{\partial \xi_i}{\partial y_h}\frac{\partial \xi_i}{\partial y_k}\,.$$

Invero, accanto a $V_\tau^{(0)} = 0$ e $V_\tau^{(1)} = 0$, mediante opportune trasformazioni si trova

$$(30) \qquad V_\tau^{(2)} = 2\int_{C_*} Q_\tau\left[\frac{d\underline{s}^{(1)}}{dP_*};\,P_*\right] dC_*\,.$$

Si noti che in questa espressione di $V_2^{(\tau)}$ la funzione integranda <u>non dipende da</u> $\underline{s}^{(2)}$; corrisponde a una forma quadratica nelle sole $u_{rs}^{(1)}$ [a coefficienti generalmente dipendenti da P_*] che si riduce a

$$W_\tau\left(u_{11}^{(1)}, u_{22}^{(1)}, u_{33}^{(1)}, u_{23}^{(1)}+u_{32}^{(1)}, u_{31}^{(1)}+u_{13}^{(1)}, u_{12}^{(1)}+u_{21}^{(1)};\,P_*\right)$$

tutte le volte che C_τ è stato naturale di G_ϱ.

Basta che ogni $u_r^{(1)}$ sia lineare nelle y [cioè $\underline{s}^{(1)}$ corrisponda a uno spostamento omogeneo] perchè - indicando con $\overline{M}_{rs}^{(\tau)}$ i valori medi degli $M_{rs}^{(\tau)}$ in C_* - la (30) possa ridursi a

$$(31) \qquad V_\tau^{(2)} = C_*\left\{\sum_1^6{}_{jl}\overline{M}_{jl}^{(\tau)}\varepsilon_j^{(1)}\varepsilon_l^{(1)} + \overline{\mu}^{(\tau)}\left(2\sum_1^3{}_r\left(\varepsilon_r^{(1)}\right)^2 + \sum_1^3{}_r\left(\varepsilon_{r+3}^{(1)}\right)^2\right)\right\}.$$

In particolare, basta che $\underline{s}^{(1)}$ corrisponda a uno spostamento rigido infinitesimo $\left[\varepsilon_1^{(1)} = \varepsilon_2^{(1)} = \ldots\ldots = \varepsilon_6^{(1)} = 0\right]$ perchè si annulli anche $V_\tau^{(2)}$, senza bisogno di alcuna restrizione circa la forma effettiva di $\mathcal{F}$.

Invece la proprietà inversa, cioè la condizione che $V_\tau^{(2)}$ si annulli solo se $\underline{s}^{(1)}$ [necessariamente solenoidale] corrisponde a uno spostamento rigido infinitesimo, ma ha una validità altrettanto generale. Ammettendola si esclude ad es. che $\mathcal{F}$ possa non dipendere in alcun modo dalle ε_q [liquidi perfetti] perchè in tale eventualità [come è ben naturale] riesce

$$V_\tau(\lambda) = 0.$$

o o o

IV°

SOLIDI INCOMPRIMIBILI PERFETTAMENTE ELASTICI

1. PROPRIETA' PRINCIPALI DEI SOLIDI INCOMPRIMIBILI PERFETTAMENTE ELASTICI.

Per un solido perfettamente elastico incomprimibile a temperatura costante, G_e, in corrispondenza a ciascun valore τ della temperatura dentro un certo intervallo (τ_1, τ_2):

1°) esistono delle C_τ; 2°) tra di esse ce ne è qualcuna, $\bar{C}_\tau$, a partire dalla quale il lavoro delle forze intime riesce negativo per ogni trasformazione isoterma finita o infinitesima, che differisca da un semplice spostamento rigido [ma si uniformi al vincolo di incomprimibilità] .

Non è detto che $\bar{C}_\tau$ debba dare uno stato naturale di G_e. In quanto ora ho convenuto è invece implicito che a partire da una $\bar{C}_\tau$ se ne ottiene un'altra, solo mediante uno spostamento rigido.

Apprèsso, insieme alla specializzazione di G_φ in un G_e, sempre rimarrà sottintesa quella di C_* in una $\bar{C}_\tau$. Quindi, riprendendo tutte le notazioni del n. precedente, certo avremo [subordinatamente al vincolo di incomprimibilità]

$$V_\tau(\lambda) > 0 \tag{1}$$

ogni qualvolta $C_* \to C_\lambda$ non si riassuma in uno spostamento rigido, e in più proprio $V_\tau^{(2)} > 0$, cioè

$$\int_{C_*} Q_\tau\left[\frac{d\underline{s}^{(1)}}{dP_*}\,;\,P_*\right] dC_* > 0 \tag{2}$$

ogni qualvolta $\underline{s}^{(1)}$ [sia solenoidale, ma] non corrisponda ad uno spostamento rigido infinitesimo. Ad es. [cfr. (III,31)] si dovrà intendere

$$\sum_{1\,rs}^{6} \bar{M}_{jl}^{(\tau)} z_j z_l + \bar{p}^{(\tau)}\left\{2\sum_{1\,r}^{3} z_r^2 + \sum_{1\,r}^{3} z_{r+1}^2\right\} > 0 \tag{2'}$$

almeno per ogni sestupla di valori non tutti nulli delle Z che verifichi l'uguaglianza $z_1 + z_2 + z_3 = 0$.

2. UN TEOREMA DI UNICITA' NELLA STATICA ISOTERMA: PREMESSE.

In questo cap. mi occuperò solo di questioni di Statica isoterma: T cost. $= \tau$.
Anzi si tratterà solo della ricerca di configurazioni di equilibrio forzato corrispondenti a prefissati valori attuali delle forze di massa e di tutte le forze superficiali esterne.

Riusciranno comode le notazioni abbreviative

$$\begin{cases} \int_{C_*} \underline{A}(P_*)\, dC_* + \int_{\Sigma_*} \underline{a}(Q_*)\, d\Sigma_* = R[\underline{A}, \underline{a}], \\ \int_{C_*} \underline{\xi}(P_*) \wedge \underline{A}(P_*)\, dC_* + \int_{\Sigma_*} \underline{\xi}(Q_*) \wedge \underline{a}(Q_*)\, d\Sigma_* = \underline{M}[\underline{\xi}; \underline{A}, \underline{a}], \end{cases}$$

riguardo a una generica coppia $\underline{\xi}$, $\underline{A}$ di vettori assegnati in tutto C_* e ad un terzo vettore $\underline{a}$ che sia assegnato almeno su tutto Σ_*.

Già nel n. precedente, ho stabilita la specializzazione di C_* in una $\bar{C}_\tau$. Convengo anche, una volta per tutte, di assumere per O [origine della solita terna di riferimento $\mathcal{C} \equiv O\varsigma_1\varsigma_2\varsigma_3$] un punto di C_*.

Per determinare, insieme a p, l'incognita configurazione di equilibrio forzato C - problema equivalente alla determinazione di p e di $P_*P = \underline{s}$ in funzione di P_* - abbiamo già [cfr. le (5)-(5)', (9) e (21) del cap. III] le equazioni indefinite

$$(3) \qquad I_3\alpha = 1, \qquad k_* \underline{F} = \operatorname{grad}_{P_*}(p R\alpha - \alpha\varphi)$$

con

$$(3)' \qquad \varphi_q = \frac{\partial W_\tau}{\partial \varepsilon_q} \qquad (q = 1, 2, \dots 6)$$

e la condizione al contorno

$$(3)'' \qquad \underline{f}^* = (\mu R\alpha - \alpha\varphi)\underline{N}^*.$$

Naturalmente questo sistema implica le due equazioni cardinali della Statica riferite a C:

$$(4) \qquad \underline{R}\left[k_* \underline{F}, \underline{f}^*\right] = 0\ , \quad \underline{M}\left[OP;\, k_* \underline{F}, \underline{f}^*\right] = 0.$$

La prima impone un vincolo essenziale ai prefissati valori attuali di $\underline{F}$ e di $\underline{f}^*$, la seconda corrisponde a una proprietà globale degli incogniti $OP = OP_* + \underline{s}\ (P_*)$.

Appresso intenderò sempre che sia equilibrata anche la sollecitazione riportata allo stato di riferimento, difinita, naturalmente, come l'insieme $\mathcal{S}_*$ dei vettori elementari $(P_*, k_* \underline{F})$ e (Q , f d). In altri termini intenderò sempre che, accanto a $(4)_1$, si abbia pure

$$(5) \qquad \underline{M}\left[OP_*;\, k_* \underline{F}, \underline{f}^*\right] = 0,$$

ciò che per il teorema di D a S i l v a al più avrà richiesto di specializzare l'orientamento di C_* attorno ad O, finora del tutto indeterminato: gli orientamenti di C_* compatibili con la (5) sono sempre almeno quattro.

Ci troveremo a prendere in speciale considerazione gli assi di equilibrio di $\mathcal{S}_*$. Accenniamo con u una retta orientata per O e con $\underline{u}$ il suo versore. Definita l'omografia ν ponendo, per un qualunque vettore costante x,

$$\nu x = \underline{M}\left[x \wedge OP_*;\, k_* \underline{F}, \underline{f}^*\right]$$

la u è asse di equilibrio quando risulta $\nu \underline{u} = 0$; perchè ogni u sia un asse di equilibrio - cioè perchè la sollecitazione riportata allo stato di riferimento sia astatica - occorre e basta che sia $\nu = 0$.

3. ENUNCIATO DEL TEOREMA DI UNICITA'.

Certo, assegnati $\underline{F}$ (P_*) e $\underline{f}^*$ (Q_*) il sistema (3)-(3)'-(3)" non può da solo individuare $\underline{s}$ (P_*) e p (P_*), perchè α e φ esattamente restano invariate in ciascun punto di C_* quando a un qualunque $\underline{s}$ (P_*) si aggiunga un vettore costante, corrispondente a un'arbitraria traslazione di C o C_*. Per eliminare una tale inessenziale indeterminazione basta assumere

$$\underline{s}\ (O) = o, \tag{6}$$

ciò che rimarrà sottinteso in tutto il resto di questo capitolo [e pure in seguito].

Anche dopo questa convenzione non è detto che il sistema in esame univocamente determini la configurazione di equilibrio forzato [insieme ad $\alpha_\delta(P_*)$ e $\alpha_\rho(P_*)$ mentre è subito visto [cfr. (I,11)] che se ciò si verifica resta pure univocamente determinato p (P_*). Però non può accadere che si presenti un'indeterminazione analoga a quella della teoria classica - cioè che si abbiano due configurazioni di equilibrio forzato [con le stesse forze attuali] differenti l'una dall'altra per una semplice rotazione $\mathcal{R}$ d'insieme - a meno che tutte le forze elementari di $\mathcal{S}_*$ ammettano la stessa direzione [destinata a essere quella di $\mathcal{R}$]. In ogni altro caso si trova che un'indeterminazione di $\underline{s}$ (P_*) deve riflettersi anche in una qualche indeterminazione della deformazione pura.

Faccio ora intervenire un comune parametro moltiplicativo ϑ per tutte le $\underline{F}$ (P_*) e $\underline{f}^*$ (Q_*), ciò che equivale a sostituire il sistema (3)-(3)'-(3)" con le equazioni indefinite

$$\left\{ \begin{aligned} &\vartheta k_* \underline{F} = \operatorname{grad}_{P_*}\left(p R \alpha - \alpha \varphi\right) \\ &I_3 \alpha = 1 \quad , \quad \varphi_q = \frac{\partial W_\tau}{\partial \varepsilon_q} \quad (q = 1, 2, \ldots 6) \end{aligned} \right. \tag{7}$$

e la condizione al contorno

$$\vartheta \underline{f}^{*} = \left(\mu R\alpha - \alpha\varphi\right)\underline{N}^{*}. \tag{8}$$

La specializzazione di C_{*} in una $\overline{C}_{\tau}$ e le ulteriori convenzioni (5) e (6) permettono di stabilire senza alcuna incertezza il seguente:

TEOREMA DI UNICITA'. <u>Se esiste una soluzione</u>

<u>$\underline{s}(P_{*}, \vartheta)$, $p(P_{*}, \vartheta)$ del tipo</u>

$$\underline{s}(P_{*},\vartheta) = \sum_{1}^{\infty}{}_{n} \frac{\vartheta^{n}}{n!}\, \underline{s}^{(n)}(P_{*}),\quad p(P_{*},\vartheta) = p^{(\tau)} + \sum_{1}^{\infty}{}_{n} \frac{\vartheta^{n}}{n!}\, p^{(n)}(P_{*}), \tag{9}$$

<u>essa necessariamente è unica qualora $\mathcal{S}_{*}$ non ammetta alcun asse di equilibrio. La stessa unicità persiste nel caso opposto almeno quando si aggiunga ai dati la componente di</u>

$$\underline{\omega}_{0}(\vartheta) = \frac{1}{2}\left[\operatorname{rot}_{P_{*}} \underline{s}\right]_{0} = \sum_{1}^{\infty}{}_{n} \frac{\vartheta^{n}}{n!}\, \underline{\omega}_{0}^{(n)}$$

<u>secondo ogni asse di equilibrio.</u>

Per dimostrarlo, conviene in primo luogo rilevare che la $(4)_2$ non subisce alcuna modifica per l'intervento del parametro indeterminato ϑ e in corrispondenza a (9) si scinde, tenuto conto di (5), nelle ∞^{1} uguaglianze

$$\underline{M}\left[\underline{s}^{(n)}; k_{*}\underline{F}, \underline{f}^{*}\right] = 0 \quad (n = 1, 2, \ldots), \tag{10}$$

mentre la (6) si traduce in

$$\underline{s}^{(n)}(O) = o \qquad (n = 1, 2, \ldots) \tag{11}$$

e la condizione di incomprimibilità [cfr. (III,28)-(III,29)]

$$\operatorname{div}_{P_{*}} \underline{s}^{(1)} = 0,\quad \operatorname{div}_{P_{*}} \underline{s}^{(n)} = N_{n}\left(u^{(1)}_{rs}, u^{(2)}_{rs}, \ldots u^{(n)}_{rs}\right) \tag{12}$$

$$(n = 2, 3 \ldots).$$

Le (10) e (11) vanno ordinatamente associate agli ∞^1 sistemi lineari - sistemi ausiliari - cui le (7) - (8) danno luogo se le si derivano 1,2,....n volte rispetto a ϑ [esplicitamente e implicitamente] e poi si pone $\vartheta = 0$.

4. PRIMO SISTEMA AUSILIARE. ESTENSIONE DI TEOREMI CLASSICI ALLA TEORIA LINEARIZZATA DELL'ELASTICITA' DI SOLIDI INCOMPRIMIBILI.

Deriviamo le (7)-(8) una sola volta rispetto a ϑ e poi poniamo $\vartheta = 0$. Si ottengono così, in aggiunta a $(12)_1$, le equazioni

$$
(13)\quad
\begin{aligned}
&k_* \underline{F} = \mathrm{grad}_{P_*}\left\{p^{(1)} - \varphi^{(1)} + p^{(\tau)}(R\alpha)^{(1)} - \alpha^{(1)}\varphi^{(\tau)}\right\} \;\ldots\ldots\; C_*\\
&\underline{f}^* = \left\{p^{(1)} - \varphi^{(1)} + p^{(\tau)}(R\alpha)^{(1)} - \alpha^{(1)}\varphi^{(\tau)}\right\}\underline{N}^* \;\ldots\ldots\; \Sigma_*,
\end{aligned}
$$

con

$$
(14)\quad \varphi_q^{(1)} = \sum_{1}^{6}{}_l\, M_{ql}^{(\tau)}\varepsilon_l^{(1)},\quad \varepsilon_r^{(1)} = u_{rr}^{(1)},\quad \varepsilon_{r+3}^{(1)} = u_{r+1,r+2}^{(1)} + u_{r+2,r+1}^{(1)}
$$
$$
(q = 1,2,\ldots 6\,;\; r = 1,2,3).
$$

In più, è facile riconoscere che sussiste l'uguaglianza

$$
(14)'\quad p^{(\tau)}(R\alpha)^{(1)} - \alpha^{(1)}\varphi^{(\tau)} = -2p^{(\tau)}\varepsilon^{(1)} + \alpha^{(1)}\beta^{(\tau)}.
$$

Le (13) possono dunque considerarsi come un sistema del tipo (II,2), con

$$
D = k_*\underline{F}\,,\; \underline{d} = \underline{f}^*,\; \gamma = -\varphi^{(1)} - 2p^{(\tau)}\varepsilon^{(1)} + \alpha^{(1)}\beta^{(\tau)},\; b = p^{(1)}:
$$

anzi, in conseguenza delle (14), per i coefficienti g_{rs} della γ vengono a sussistere tutte le uguaglianze

$$
(15)\quad g_{rs} = \frac{\partial Q_\tau\left[\dfrac{d\underline{s}^{(1)}}{dP_*}\,;\,P_*\right]}{\partial u_{rs}^{(1)}} \quad (r, s = 1,2,3).
$$

Le condizioni imposte dal primo sistema ausiliare al vettore solenoidale $\underline{s}^{(1)}$ possono dunque riassumersi in quella [cfr. cap. II, n.2] che per ogni $\underline{\xi}(P_*)$ solenoidale sia

$$(16)\qquad \int_{C_*} dC_* \sum_{1}^{3}{}_{rs} \frac{\partial \xi_r}{\partial y_s} \frac{\partial Q_\tau\left[\frac{d\underline{s}^{(1)}}{dP_*};P_*\right]}{\partial u^{(1)}_{rs}} = \int_{C_*} \underline{\xi} \times k_* \underline{F}\, dC_* + \int_{\Sigma_*} \underline{\xi} \times \underline{f}^* d\Sigma_*$$

In sostanza, le (2) e (16) differiscono dalle relazioni che loro corrispondono nella teoria classica dell'Elasticità solo perchè al posto di una forma quadratica in sei variabili (potenziale elastico) figura una forma quadratica in nove variabili, la Q_τ : $\underline{s}^{(1)}$ e $\underline{\xi}$ devono ora intendersi solenoidali, ma questo non toglie che se si riprendono le dimostrazioni ormai abituali del teorema di C l a p e y r o n, del teorema della minima energia potenziale, del teorema di B e t t i, ecc. automaticamente, quasi direi, si è portati a riconoscere che le conclusioni non subiscono modifica nel passaggio alla teoria che può avere per base l'insieme delle $(12)_1$, (2) e (13)-(14): <u>teoria linearizzata dell'Elastostatica di solidi incomprimibili</u>.

In particolare, si riconosce subito che per $\underline{F}(P_*) \equiv 0$, $\underline{f}^*(Q_*) \equiv 0$ il sistema $(12)_1$-(13)-(14), subordinatamente alla prima delle (11), rende necessaria l'identità di $\underline{s}^{(1)}$ con $\underline{\omega}^{(1)}_0 \wedge OP_*$.

Basta allora osservare che in corrispondenza a una tale espressione di $\underline{s}^{(1)}$ la prima delle (10) si riduce a

$$\nu\, \underline{\omega}^{(1)}_0 = 0,$$

per compiere il primo passo nella dimostrazione del nostro teorema di unicità: il primo sistema ausiliare risulta atto alla completa determinazione di $\underline{s}^{(1)}(P_*)$ subordinatamente a $(10)_1$, a $(11)_1$ e - qualora sia $I_3\nu = 0$ - alla conoscenza della componente di $\underline{\omega}^{(1)}_0$ secondo ciascuno degli assi di equilibrio di $\mathcal{S}_*$.

5. SOLIDI OMOGENEI IN $\bar{C}_*$.

La condizione di omogeneità in C_* [cfr. cap.III n.4, in fine] permette di ridurre le (13) [cfr. anche (14)'] a

$$k_* \underline{F} = \text{grad}_{P_*} \beta^{(1)} \ldots\ldots C_*, \quad \underline{f}^* = \beta^{(1)} \underline{N}^* \ldots\ldots \Sigma_* \tag{17}$$

con

$$\beta^{(1)} = p^{(1)} - \varphi^{(1)} - 2p^{(\tau)}\varepsilon^{(1)} :$$

ciò che equivale a dire che i coefficienti $X^{(1)}$ della $\beta^{(1)}$ - quando si adoperi per essi la solita notazione a un solo indice e si intenda $\delta_q = 0$ o $\delta_q = 1$ secondo che q superi o non superi 3 - restano espressi da

$$X_q^{(1)} = \delta_q p^{(1)} - \frac{\partial w_\tau(\varepsilon^{(1)})}{\partial \varepsilon_q^{(1)}} \quad (q = 1, 2, \ldots 6). \tag{18}$$

Al tempo stesso, insieme a $p^{(\tau)}$ e agli $M_{rs}^{(\tau)}$, si riducono a costanti tutti i coefficienti della forma quadratica W_τ e proprio ad essa rimane imposto [dalla (2)'] di essere positiva per ogni sestupla di valori non nulli dei suoi argomenti ξ che verifichi l'uguaglianza $\xi_1 + \xi_2 + \xi_3 = 0$.

Ammetterò (14) che addirittura si tratti di una forma definita positiva e indicherò con $m_{jl} = m_{lj}$ $(j, l = 1, 2, \ldots 6)$ i coefficienti della forma quadratica $2r_\tau$ reciproca di $2w_\tau$, ciò che permette di sostituire la (18) con le sei uguaglianze scalari

$$\varepsilon_j^{(1)} = \sum_{1}^{6}{}_l\, m_{jl}\left(\delta_l p^{(1)} - X_l^{(1)}\right) \quad (j = 1, 2, \ldots 6). \tag{19}$$

---

(14) Una tale ammissione è certo legittima per G_e omogenei e isotropi [v. la (30) del prossimo cap.] .

La $(12)_1$ dà così luogo all'equazione

$$0 = \sum_{1}^{3}{}_j \sum_{1}^{6}{}_l m_{jl}\left(\delta_l p^{(1)} - X_l^{(1)}\right),$$

donde si può ricavare $p^{(1)}$ come funzione lineare omogenea degli $X_l^{(1)}$. Precisamente, posto

$$R = \sum_{1}^{3}{}_{jl} m_{jl} = 2\tau_{\tau}(1,1,1,0,0,0) > 0,$$

si ha

$$p^{(1)} = \frac{1}{R} \sum_{1}^{3}{}_j \sum_{1}^{6}{}_l m_{jl} X_l^{(1)}.$$

Ad es. ogni qualvolta $\underline{F}(P_*)$ e $\underline{f}^*(Q_*)$ siano tali che le (17) restino completamente soddisfatte dall'assumere per i singoli $X^{(1)}$ certe funzioni lineari L_l di y_1, y_2, y_3 [magari delle costanti] le conclusioni del n. precedente senz'altro assicurano la necessità di tutte le uguaglianze

$$(20)\qquad \varepsilon_j^{(1)} = \sum_{1}^{6}{}_l m_{jl}\left(\delta_l p^{(1)} - L_l\right), \quad p^{(1)} = \frac{1}{R}\sum_{1}^{3}{}_j \sum_{1}^{6}{}_l m_{jl} L_l,$$

pel semplice motivo che le espressioni da queste fornite per le singole $\varepsilon_j^{(1)}$ - lineari in y_1, y_2, y_3 - certo si uniformano alle condizioni di congruenza di de Saint-Venant.

6. TEORIA LINEARIZZATA: TRAZIONE SEMPLICE DI UN CILINDRO OMOGENEO.

Suppongo che: a) G_e si presenti in C_* come un cilindro retto omogeneo, con le generatrici parallele a c_3; b) si possa assumere

$$f_1^* = f_2^* = 0, \qquad f_3^* = -t_3 N_3^* \ldots \Sigma_*$$

costante non nulla, insieme a $\underline{F}(P_*) \equiv 0$.

Ci si trova proprio nel caso contemplato in fine al n. prec., con $L_3 \equiv -t_3$ e $L_l \equiv 0$ per $l \neq 3$. Quindi [cfr. (20)]

certo sussistono tutte le uguaglianze

$$(21)\qquad \overset{(1)}{\varepsilon}_j = \overset{(1)}{p}\sum_{1}^{3}{}_l\, m_{jl} + t_3 m_{j3}\ ;\ \overset{(1)}{p} = -\frac{t_3}{R}\sum_{1}^{3}{}_K\, m_{K3}\,.$$

Posto

$$(22)\qquad \overline{m}_j = m_{j3} - \frac{1}{R}\sum_{1}^{3}{}_l\, m_{jl}\sum_{1}^{3}{}_K\, m_{K3}\quad (j=1,2,\dots 6),$$

facendo intervenire la dilatazione

$$\zeta \equiv \begin{Vmatrix} \overline{m}_1 & \frac{\overline{m}_6}{2} & \frac{\overline{m}_5}{2} \\ \frac{\overline{m}_6}{2} & \overline{m}_2 & \frac{\overline{m}_4}{2} \\ \frac{\overline{m}_5}{2} & \frac{\overline{m}_4}{2} & \overline{m}_3 \end{Vmatrix}$$

le (21) possono riassumersi in

$$\overset{(1)}{\varepsilon} = t_3\zeta\ ,\quad \overset{(1)}{p} = -\frac{t_3}{R}\sum_{1}^{3}{}_K\, m_{K3}\,.$$

Dalla prima [tenuto conto anche di $(11)_1$] subito si ha, in tutto C_*, $\underline{\omega}^{(1)} = \overset{(1)}{\underline{\omega}}_o$

e

$$\overset{(1)}{\underline{s}}_{P_*} = \overset{(1)}{\underline{\omega}}_o \wedge OP_* + t_3\zeta(OP_*),$$

ciò che anche permette di specificare la $(10)_1$ [cfr. b)] in

$$(23)\qquad \int_{\Sigma_*} d\Sigma_* \left\{\overset{(1)}{\underline{\omega}}_o \wedge OP_* + t_3\zeta(OP_*)\right\} \wedge \underline{c}_3 N_3^* = 0\,.$$

E' ben facile riconoscere che questa equazione per $\overset{(1)}{\underline{\omega}}_o$ equivale a

$$\underline{\omega}_n = t_3\zeta(\underline{c}_3)\wedge\underline{c}_3$$

se si chiama $\underline{\omega}_n$ il componente di $\overset{(1)}{\underline{\omega}}$ normale alle generatrici del cilindro. Attualmente la sollecitazione riportata allo stato di riferimento ammette come asse di equilibrio ogni retta parallela a $\underline{c}_3$, onde è ben naturale [cfr. n. prec.] che la (23) non riesca a determinare anche il componente di $\underline{\omega}_0^{(1)}$ parallelo a $\underline{c}_3$.

7. POSSIBILITA' CHE NON ESISTA ALCUNA SOLUZIONE DEI SISTEMI AUSILIARI SUCCESSIVI AL PRIMO.

Dopo quanto è stato stabilito nel n.4 riguardo al primo sistema ausiliare, per completare la dimostrazione del teorema di unicità enunciato nel n.3 si può adottare un procedimento ricorrente. Veramente, a partire da n = 2, $\underline{s}^{(n)}$ non è più necessariamente solenoidale, ma ciò non dà luogo a intralci; la forma delle (12) è tale che [stabilita, subordinatamente alle prime n-1 delle (10) e (11), l'unicità della soluzione dei primi n-1 sistemi ausiliari] si ritrova la condizione di solenoidalità per la differenza di due soluzioni del sistema ausiliare n.^{mo}.

Approfondendo l'esame dei sistemi ausiliari si riconosce che la struttura di ciascuno di essi è tale da implicare certe condizioni di integrabilità, che risultano senz'altro soddisfatte per n = 1 in conseguenza della convenzione (5), mentre per ogni n > 1 aggiungono proprio la $(n-1)^{ma}$ delle (10),

$$\underline{M}\left[\underline{s}^{(n-1)};\, R_*\underline{F},\, \underline{f}^*\right] = 0 . \tag{24}$$

In genere si tratta di una circostanza favorevole: come già è affiorato nei n. prec., se la sollecitazione riportata allo stato di riferimento non ammette alcun asse di equilibrio, per ciascun n > 1 la (24) non fa che individuare $\underline{\omega}_0^{(n-1)}$, col favorevole risultato di eliminare ogni indeterminazione in $\underline{s}^{(n-1)}(P_*)$.

Ma anche per solidi incomprimibili ci sono casi di "incompatibilità" in cui, fin dal 2° sistema ausiliare, le condizioni di integrabilità non possono essere soddisfatte, e sviluppi del tipo (9) perdono ogni significato, indipendentemente da ogni questione di convergenza.

Per dare di questo fatto un esempio semplice ed espressivo, intendo che: a) G_e si presenti in C_* come una piastra rettangolare omogenea [parallelepipedo retto rettangolo] di baricentro O e spigoli diretti come $\underline{c}_1$, $\underline{c}_2$, $\underline{c}_3$; b) la piastra sia soggetta a una doppia sollecitazione a flessione, e precisamente [dopo una conveniente numerazione degli assi coordinati] si abbia (15)

$$f_1^* = a y_2 N_1^*, \quad f_2^* = b y_3 N_2^*, \quad f_3^* = 0 \ \ldots \ \Sigma_*,$$

con a e b costanti non nulla, insieme a $\underline{F}(P_*) \equiv 0$.

Anche qui ci si trova nel caso contemplato in fine al n.5, ma con

$$L_1 = ay_2, \quad L_2 = by_3, \qquad L_3 = L_4 = L_5 = L_6 = 0.$$

Per il mio scopo basterà profittare delle (20) solo in quanto [come è facile controllare] con le notazioni (22) esse vengono a imporre, in tutto C_*, l'uguaglianza

$$\varepsilon_3^{(1)} = \frac{\partial u_3^{(1)}}{\partial y_3} = -a y_2 \overline{m}_1 - b y_3 \overline{m}_2 \tag{25}$$

Attualmente la prima delle (24) richiede che sia

$$\int_{\Sigma_*} \underline{s}^{(1)} \wedge \left(a y_2 \underline{c}_1 N_1^* + b y_3 \underline{c}_2 N_2^*\right) d\Sigma^* = 0,$$

uguaglianza equivalente a

$$a \int_{C_*} \frac{\partial \underline{s}^{(1)}}{\partial y_1} \wedge \underline{c}_1 y_2 \, dC_* + b \int_{C_*} \frac{\partial \underline{s}^{(1)}}{\partial y_2} \wedge \underline{c}_2 y_3 \, dC_* = 0$$

e anche a

$$a \frac{\partial^2 \underline{s}^{(1)}}{\partial y_1 \partial y_2} \wedge \underline{c}_1 \int_{C_*} y_2^2 \, dC_* + b \frac{\partial^2 \underline{s}^{(1)}}{\partial y_2 \partial y_3} \wedge \underline{c}_2 \int_{C_*} y_3^2 \, dC_* = 0, \tag{26}$$

---

(15) Si tratta di una $\mathcal{S}_*$ astatica $[\nu = 0]$.

perchè: 1°) la linearità delle singole $\varepsilon_j^{(1)} \left[e\ u_{rs}^{(1)} \right]$ implica che i derivati parziali secondi di $\underline{s}^{(1)}$ rispetto alle y sono tutti costanti; 2°) la $\mathcal{T}$ è terna centrale di G_e [omogeneo in C_*].

La prima componente M_1 del vettore a primo membro della (26), stante la (25), è data da

$$M_1 = \overline{m}_1 ab \int_{C_*} y_3^2\, dC_*$$

e quindi si annulla solo per $\overline{m}_1 = 0$.

Insomma, basta (16) che sia $\overline{m}_1 \neq 0$ perchè le condizioni d'integrabilità del secondo sistema ausiliare non possano essere soddisfatte.

---

(16) Per un G_e omogeneo e isotropo [v. la (32) del cap. seg.] viene a mancare ogni possibilità di eccezione, perchè necessariamente risulta $\overline{m}_1 < 0$.

o
o o

A. Signorini

V.

SOLIDI OMOGENEI E ISOTROPI

1. G_e OMOGENEI E ISOTROPI.

Anche per un G_e converrà dire che è OMOGENEO E ISOTROPO ogni qualvolta alle proprietà principali dei G_e si voglia aggiungere quella - e unicamente quella - che il sistema risulti omogeneo e "isotropo" in $\bar{C}_\tau$, comunque s'intenda scelto τ in (τ_1, τ_2).

La condizione di omogeneità in $C_* \equiv \bar{C}_\tau$ da sola implica che: a) neppure W_τ dipende esplicitamente da P_*; b) ciascuna delle $\varphi_q^{(\tau)} = \left[\partial W_\tau / \partial \varepsilon_q\right]_{\varepsilon=0}$, la $p^{(\tau)}$ e ciascuno degli $M_{rs}^{(\tau)}$ ha uno stesso valore in tutto C_*; c) C_* dà uno stato naturale [cfr. cap. III, n. 4 alla temperatura τ, onde valgono tutte le uguaglianze

$$\beta^{(\tau)} = 0, \quad \varphi_4^{(\tau)} = \varphi_5^{(\tau)} = \varphi_6^{(\tau)} = 0, \quad \varphi_1^{(\tau)} = \varphi_2^{(\tau)} = \varphi_3^{(\tau)} = p^{(\tau)} = \text{cost.} \ldots C_* ; \tag{1}$$

d) alla proprietà globale (IV, 1) si può sostituire una proprietà locale, quella che, almeno subordinatamente al vincolo

$$\mathfrak{D}(\varepsilon) = 1, \tag{2}$$

sia

$$W_\tau(\varepsilon_1\, \varepsilon_2 \ldots \varepsilon_6) \geq 0, \tag{2'}$$

col segno = solo per $\varepsilon_1 = \varepsilon_2 = \ldots\ldots = \varepsilon_6 = 0$;

e) analogamente la (IV, 2) equivale alla condizione che per

$$z_1 + z_2 + z_3 = 0 \tag{3}$$

sia sempre

$$(3)' \quad w_\tau(z) \equiv \frac{1}{2}\sum_{1\,jl}^{6} M_{jl}^{(\tau)} z_j z_l + \mu^{(\tau)}\left\{\sum_{1\,r}^{3} z_r^2 + \frac{1}{2}\sum_{1\,r}^{3} z_{r+3}^2 \geqslant 0,\right.$$

col segno = solo per $z_1 = z_2 = \dots = z_6 = 0$.

Per trarre dalla (IV, 1) la necessità della (2)'-(2) basta pensare omogeneo lo spostamento $C_* \rightarrow C_\lambda$. Per quanto poi riguarda e), stante la semplificazione cui dà luogo nella Q_τ l'essere C_* stato naturale, non c'è che da richiamare la (IV, 2)'.

Passando alla proprietà di "isotropia", naturalmente la intendo espressa dalla condizione che tanto W_τ, quanto il potenziale termodinamico $\mathcal{F}_\tau(\varepsilon\,|\,T)$ dipenda dalle ε_j solo per il tramite degli invarianti principali di deformazione [cfr. cap. I, n. 8]. Il vincolo di incomprimibilità a temperatura uniforme,

$$(4) \qquad \mathfrak{D}(\varepsilon) = f(T, \tau; P_*),$$

permette di pensare solo a I_1 e I_2 o, ciò che riesce esattamente equivalente, solo a

$$\mathcal{J}_1 = I_1(1+2\varepsilon) = 3 + 2I_1\varepsilon, \quad \mathcal{J}_2 = I_2(1+2\varepsilon) = 3 + 4I_1\varepsilon + 4I_2\varepsilon,$$

restando così imposta a $\mathcal{F}_\tau$ un'espressione del tipo

$$(5) \qquad \mathcal{F}_\tau = F(\mathcal{J}_1, \mathcal{J}_2, T, \tau).$$

Si può dimostrare che, quando si vari τ in un qualunque altro valore τ' della temperatura dentro (τ_1, τ_2) <u>la deformazione di una $\bar{C}_\tau$ in una $\bar{C}_{\tau'}$ deve corrispondere a una semplice similitudine</u>. Se ad es., per ciascun τ in (τ_1, τ_2), si indicano con k_τ ed l_τ la densità e la lunghezza della massima corda di una $\bar{C}_\tau$, il rapporto di similitudine tra $\bar{C}_\tau$ e $\bar{C}_{\tau'}$ resta espresso da $l_{\tau'}/l_\tau$, e insieme all'uguaglianza

(6) $$k_\tau \, l_\tau^3 = k_{\tau'} \, l^3_{\tau'}$$

si ha la precisazione di (4) in

(7) $$\mathcal{D} = \frac{l_T^3}{l_\tau^3} .$$

2. <u>CONSEGUENZE DELLA</u> (5).

La (5) riduce le (III, 7) a

(8) $$\varphi_q = k_\tau \left\{ \frac{\partial F}{\partial \mathcal{J}_1} \frac{\partial \mathcal{J}_1}{\partial \varepsilon_q} + \frac{\partial F}{\partial \mathcal{J}_2} \frac{\partial \mathcal{J}_2}{\partial \varepsilon_q} \right\} \quad (q = 1, 2, \dots, 6),$$

con (17)

(8)' $$\frac{\partial \mathcal{J}_1}{\partial \varepsilon_q} = 2 \delta_q \qquad \frac{\partial \mathcal{J}_2}{\partial \varepsilon_q} = 4 \delta_q + 4 \frac{\partial I_2}{\partial \varepsilon_q} \quad (q = 1, 2, \dots, 6),$$

e

(8)'' $$\frac{\partial I_2}{\partial \varepsilon_r} = I_1 - \varepsilon_r \qquad \frac{\partial I_2}{\partial \varepsilon_{r+3}} = -\frac{1}{2} \varepsilon_{r+3} \quad (r = 1, 2, 3)$$

In definitiva le (8) possono riassumersi in

(8)''' $$\varphi = 2 K_\tau \left\{ \frac{\partial F}{\partial \mathcal{J}_1} + \frac{\partial F}{\partial \mathcal{J}_2} \left(2 + 2 I_1 - 2 \varepsilon \right) \right\}.$$

Una prima conseguenza di questa uguaglianza è che - per ogni elemento m del sistema e in corrispondenza a una qualunque sua trasformazione - la <u>dilatazione</u> φ deve ammettere come direzioni unite tutte le direzioni principali di deformazione: donde evidentemente segue che lo stesso deve verificarsi per le due dilatazioni $\alpha_\delta \varphi$ e

$$\varphi' = \frac{1}{\mathcal{D}} \alpha_\delta \varphi \alpha_\delta .$$

---

(17) cfr. le (I, 21) e (I, 20). Anche quì si intende $\delta_q = 1$ per $q \leq 3$ e $\delta_q = 0$ per $q > 3$.

Basta allora pensare scritta la (III, 13) con referenza alla [o ad una] terna principale di deformazione di m [e fare intervenire le caratteristiche principali di deformazione E_r] per riconoscere che tale equazione secolare di terzo grado attualmente si spezza nelle tre equazioni di primo grado

$$(9) \quad B_r - p = -2k_r \frac{1+2E_r}{\mathfrak{D}} \left\{ \frac{\partial F}{\partial \mathfrak{J}_1} + \frac{\partial F}{\partial \mathfrak{J}_2} \left[(1+2E_{r+1}) + (1+2E_{r+2}) \right] \right\}$$

$$(r = 1, 2, 3)$$

In più [cfr. ancora III, n.3 e I, n.9] rimane stabilito che β deve ammettere come direzione unita [direzione principale di tensione] ogni direzione principale di deformazione <u>dello spostamento inverso</u> (18).

Appresso è accennata con

$$F^{(E)}$$

la funzione di T, τ e delle tre E - pensate come indipendenti - in cui si converte la $F(\mathfrak{J}_1, \mathfrak{J}_2, T, \tau)$ mediante le sostituzioni

$$(10) \quad \mathfrak{J}_1 = \sum_1^3{}_r (1+2E_r) \qquad \mathfrak{J}_2 = \sum_1^3{}_r (1+2E_{r+1})(1+2E_{r+2})$$

e invece con

$$F^{(\Delta)}$$

la funzione di T, τ e dei tre allungamenti principali Δ - pensati anch'essi come indipendenti - in cui si converte la stessa F mediante le sostituzioni

$$(11) \quad \mathfrak{J}_1 = \sum_1^3{}_r (1+\Delta_r)^2 \qquad \mathfrak{J}_2 = \sum_1^3{}_r (1+\Delta_{r+1})^2 (1+\Delta_{r+2})^2 .$$

---

(18) Questa proprietà potrebbe anche assumersi come definizione della "isotropia" in C_*.

Si trova subito che le (9) equivalgono a

$$B_r - p = -k_r \frac{1+2E_r}{\mathfrak{D}} \frac{\partial F^{(E)}}{\partial E_r} \qquad (r=1,2,3) \tag{12}$$

Facendo intervenire i Δ al posto delle E e profittando del fatto che è

$$\mathfrak{D} = (1+\Delta_1)(1+\Delta_2)(1+\Delta_3) \tag{13}$$

le (12) si trasformano in formule analoghe a quelle di A l m a n s i:

$$B_r - p = -\frac{k_r}{(1+\Delta_{r+1})(1+\Delta_{r+2})} \frac{\partial F^{(\Delta)}}{\partial \Delta_r} \qquad (r=1,2,3) \tag{14}$$

I secondi membri delle (14) devono ancora dare i coefficienti principali di

$$-\varphi' = -\alpha_\delta \varphi \cdot \frac{1}{\mathfrak{D}} \alpha_\delta :$$

restano quindi acquisite anche le semplici espressioni

$$\Phi_r = k_r \frac{\partial F^{(\Delta)}}{\partial \Delta_r} \qquad (r=1,2,3) \tag{15}$$

per i coefficienti principali Φ_r della dilatazione $\alpha_\delta \varphi$.

3. PROPRIETA' INVARIANTIVA DI $\mathcal{F}_\tau$.

Si deve anche ammettere che la struttura della F ($\mathfrak{I}_1, \mathfrak{I}_2$, T, τ) abbia carattere invariantivo rispetto alla scelta di τ: fisicamente non potrebbe avere alcun senso un qualsiasi privilegio per qualche valore di τ in (τ_1, τ_2).

Per precisare le conseguenze di questa "proprietà invariantiva di $\mathcal{F}_\tau$" converrà, in corrispondenza a una qualunque $\tau' \neq \tau$, accennare per un momento con ε' l'omografia di deformazione inerente a $\bar{C}_{\tau'} \longrightarrow C$, con $\mathfrak{I}_1'$ e $\mathfrak{I}_2'$ l'invariante primo e l'invariante secondo di $1 + 2\varepsilon'$.

Equivalendo $\bar{C}_\tau \to \bar{C}_{\tau'}$, a una similitudine di rapporto $l_{\tau'}/l_\tau$ ben facilmente si riconosce che

$$l_\tau^{2i} \mathfrak{J}_i = l_{\tau'}^{2i} \mathfrak{J}'_i \qquad (i=1,2).$$

La proprietà invariantiva di $\mathcal{F}_\tau$ riesce dunque senz'altro soddisfatta se esiste una funzione

$$Z_\tau\,(g_1,\, g_2)$$

di tre soli argomenti - τ, g_1 e g_2 - che dia luogo a

$$(16) \qquad \mathcal{F}_\tau(\varepsilon|T) \equiv \frac{1}{k_T} Z_T\left(\frac{l_\tau^2}{l_T^2}\mathfrak{J}_1,\ \frac{l_\tau^4}{l_T^4}\mathfrak{J}_2\right) - q(T),$$

con $\qquad Z_\tau\,(3,3) \equiv 0$

e $q(T)$ funzione della sola temperatura attuale T.

Ebbene, in una Memoria del prof. Tolotti già figura quanto basta per esser certi che la proprietà invariantiva di $\mathcal{F}_\tau$ proprio impone, al potenziale termodinamico di un G_e omogeneo e isotropo, un'espressione del tipo ora indicato.

La (16) evidentemente implica

$$(17) \qquad W_\tau = Z_\tau(\mathfrak{J}_1, \mathfrak{J}_2),$$

ciò che rivela il significato della $Z_\tau\,(g_1,\, g_2)$ e al tempo stesso [cfr. (2)' - (2)] le impone la restrizione che per ogni possibile coppia di valori di $\mathfrak{J}_1$ e $\mathfrak{J}_2$ [v. il prossimo n. 8] sia

$$(17)' \qquad Z_\tau(\mathfrak{J}_1, \mathfrak{J}_2) \geq 0,$$

col segno = solo per $\mathfrak{J}_1 = \mathfrak{J}_2 = 3$.

Si può aggiungere che alla $q(T)$ resta imposta l'espressione

$$q(T) = \int_{T_0}^{T} d\tau \int_{\tau_0}^{\tau} c_p^{(\tau')} \frac{d\tau'}{\tau'},$$

se si indicano con $c_p^{(\tau)}$ il calore specifico a pressione costante in $\bar{C}_\tau$ [pressione nulla] e con T_0, τ_0 due costanti arbitrarie.

4. INTERVENTO DELLO SPOSTAMENTO INVERSO.

Anche qui [cfr. I, n.9] indichiamo con $\bar{\varepsilon}$ l'omografia di deformazione dello spostamento inverso $C \rightarrow C_*$, legata biunivocamente a

$$\varepsilon_\varrho = \alpha_\varrho \, \varepsilon \, \alpha_\varrho^{-1}$$

dall'uguaglianza

$$1 + 2\,\varepsilon_\varrho = (1 + 2\,\bar{\varepsilon})^{-1} .$$

Siano

$$(18) \qquad \bar{\mathfrak{J}}_1 = 3 + 2 I_1 \bar{\varepsilon} , \qquad \bar{\mathfrak{J}}_2 = 3 + 4 I_1 \bar{\varepsilon} + 4 I_2 \bar{\varepsilon}$$

i due primi invarianti principali della $1 + 2\bar{\varepsilon}$: attualmente [a parità di τ e T] essi risultano in corrispondenza biunivoca con $\mathfrak{J}_1$ e $\mathfrak{J}_2$, perchè la (7), in quanto equivale a

$$I_3\,(1 + 2\,\bar{\varepsilon}) = \frac{l_\tau^6}{l_T^6},$$

specifica in

$$(19) \qquad \mathfrak{J}_1 = \frac{l_T^6}{l_\tau^6}\,\bar{\mathfrak{J}}_2 , \qquad \mathfrak{J}_2 = \frac{l_T^6}{l_\tau^6}\,\bar{\mathfrak{J}}_1$$

ciò che dànno per $\gamma = 1 + 2\bar{\varepsilon}$ le uguaglianze generali della nota (15).

Le (19) permettono di tradurre la (15) in

$$(20) \qquad \mathfrak{F}_\tau = \frac{1}{k_T}\, Z_T\!\left(\frac{l_T^4}{l_\tau^4}\,\bar{\mathfrak{J}}_2 ,\; \frac{l_T^2}{l_\tau^2}\,\bar{\mathfrak{J}}_1\right) - q(T)$$

e la (16) in

$$(20)' \qquad W_\tau = \overline{W}_\tau(\overline{\mathfrak{J}}_1, \overline{\mathfrak{J}}_2) = Z_\tau(\overline{\mathfrak{J}}_2, \overline{\mathfrak{J}}_1).$$

Appresso intenderò

$$(21) \qquad \overline{\mathfrak{J}}_i = 2\left[\frac{\partial Z_T}{\partial g_{i+1}}\right]_{g_1=\frac{l_T^4\overline{\mathfrak{J}}_2}{l_\tau^4},\ g_2=\frac{l_T^2\overline{\mathfrak{J}}_1}{l_\tau^2}} = 2\left[\frac{\partial Z_T}{\partial g_{i+1}}\right]_{g_1=\frac{l_\tau^2\mathfrak{J}_1}{l_T^2},\ g_2=\frac{l_\tau^4\mathfrak{J}_2}{l_T^4}},$$

nonchè $(i=1,2)$,

$$(22) \qquad \overline{W}_i = 2\frac{\partial \overline{W}_\tau}{\partial \overline{\mathfrak{J}}_i} \equiv 2\frac{\partial W_\tau}{\partial \mathfrak{J}_{i+1}} \equiv W_{i+1}, \quad c_i^{(\tau)} = \left[\overline{W}_i\right]_{\overline{\mathfrak{J}}_1=\overline{\mathfrak{J}}_2=3} \quad (i=1,2)$$

e

$$(22)' \qquad \mu^{(\tau)} = c_1^{(\tau)} + c_2^{(\tau)}, \quad E_\tau = 3\mu_\tau :$$

stante la (8)''' queste notazioni già implicano

$$(23) \qquad \varphi_1^{(\tau)} = \varphi_2^{(\tau)} = \varphi_3^{(\tau)} = p^{(\tau)} = c_2^{(\tau)} + 2\, c_1^{(\tau)}$$

E' ormai tempo di rilevare che $[$essendo $k_\tau = \vartheta\, k_T]$ le (9) equivalgono a

$$B_r - p = -2(1+2\overline{E}_r)^{-1}\left\{k_T\frac{\partial F}{\partial \mathfrak{J}_1} + k_T\frac{\partial F}{\partial \mathfrak{J}_2}\left[(1+2\overline{E}_{r+1})^{-1} + (1+2\overline{E}_{r+2})^{-1}\right]\right\}$$

$$(r=1,2,3).$$

Con le notazioni (21), queste uguaglianze $[$come facilmente si può controllare$]$ possono ridursi a

$$B_r - p = -(1+2\overline{E}_r)^{-1}\left\{\overline{\mathfrak{J}}_2\frac{l_\tau^2}{l_T^2} + \overline{\mathfrak{J}}_1\left[(1+2\overline{E}_{r+1})^{-1} + (1+2\overline{E}_{r+2})^{-1}\right]\frac{l_\tau^4}{l_T^4}\right\},$$

cioè a

$$B_r - p = -\mathfrak{D}^2\left\{\bar{\mathfrak{J}}_2 \frac{l_\tau^2}{l_T^2}\left(1+2\bar{E}_{r+1}\right)\left(1+2E_{r+2}\right) + \bar{\mathfrak{J}}_1 \frac{l_\tau^4}{l_T^4}\left[\bar{\mathfrak{J}}_1 - \left(1+2\bar{E}_r\right)\right]\right\},$$

e infine, ponendo

$$\bar{p} = p - \frac{l_T^2}{l_\tau^2}\bar{\mathfrak{J}}_1\bar{\mathfrak{J}}_1 ,$$

anche a [cfr. (7)]

$$(24)\quad B_r - \bar{p} = \frac{l_T^2}{l_\tau^2}\bar{\mathfrak{J}}_1\left(1+2\bar{E}_r\right) - \frac{l_T^4}{l_\tau^2}\bar{\mathfrak{J}}_2\left(1+2\bar{E}_{r+1}\right)\left(1+2\bar{E}_{r+2}\right)\ (r=1,2,3)$$

C'è in più il fatto, già rilevato al n.2, che la β ammette come direzione unita ogni direzione unita della $\bar{\varepsilon}$. Non è difficile riconoscere che questa circostanza aggiuntiva [ma solo essa] permette di concludere che, accanto alle (24), deve sussistere l'uguaglianza omografica

$$(25)\quad \beta - \bar{p} = \frac{l_T^2}{l_\tau^2}\bar{\mathfrak{J}}_1\left(1+2\bar{\varepsilon}\right) - \frac{l_T^4}{l_\tau^4}\bar{\mathfrak{J}}_2\left\{\left(1+2\bar{\varepsilon}\right)^2 - \left(1+2\bar{\varepsilon}\right)\bar{\mathfrak{J}}_1 + \bar{\mathfrak{J}}_2\right\},$$

in modo che <u>per la differenza di due qualunque delle ordinarie caratteristiche di tensione</u> [coefficienti di β] <u>resta acquisita un'espressione di secondo grado nelle</u> $\bar{\varepsilon}_{rs}$ $(r,s = 1,2,3)$ <u>i cui coefficienti possono però dipendere da</u> $\bar{\mathfrak{J}}_1$ e $\bar{\mathfrak{J}}_2$ <u>con legge comunque complessa, finchè non si specializzi la</u> Z_T.

5. TRASFORMAZIONI ISOTERME.

Per $T \equiv \tau$ la (25) si riduce a

$$(26)\quad \beta - \bar{p} = \bar{W}_1\left(1+2\bar{\varepsilon}\right) - \bar{W}_2\left\{\left(1+2\bar{\varepsilon}\right)^2 - \left(1+2\bar{\varepsilon}\right)\bar{\mathfrak{J}}_1 + \bar{\mathfrak{J}}_2\right\}$$

con $\bar{p} = p - \bar{W}_1\bar{\mathfrak{J}}_1$, la (8)''' viene a equivalere alle sei uguaglianze scalari [19]

$$(27)\qquad \frac{\partial W_\tau}{\partial \varepsilon_j} = \left\{W_1 + W_2(\mathfrak{I}_1 - 1)\right\}\delta_j - (1+\delta_j)W_2\varepsilon_j \quad (j = 1,2,\dots 6),$$

e le (15) si traducono in

$$(28)\qquad \Phi_r = \frac{\partial W_\tau^{(\Delta)}}{\partial \Delta_r} \qquad (r = 1,2,3)$$

non appena si accenni con $W_\tau^{(\Delta)}$ la funzione dei tre Δ_r - pensati come indipendenti - in cui è convertita la $W_\tau(\mathfrak{I}_1, \mathfrak{I}_2)$ dalle sostituzioni (11).

Essendo [cfr. (8)"]

$$\left[\frac{\partial \mathfrak{I}_1}{\partial \varepsilon_j}\right]_{\varepsilon=0} = 2\delta_j = \frac{1}{2}\left[\frac{\partial \mathfrak{I}_2}{\partial \varepsilon_j}\right]_{\varepsilon=0} \qquad (j = 1,2,..6),$$

nel formare gli $M_{jl}^{(\tau)}$ la prima parte del secondo membro di (27) dà un risultato nullo se j o l supera 3 e sempre uno stesso risultato, c, per j ed l non superiori a 3. Invece la seconda parte, $-(1+\delta_j)W_2\varepsilon_j$, dà $-(1+\delta_j)c_1^{(\tau)}$ [cfr. ancora (22)] per $l = j$ e zero per $l \neq j$. Per la forma quadratica di coefficienti $M_{jl}^{(\tau)}$ - <u>indipendentemente da ogni specificazione</u> della Z_τ - resta dunque garatita un'espressione del tipo

$$\sum_{1\,jl}^{6} M_{jl}^{(\tau)} z_j z_l = c(z_1+z_2+z_3)^2 - 2c_1^{(\tau)}\left(\sum_{1\,r}^{3} z_r^2 + \frac{1}{2}\sum_{1\,r}^{3} z_{r+3}^2\right),$$

corrispondente per la $w_\tau(z)$ [cfr. (23) e (22)'] a

$$(29)\qquad w_\tau(z) = \frac{c}{2}(z_1+z_2+z_3)^2 + \frac{E_\tau}{3}\left(\sum_{1\,r}^{3} z_r^2 + \frac{1}{2}\sum_{1\,r}^{3} z_{r+3}^2\right).$$

---

(19) Anche qui intendo $\delta_1 = \delta_2 = \delta_3 = 1$ e $\delta_4 = \delta_5 = \delta_6 = 0$

Ne segue $\left[\right.$ senza bisogno di entrare in merito al s egno di c$\left.\right]$ che la condizione (3)' - (3) per ogni G_e omogeneo e isotropo esattamente equivale a

$$(29)' \qquad E_\tau > 0;$$

anzi il vincolo $z_1 + z_2 + z_3 = 0$ permette anche di ridurre il secondo membro della (29) alla forma quadratica definita positiva

$$(30) \qquad W_\tau = \frac{E_\tau}{3}\left(\sum_1^3{}_r\, z_r^2 + \frac{1}{2}\sum_1^3{}_r\, z_{r+3}^2\right).$$

Con le notazioni dei n.[i] 5 e 6 del cap. precedente, in corrispondenza a (30) le (IV, 18) si semplificano in

$$(31) \qquad X_q^{(1)} = \delta_q\, p^{(1)} - \frac{1+\delta_q}{3} E_\tau \varepsilon_q^{(1)} \qquad (q = 1,2,\dots 6)$$

e insieme si ha

$$m_{rr} = \frac{3}{2E_\tau}, \quad m_{r+3,\, r+3} = \frac{3}{E_\tau}, \quad m_{jl} = 0 \quad (r=1,2,3;\ j \neq l),$$

ciò che ad es. fornisce

$$(32) \qquad \overline{m_1} = m_{13} - \frac{m_{11}\ m_{33}}{m_{11} + m_{22} + m_{33}} = -\frac{m_{11}}{3} = -\frac{1}{2E_\tau} < 0.$$

6. PROBLEMI SEMPLICI.

Riprendo ora il sistema (IV, 3) - (IV, 3') - (IV, 3") della statica isoterma nella triplice ipotesi che: a) G_e sia omogeneo e isotropo; b) possano trascurarsi le forze di massa; c) esista una dilatazione [20] costante γ per la quale risul-

(20) Ben facilmente si può constatare che le condizioni b)-c) si uniformano alla (IV, 5).

ti

(33) $$\gamma \underline{N}^* = \underline{f}^*$$

su tutto Σ_*

Convengo pure di indicare con $-t_1$, $-t_2$, $-t_3$ i coefficienti principali di γ e di specializzare l'orientamento della $\mathcal{T}$ [finora del tutto indeterminato] con la condizione che ciascuno dei $\underline{c}_s$ dia una direzione unita di γ :

$$\gamma \underline{c}_r = -t_r \cdot \underline{c}_r \qquad (r = 1,2,3)$$

Chiamerò <u>problema semplice</u> la ricerca, in corrispondenza a un'assegnata γ , di tutti gli spostamenti omogenei che possano dare una soluzione del sistema (IV, 3) - (IV, 3') - (IV, 3") - (IV, 6).

In ogni problema semplice la (IV, $3)_2$ si limita a imporre che sia costante anche p: così la effettiva risoluzione del problema viene senz'altro a consistere nel ricavare i valori di dieci costanti - i nove coefficienti di α e la p - dalle uguaglianze

(34) $$I_3 \alpha = 1 \quad , \quad \gamma = p R \alpha - \alpha \varphi = \alpha_\varrho \left(p \alpha_\delta^{-1} - \alpha_\delta \varphi \right).$$

Accanto alle (28) si ha che i coefficienti principali di α_δ^{-1} sono dati da $(1 + \Delta_r)^{-1}$ (r = 1,2,3). Questo vuol dire che per $\alpha_\varrho = 1$ le (34) possono sostituirsi con la duplice condizione che: 1°) la $\mathcal{T}$ sia terna unita della deformazione pura; 2°) i valori di Δ_1, Δ_2, Δ_3, e p diano una soluzione del sistema

(35) $$\begin{cases} (1+\Delta_1)(1+\Delta_2)(1+\Delta_3) = 1, \\ \dfrac{\partial W_\sigma^{(\Delta)}}{\partial \Delta_r} - \dfrac{p}{1+\Delta_r} = t_r \qquad (r=1,2,3). \end{cases}$$

In fine al prossimo n. accerteremo che - almeno quando i $|t_r|$ siano tutti tre abbastanza piccoli - le sole proprietà principali dei G_e omogenei e isotropi bastano a garantire l'univoca risolubilità delle (35) rispetto a $\Delta_1, \Delta_2, \Delta_3$ e p: onde esiste una soluzione principale delle (34), costituita dalla deformazione pura $\mathcal{G}_0$ che ha come terna unita l'attuale $\mathcal{T}$ e per allungamenti principali quelli che forniscono le (35), insieme a un certo valore, p_0, di p.

Si può in più dimostrare quanto segue:

1°) in relazione al fatto che gli orientamenti di C_* compatibili con la convenzione [21] (IV, 5) certo sono almeno quattro, esistono sempre soluzioni delle (34) per le quali è $\pm\pi$ l'ampiezza di α_ς;

2°) invece esistono soluzioni delle (34) per le quali l'ampiezza di α_ς non è multipla di π solo se è nulla la somma di due dei t_s. Ad es. se è $t_1 + t_2 = 0$ e si indica con $\mathcal{R}_\varphi$ la rotazione di C_* avente per asse Oc_3 e ampiezza φ, le (34) restano soddisfatte, qualunque sia φ, da

$$\alpha_\varsigma = \mathcal{R}_\varphi \;, \quad \alpha_\delta = \mathcal{R}_{-\varphi/2}\,\mathcal{G}_0\,\mathcal{R}_{\varphi/2} \;, \quad p = p_0 \,.$$

7. TRASFORMAZIONE DELLE (35)

Serviamoci della $(35)_1$ per esprimere i tre Δ_r mediante due variabili indipendenti, che precisamente saranno

$$\lambda = 1 + \Delta_3 \,, \quad s = \Delta_1 - \Delta_2 = (1+\Delta_1)-(1+\Delta$$

Se si pone

$$L = \sqrt{s^2 + 4\lambda^{-1}} \,,$$

(21) cfr. la nota precedente.

i tre Δ_r restano espressi mediante λ e s dalle uguaglianze

(36) $$\Delta_i = \frac{L + (-1)^{i-1} s}{2} - 1 , \quad \Delta_3 = \lambda - 1 \quad (i = 1,2).$$

E' subito visto che ad esse corrispondono per $\mathfrak{J}_1$ e $\mathfrak{J}_2$ le espressioni

(37) $$\begin{aligned} \mathfrak{J}_1 &= s^2 + \lambda^2 + 2\lambda^{-1} = s^2 + \frac{(\lambda-1)^2(\lambda+2)}{\lambda} + 3 \\ \mathfrak{J}_2 &= \lambda^2 s^2 + \lambda^{-2} + 2\lambda = \lambda^2 s^2 + \frac{(\lambda-1)^2(2\lambda+1)}{\lambda^2} + 3 \end{aligned}$$

Converrà pure rilevare che per $\lambda = 1$ $[\Delta_3 = 0]$ $C_* \to C$ necessariamente equivale a uno <u>scorrimento semplice</u>,(22) proprio quello che è definito dalle uguaglianze

(38) $$x_1 = y_1 + sy_2, \quad x_2 = y_2, \quad x_3 = y_3.$$

Le (36) permettono di ridurre le $(35)_2$ a un sistema di due equazioni in λ e s, completato da un'espressione esplicita di p mediante λ e s: precisamente, al sistema

(39) $$\begin{cases} (1-\lambda^{-3})(\lambda W_1 + W_2) + \lambda s^2 W_2 - t_3 + \dfrac{t_1 + t_2}{\lambda^2 L} = 0 , \\ s(W_1 + \lambda^2 W_2) - \dfrac{t_1 - t_2}{2} - \dfrac{(t_1+t_2)s}{2L} = 0 \end{cases}$$

completato dall'uguaglianza

(40) $$3p = W_1 \mathfrak{J}_1 + 2 W_2 \mathfrak{J}_2 - \left\{ (t_1 + t_2)\frac{L}{2} + (t_1 - t_2)\frac{s}{2} + \lambda t_3 \right\}.$$

Per $\lambda = 1$, $s = 0$ e $t_1 = t_2 = t_3 = 0$ lo jacobiano dei primi membri delle (39) ri-

---

(22) L'asserto ad es. risulta dal fatto che i valori dei coefficienti principali di α_δ inerenti alle (38) sono $(\sqrt{s^2+4} \pm s)/2$ e 1.

spetto a λ e s evidentemente ha il valore

$$\begin{vmatrix} 3\left(c_1^{(\tau)}+c_2^{(\tau)}\right) & 0 \\ 0 & c_1^{(\tau)}+c_2^{(\tau)} \end{vmatrix} = 3\mu_\tau^2 > 0 .$$

8. CASI PARTICOLARI.

a) $t_1 = t_2 = 0$: trazione semplice.

La $(39)_2$ impone, come è ben naturale, l'annullarsi di s, e per determinare λ resta l'equazione

$$(41)\qquad 2\left(1-\lambda^{-3}\right)\left(\lambda\frac{\partial W_\tau}{\partial \mathfrak{J}_1}+\frac{\partial W_\tau}{\partial \mathfrak{J}_2}\right)=t_3 ,$$

con la specificazione di $\mathfrak{J}_1$ e $\mathfrak{J}_2$ [cfr. (37)] in

$$(42)\qquad \mathfrak{J}_1=\lambda^2+2\lambda^{-1} ,\qquad \mathfrak{J}_2=\lambda^{-2}+2\lambda .$$

Parallelamente la (40) dà luogo a

$$(43)\qquad 3p = 2\frac{\partial W_\tau}{\partial \mathfrak{J}_1}\mathfrak{J}_1+4\frac{\partial W_\tau}{\partial \mathfrak{J}_2}\mathfrak{J}_2-\lambda t_3 = 6\left\{\frac{\partial W_\tau}{\partial \mathfrak{J}_1}\lambda^{-1}+\frac{\partial W_\tau}{\partial \mathfrak{J}_2}\left(\lambda^{-2}+\lambda\right)\right\}$$

Qui mi limiterò a rilevare che [con ovvio significato del simbolo $d/d\lambda$] risulta

$$(44)\qquad \left[\frac{dt_3}{d\lambda}\right]_{\lambda=1}=E_\tau ,\quad \left[\frac{d^2t_3}{d\lambda^2}\right]_{\lambda=1}=-6p^{(\tau)} ,\quad \left[\frac{dp}{d\lambda}\right]_{\lambda=1}=-\mu_\tau ;$$

immediato è il completo controllo di queste uguaglianze se si nota che le (42) implicano

$$(45)\qquad \left[\frac{d\mathfrak{J}_1}{d\lambda}\right]_{\lambda=1}=\left[\frac{d\mathfrak{J}_2}{d\lambda}\right]_{\lambda=1}=0 .$$

b) $t_1 = -t_2 = t, \quad t_3 = 0.$

Le (39) danno ora

$$(46)\quad \begin{cases} (1-\lambda^{-3})\left\{\lambda \dfrac{\partial W_\tau}{\partial \mathfrak{I}_1} + \dfrac{\partial W_\tau}{\partial \mathfrak{I}_2}\right\} + \lambda s^2 \dfrac{\partial W_\tau}{\partial \mathfrak{I}_2} = 0 \\ t = 2s\left\{\dfrac{\partial W_\tau}{\partial \mathfrak{I}_1} + \lambda^2 \dfrac{\partial W_\tau}{\partial \mathfrak{I}_2}\right\}. \end{cases}$$

Pensando λ, t, ecc. come funzioni di s e derivando le (46) rispetto a s, si trova subito

$$(47)\qquad \left[\frac{d\lambda}{ds}\right]_{s=0} = 0 \quad , \quad \left[\frac{dt}{ds}\right]_{s=0} = \mu_\tau ,$$

dopodichè con un'ulteriore derivazione dalle (46) agevolmente si trae

$$(48)\qquad \left[\frac{d^2\lambda}{ds^2}\right]_{s=0} = -\frac{2c_1^{(\tau)}}{E_\tau} , \quad \left[\frac{d^2t}{ds^2}\right]_{s=0} = 0 .$$

O s s e r v a z i o n e. - Basta che si possa assumere [v. n.2 del prossimo cap.] $\partial W_\tau / \partial \mathfrak{I}_2 = 0$ perchè la $(46)_1$ venga a imporre $\lambda = 1$ e la $(46)_2$ si riduca a

$$t = 2s \frac{\partial W_\tau}{\partial \mathfrak{I}_1} .$$

c) $t_1 = -t_2 = t$, t_3 scelto in modo che risulti $\lambda = 1$: <u>scorrimento semplice</u>.

Le (39) forniscono

$$(49)\qquad t_3 = 2s^2 \frac{\partial W_\tau}{\partial \mathfrak{I}_2} , \quad t = 2s\left(\frac{\partial W_\tau}{\partial \mathfrak{I}_1} + \frac{\partial W_\tau}{\partial \mathfrak{I}_2}\right)$$

con

$$(50)\qquad \mathfrak{I}_1 = \mathfrak{I}_2 = s^2 + 3 .$$

Le (49) equivalgono a

$$(51)\qquad ts + t_3 = 2s^2\left(\frac{\partial W_\tau}{\partial J_1} + 2\frac{\partial W_\tau}{\partial J_2}\right),\ t_3 = ts - 2s^2\frac{\partial W_\tau}{\partial J_1},$$

la (40) aggiunge

$$(52)\qquad p = \frac{t}{s} + \frac{t_3}{s^2}.$$

Insieme a

$$(53)\qquad \left[\frac{dt_3}{ds}\right]_{s=0} = 0,\ \left[\frac{d^2t_3}{ds^2}\right]_{s=0} = 2c_1^{(\tau)},\ \left[\frac{dt}{ds}\right]_{s=0} = \mu_\tau,\ \left[\frac{d^2t}{ds^2}\right]_{s=0} = 0,$$

si trova

$$\left[\frac{d^3t}{dt^3}\right]_{s=0} = 12\left(\frac{\partial^2 W_\tau}{\partial J_1^2} + 2\frac{\partial^2 W_\tau}{\partial J_1 \partial J_2} + \frac{\partial^2 W_\tau}{\partial J_2^2}\right)_{J_1=J_2=3}.$$

∘ ° ∘

VI.

DEDUZIONE DEL POTENZIALE ISOTERMO DALL'ESPERIENZA, ELASTICITA' DI SECONDO GRADO.

1. AREA DI DEFINIZIONE DEL POTENZIALE ISOTERMO.

Anche questo capitolo direttamente riguarda solo i G_e omogenei e isotropi. Cominciamo col determinare il campo bidimensionale in cui, subordinatamente a (V, 2), basta intendere definito W_τ in funzione di $\mathcal{J}_1$ e $\mathcal{J}_2$: precisamente [cfr. (V, 37)] determiniamo l'area piana $\mathcal{A}$ ricoperta dal punto I di coordinate cartesiane ortogonali

$$
(1)\qquad
\begin{aligned}
x &= s^2 + \lambda^2 + 2\lambda^{-1} - 3 = s^2 + \frac{(\lambda-1)^2(\lambda+2)}{\lambda},\\
y &= \lambda^2 s^2 + \lambda^{-2} + 2\lambda - 3 = \lambda^2 s^2 + \frac{(\lambda-1)^2(2\lambda+1)}{\lambda^2}
\end{aligned}
$$

quando si dia a λ e ad s ogni valore da 0 a ∞.

Per $\lambda = 1$ [scorrimento semplice] al variare di s da 0 a ∞ il punto I, partendo da V $\equiv$ (0,0) [stato naturale]

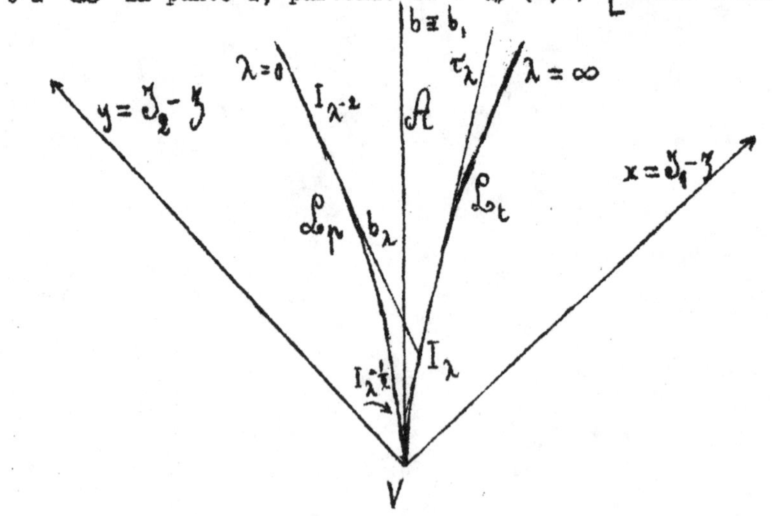

descrive una semiretta b, la bisettrice del primo quadrante.

Per s = 0, come luogo di I si ha invece la linea $\mathcal{L}$ di equazioni parametriche(23)

$$x = \lambda^2 + 2\lambda^{-1} - 3 \quad , \quad y = \lambda^{-2} + 2\lambda - 3 \qquad (\lambda \geq 0):$$

su $\mathcal{L}$ converrà indicare con $I_\lambda \equiv (x_\lambda, y_\lambda)$ il punto corrispondente a un determinato valore λ del parametro, con $\mathcal{L}_t$ l'arco $I_1 I_\infty \equiv V I_\infty$ [trazione semplice] e con $\mathcal{L}_p$ l'arco complementare VI_0 [pressione semplice].

Evidentemente $I_{\lambda^{-1}}$ è simmetrico a I_λ rispetto a b. Lungo l'intera $\mathcal{L}$ risulta pure

$$(2) \qquad \frac{dy_\lambda}{dx_\lambda} = \frac{1}{\lambda} \quad , \quad \frac{d^2 y_\lambda}{dx_\lambda^2} = -\frac{1}{2(\lambda^3 - 1)} \quad ,$$

onde è λ^{-1} il coefficiente angolare della tangente τ_λ a $\mathcal{L}_\lambda$ in I_λ. $\mathcal{L}$ ha una cuspide in V, $\mathcal{L}_t$ e $\mathcal{L}_p$ sono convessi rispetto a b, ecc.

Sia ora b_λ la semiretta uscente da I_λ col coefficiente angolare λ^2 $[b_1 \equiv b]$. Proprio b_λ dà il luogo delle posizioni assunte da I quando, tenendo fermo λ [cfr. (1)] si fa variare s da 0 a ∞. La $\mathcal{A}$ è dunque l'area limitata da $\mathcal{L}$, col concorso di parte della retta all'infinito.

La $\mathcal{L}$ è inviluppata dalle b_λ, anzi b_λ fa sempre parte di $\tau_{\lambda^{-2}}$ perchè [per ogni $\lambda \neq 1$] la semiretta $I_\lambda I_{\lambda^{-2}}$ risulta avere proprio il coefficiente angolare λ^2, comune a b_λ e a $\tau_{\lambda^{-2}}$.

La corrispondenza tra I e le coppie di valori di λ e s non è biunivoca. Ad ogni punto A di $\mathcal{A}$ che non appartenga a b cor-

---

(23) Si tratta di un ramo di quartica.

rispondono due e due sole [24] coppie di valori di λ e s, in relazione al fatto che per un tale A passa una sola tangente a $\mathcal{L}_t$ e una sola tangente a $\mathcal{L}_p$. Se poi A si riduce ad appartenere a b [ma non a coincidere con V] le tangenti per A ad $\mathcal{L}$ vengono a essere tre, cioè si vengono ad avere tre coppie di valori di λ [delle quali una corrispondente a uno scorrimento semplice] .

2. SULLA DEDUZIONE DEL POTENZIALE ISOTERMO DALL'ESPERIENZA.

Assegnato τ , $W_\tau(\mathcal{J}_1, \mathcal{J}_2)$ si presenta come una funzione che va definita in tutta l'area $\mathcal{A}$ [o almeno in una regione sufficientemente estesa di $\mathcal{A}$ a partire da V] subordinatamente alla (V, 17').

Esperienze di trazione semplice [o pressione semplice] da sole non possono caratterizzare numericamente W_τ altro che lungo $\mathcal{L}_t$ [o $\mathcal{L}_p$] mediante l'uguaglianza

$$W_\tau = \int_1^\lambda t_3(\lambda)\, d\lambda ,$$

necessaria conseguenza delle $(V, 35)_2$, se, in corrispondenza a ciascun λ , si accenna con t_3 (λ) il valore di t_3 fornito da un diagramma - primo diagramma - che opportunamente riassuma i risultati di un gran numero di tali esperienze.

Analogamente [cfr. ancora $(V, 35)_2$] esperienze di scorrimento semplice da sole non possono caratterizzare W altro che lungo b, mediante l'uguaglianza

$$W_\tau = \int_0^s t(s)\, ds$$

dove ormai è ovvio il significato di t(s).

Le più recenti esperienze per la determinazione di W_τ sono

---

(24) Ad es. le coppie di valori di λ , s corrispondenti a I_λ sono λ , 0 e $\lambda^{-\frac{1}{2}}$, $|\lambda - \lambda^{-\frac{1}{2}}|$.

quelle di R.S. R i v l i n (25) e D.W. S a u n d e r s.

Per vari tipi di gomma, con esperienze sistematiche di vario tipo opportunamente ideate, essi sono giunti alla conclusione che si può intendere

$$2\frac{\partial W_\tau}{\partial \mathcal{J}_1} = \text{cost.} = c_2^{(\tau)} \tag{3}$$

e più precisamente si può attribuire a W_τ un'espressione del tipo

$$2W_\tau = c_2^{(\tau)}(\mathcal{J}_1 - 3) + \psi_\tau(\mathcal{J}_2 - 3) \tag{3'}$$

con

$$c_2^{(\tau)} > 0, \tag{4}$$

ψ_τ funzione mai decrescente dell'unico suo argomento $[\psi_\tau(0) = 0]$ e

$$\psi_\tau'' \leq 0 \tag{5}$$

almeno da un certo punto in poi. Quando vorrò attribuire a W_τ tutto questo insieme di proprietà, brevemente dirò di "attenermi ai risultati sperimentali di Rivlin".

Mi sembra opportuno rilevare che, non appena si presuppone per W_τ un'espressione del tipo (3)', per la completa determinazione di W_τ in $\mathcal{A}$ vengono a bastare esperienze di trazione semplice, purchè tanto numerose e accurate da individuare sufficientemente il <u>primo</u> diagramma, insieme ai valori di W_τ lungo $\mathcal{L}_t$. Invero allora:

1°) le due uguaglianze [cfr. (V, 22') e(V, 23)]

$$\left[\frac{dt_3}{d\lambda}\right]_{\lambda=1} = 3\left(c_1^{(\tau)} + c_2^{(\tau)}\right), \quad \left[\frac{d^2t_3}{d\lambda^2}\right]_{\lambda=1} = -6\left(c_2^{(\tau)} + 2c_1^{(\tau)}\right)$$

(25) R.S. R i v l i n e D.W. S a u n d e r s, <u>Experiments on the deformation of rubber</u>, "Phil. Trans.", vol. 243 A (1951) pp. 251-88.

determinano $c_2^{(\tau)}$, nonchè $c_1^{(\tau)} = \psi'_\tau(0)$;
2°) in ciascun punto A di $\mathcal{A}$, intendendo per I_λ [con $\lambda > 1$] il punto in cui $\mathcal{L}_t$ è tagliato dalla parallela per A all'asse x [$\mathfrak{I}_2$ = cost.], non può essere altro che

$$W_\tau(A) = W_\tau(I_\lambda) - c_2^{(\tau)} \left| AI_\lambda \right| . \tag{6}$$

Viceversa questa osservazione può dare lo spunto a qualche netto controllo dell'ipotesi (3)', quando si abbiano a disposizione anche i risultati di esperienze di pressione semplice, o scorrimento semplice, ecc.

Fin dal 1940 M. M o o n e y (26) propose per W_τ l'espressione cui dà luogo la (3)' per $\psi''_\tau \equiv 0$, cioè

$$2W_\tau = c_2^{(\tau)}(\mathfrak{I}_1 - 3) + c_1^{(\tau)}(\mathfrak{I}_2 - 3) . \tag{7}$$

Tale proposta principalmente si basò sul fatto che, in ottimo accordo con precedenti risultati sperimentali, la (7) riduce la $(V, 49)_2$ a

$$\frac{t}{s} \equiv \text{cost.} = c_1^{(\tau)} + c_2^{(\tau)} .$$

Però la stessa $(V, 49)_2$ rende evidente che lo stesso si verifica se al secondo membro della (7) si aggiunge una qualunque funzione di $\mathfrak{I}_1 - \mathfrak{I}_2$, ecc.

In varie Memorie, comparse nelle Philosophical Transactions della Royal Society dal 1949 in poi, R i v l i n ha adoperato anche l'espressione cui si riduce la (7) per $c_1^{(\tau)} = 0$,

---

(26) M. M o o n e y, A Theory of Large Elastic Deformation, "J. Appl. Phys.", XI (1940), pp. 582-92.

(8) $$2W_{\tau} = c_2^{(\tau)} \left(\bar{\mathfrak{J}}_1 - 3 \right),$$

proposta da L. R. G. Treloar (27) ed altri a conclusione di una teoria cinetica dell'elasticità di corpi simili alla gomma.

Il primo diagramma, almeno per la gomma e quando venga esteso anche a valori assai grandi di λ, contrariamente a quanto si verifica per tanti altri materiali presenta un punto d'inflessione (28), dopo il quale è

(9) $$\frac{d^2 t_3}{d\lambda^2} > 0.$$

Se ci si attiene ai risultati di R i v l i n, si può ricavare dalla (9) che la $\psi_{\tau}'''(\mathfrak{J}_2 - 3)$ deve essere positiva, almeno per valori abbastanza grandi di $\mathfrak{J}_2$.

3. IPOTESI CARATTERISTICA DELLA "ELASTICITA' DI SECONDO GRADO".

Anche tutto il resto di questo capitolo riguarda solo G_e omogenei e isotropi, in modo che, come immediata conseguenza delle (V, 26), in ogni trasformazione isoterma dovranno intendersi valide le tre uguaglianze

(10) $$B_r - \bar{p} = 2\left\{ \frac{\partial W}{\partial \bar{\mathfrak{J}}_1}\left(1 + 2\bar{E}_r\right) - \frac{\partial \bar{W}_{\tau}}{\partial \bar{\mathfrak{J}}_2}\left(1 + 2\bar{E}_{r+1}\right)\left(1 + 2\bar{E}_{r+2}\right) \right\} \quad (r = 1, 2, 3)$$

se si continuano a indicare con $\bar{E}_r$ le caratteristiche principali di deformazione dello spostamento inverso $C \to C_*$. Stante l'identità

(11) $$\bar{\mathfrak{J}}_1 = 3 + 2\left(\bar{E}_1 + \bar{E}_2 + \bar{E}_3\right)$$

---

(27) L.R.G. T r e l o a r, The Elasticity of a network of long chain molecules, "Trans. Faraday Soc.", 39 (1943), pp.36-41 e 241-46.

(28) V. loc. cit. (25), p. 254 e loc. cit. (26), pag. 587.

e l'analoga per $\bar{J}_2$, i secondi membri della (10) possono considerarsi come ben determinate funzioni delle $\bar{E}_r$ non appena si assegni la forma effettiva di $\bar{W}_\tau\,(\bar{J}_1, \bar{J}_2)$.

Mi propongo di vagliare un'ipotesi di carattere semplicista suggerita dalle conclusioni del N.4 del cap. precedente: precisamente l'ipotesi che la $\bar{W}_\tau$ sia tale da identificare la differenza tra i secondi membri di due qualunque delle (10) [differenza fra due tensioni principali] con una funzione di secondo grado - o magari di primo grado - delle $\bar{E}_r$.

Questa ipotesi - ipotesi caratteristica della Elasticità di secondo grado per solidi incomprimibili - esattamente equivale ad assumere

$$2\bar{W}_\tau(\bar{J}_1, \bar{J}_2) = c_1^{(\tau)}(\bar{J}_1 - 3) + c_2^{(\tau)}(\bar{J}_2 - 3) + c_3^{(\tau)}(\bar{J}_1 - 3)^2, \tag{12}$$

se, in aggiunta alle notazioni (V, 22), si pone

$$c_3^{(\tau)} = \left(\frac{\partial^2 \bar{W}_\tau}{\partial \bar{J}_1^2}\right)_{\bar{J}_1 = \bar{J}_2 = 3} = \left(\frac{\partial^2 W_\tau}{\partial J_2^2}\right)_{J_1 = J_2 = 3}.$$

E' evidente che una tale espressione di $\bar{W}_\tau$ [un poco meno restrittiva di quella di M o o n e y] si uniforma all'ipotesi, ma si può rapidamente accertare anche la necessità della (12).

L'ipotesi caratteristica equivale a imporre che siano funzioni di secondo grado delle $\bar{E}_r$ i prodotti

$$(\bar{E}_{r+1} - \bar{E}_r)\left\{\frac{\partial \bar{W}_\tau}{\partial \bar{J}_1} - (1 + 2\bar{E}_{r+2})\frac{\partial \bar{W}_\tau}{\partial \bar{J}_2}\right\} \qquad (r = 1, 2, 3).$$

Devono quindi essere funzioni di primo grado le differenze

$$D_r = \frac{\partial \bar{W}_\tau}{\partial \bar{J}_1} - (1 + 2\bar{E}_r)\frac{\partial \bar{W}_\tau}{\partial \bar{J}_2} \qquad (r = 1, 2, 3)$$

e i prodotti

$$(\bar{E}_{r+1} - \bar{E}_r)\frac{\partial \bar{W}_\tau}{\partial \bar{J}_2} \qquad (r = 1, 2, 3),$$

ciò che richiede

$$2\frac{\partial \overline{W}}{\partial \overline{\mathfrak{I}}_2} = c_2^{(\tau)}, \quad \frac{\partial^2 \overline{W}_\tau}{\partial \overline{\mathfrak{I}}_1 \partial \overline{\mathfrak{I}}_2} \equiv 0$$

e insieme riduce la condizione relativa alle D_r a quella che la $\partial \overline{W}_\tau / \partial \overline{\mathfrak{I}}_1$ sia funzione di primo grado delle E_r e non dipenda da $\overline{\mathfrak{I}}_2$. In definitiva [cfr. (11)] ci si trova in presenza alla restrizione

$$\frac{\partial}{\partial E_r}\frac{\partial \overline{W}_\tau}{\partial \overline{\mathfrak{I}}_1} \equiv \frac{\partial^2 \overline{W}_\tau}{\partial \overline{\mathfrak{I}}_1^2} \equiv c_3^{(\tau)},$$

l'unica che ancora mancava per accertare l'equivalenza dell'ipotesi caratteristica alla (12).

4. POTENZIALE ISOTERMO E POTENZIALE TERMODINAMICO NELL'ELASTICITA' DI SECONDO GRADO.

Stante la (12), l'ipotesi caratteristica dell'elasticità di secondo grado risulta compatibile con la (5) solo per

$$(13) \qquad \frac{\partial^2 \overline{W}_\tau}{\partial \overline{\mathfrak{I}}_2^2} \equiv c_3^{(\tau)} = 0$$

cioè solo nella teoria di M o o n e y.

Invero, con le notazioni del n. 7, per $\lambda = 1$ [scorrimento semplice] la (12) impone al potenziale isotermo [cfr. (V, 37)] l'uguaglianza

$$2W_\tau = s^2 \left(c_1^{(\tau)} + c_2^{(\tau)} + s^2 c_3^{(\tau)}\right),$$

onde non può risultare $W_\tau > 0$ per ogni s senza che sussistano ambedue le limitazioni $c_1^{(\tau)} + c_2^{(\tau)} > 0$, $c_3^{(\tau)} \geqslant 0$.

Anche per motivo di brevità, il resto di questo capitolo riguarda il solo caso (13), la teoria di M o o n e y: accanto a

$$(13)' \qquad 2W_\tau = c_1^{(\tau)} (\overline{\mathfrak{I}}_1 - 3) + c_2^{(\tau)} (\overline{\mathfrak{I}}_2 - 3),$$

rimane fissata la specificazione delle (10) in

(14) $$B_r-\bar{p} = c_1^{(\tau)}(1+2\bar{E}_r) - c_2^{(\tau)}(1+2\bar{E}_{r+1})(1+2\bar{E}_{r+2}) \quad (r = 1,2,3).$$

La (V, 3') - (V, 3) già impone [cfr. (V, 29')] che sia $c_1^{(\tau)}+c_2^{(\tau)} > 0$. L'adozione della (13)' porta la (V, 2') - (V, 2) ad aggiungere solo la restrizione che nè $c_1^{(\tau)}$, nè $c_2^{(\tau)}$ possa essere negativo

(15) $$c_1^{(\tau)} \geqslant 0, \quad c_2^{(\tau)} \geqslant 0.$$

Infatti le (V, 37) trasformano la (13)'

$$2W_\tau = c_1^{(\tau)}\left\{s^2+\frac{(\lambda-1)^2(\lambda+2)}{\lambda}\right\}+c_2^{(\tau)}\left\{\lambda^2 s^2+\frac{(\lambda-1)^2(2\lambda+1)}{\lambda^2}\right\},$$

onde è evidente che le (15) bastano a rendere soddisfatta la (V, 2') - (V, 2); e per convincersi anche della loro necessità, non c'è che da pensare di far convergere λ a ∞ o a zero, per $s = 0$.

O s s e r v a z i o n e. La (13)' [cfr. (V, 20) e (V, 20')] individua il potenziale termodinamico in

(16) $$\mathcal{F}_\tau = \frac{1}{k_T}\left\{c_1^{(\tau)}\left(\frac{l_T^2}{l_\tau^2}\bar{\mathcal{J}}_1-3\right)+c_2^{(\tau)}\left(\frac{l_T^4}{l_\tau^4}\bar{\mathcal{J}}_2-3\right)\right\}-E\int_{T_0}^{T}\alpha_\tau d\tau.$$

5. <u>PROBLEMI SEMPLICI</u>.

Riprendo le questioni accennate nel n. 8 del cap. precedente uniformandomi alla (13)': per semplicità scriverò

$$c_1, \; c_2, \; \mu$$

al posto di $c_1^{(\tau)}$, $c_2^{(\tau)}$, μ_τ.

a) $t_1 = t_2 = 0$: trazione semplice.

La (13)' riduce la (V, 41) a

(17) $$t_3 = (1-\lambda^{-3})(\lambda c_2+c_1) = \lambda c_2+c_1-\lambda^{-2}c_2-\lambda^{-3}c_1,$$

onde per ogni possibile Δ_3 risulta [cfr. (15)]

(18) $$\frac{dt_3}{d\Delta_3} = c_2 + 2\lambda^{-3}c_2 + 3\lambda^{-4}c_1 > 0$$

e

(19) $$\frac{d^2 t_3}{d\Delta_3^2} = -6\lambda^{-4}(c_2 + 2\lambda^{-1}c_1) > 0 .$$

La (18) assicura che, assegnato t_3, la (17) risulta soddisfatta da un unico valore di Δ_3, positivo o negativo secondo che t_3 corrisponda a una trazione o a una pressione, e sempre crescente con t_3.

<u>O s s e r v a z i o n e.</u> Se si riprendono le (V, 41) - (V, 42) rinunziando alla (13)' ma attenendosi ai risultati sperimentali di R i v l i n, si riconosce subito che, assegnato t_3, la teoria di M o o n e y fornisce per $|\Delta_3|$ sempre un valore in difetto. Se poi si vuole, senza una precisa conoscenza della $\psi_\tau(\mathfrak{J}_1 - 3)$ procurarsi un limite superiore di $|\Delta_3|$, basta sostituire c_1 con un limite inferiore di ψ'_τ ,

b) $t_1 = -t_2 = t$, $t_3 = 0$.

La (13)' riduce le (V, 46) a

$$(1 - \lambda^{-3})(\lambda c_2 + c_1) + \lambda s^2 c_1 = 0, \qquad t = s\,(c_2 + \lambda^2 c_1).$$

L'eliminazione di s fornisce

(20) $$c_1 t^2 = f(\lambda)$$

con

$$f(\lambda) = c_1 c_2^2 \lambda^{-4} c_2^3 \lambda^{-3} + 2c_1^2 c_2 \lambda^{-2} + c_1 c_2^2 \lambda^{-1} + c_1^3 - c_2^3 -$$
$$- c_1^2 c_2 \lambda - 2c_1 c_2^2 \lambda^2 - c_1^3 \lambda^3 - c_1^2 c_2 \lambda^4,$$

ciò che per ogni possibile λ implica [cfr. ancora (15)]

$f'(\lambda) < 0$: al variare di $\dot{\Delta}_3$ da -1 a 0 la $f(\lambda)$ passa monotonamente da ∞ a zero, onde la (20), assegnato t, resta soddisfatta (29) da un unico valore di Δ_3, negativo.

c) $t_1 = t_2 = t$, t_3 scelto in modo che risulti $\Delta_3 = 0$: <u>scorrimento semplice</u>.

La (13)' riduce le (V, 49) a

$$t_3 = c_1 s^2, \qquad t = \mu s,$$

cioè a

$$s = \frac{t}{\mu}, \qquad t_3 = c_1 \frac{t^2}{\mu^2}.$$

---

(29) Trascuro l'eventualità $c_1 = 0$ [cfr. l'osservazione a pag. 71].

o o o

B R U N O   F I N Z I

TEORIE DINAMICHE DELL'ALA

ROMA - Istituto Matematico dell'Università, 1955

TEORIE DINAMICHE DELL'ALA

1. Introduzione.

Non è facile rendersi conto del bizzarro comportamento dei fluidi poco viscosi, quali l'aria e l'acqua, deducendolo logicamente e matematicamente, come è nello spirito della fisica matematica, da poche proposizioni generali tratte dall'esperienza. Ciò perchè le schematizzazioni più semplici suggerite dal senso comune, in virtù del quale piccole cause non possono produrre che piccoli effetti, e facenti capo a campi cinetici ovunque regolari, portano a risultati paradossali sconcertanti, quali il paradosso di d'Alembert.

Per evitare tali risultati paradossali l'aerodinamica moderna ricorre a schematizzazioni fisiche raffinate e le sviluppa matematicamente in modo adeguato, conformemente sì al buon senso, ma non sempre al senso comune.

Il problema fondamentale dell'aerodinamica moderna è quello di spiegare il funzionamento di un'ala. Non è un problema facile, perchè sono (purtroppo) false le idee semplicistiche che vengono esposte in molti libri elementari di fisica.

Ecco, essi dicono, come e perchè l'aereoplano vola. L'elica trascina l'aereo in seno all'aria. Questa investe le ali, che possono schematizzarsi con un piano inclinato dell'angolo sulla direzione del vento. La forza F che l'aria esercita su tale piano è normale al piano stesso. Scomponiamola in due forze: una P normale al vento, l'altra R diretta come il vento; la prima dà la portenza che, equilibrando il peso, impedisce all'aereoplano di cadere; la seconda è la resistenza che, sommata alla resistenza delle altre parti dell'aereo, viene equilibrata dalla trazione dell'elica.

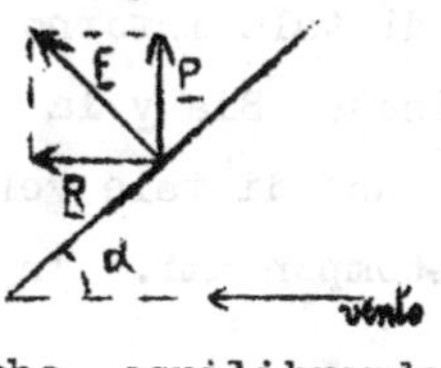

re la teoria di Glauert relativa all'ala in condizioni iposoniche e la teoria di Ackeret relativa all'ala in condizioni ipersoniche.

CAP. I

ALCUNI RICHIAMI SULLA CINEMATICA DEI FLUIDI

1.- Atto di moto di un fluido.

L'atto di moto di un fluido nei vari istanti può essere individuato, ponendosi dal punto di vista euleriano, assegnando, in ogni istante t e in ogni posizione P, la velocità $\underline{v}$ dell'imprecisata particella che transita per P all'istante t, assegnando cioè il vettore $\underline{v}$ in funzione di P e di t:

$$\underline{v} = \underline{v}(P,t) \tag{1}$$

Se nella (1) manca la dipendenza esplicita dal tempo, il moto si dice stazionario, variabile in caso contrario.

L'atto di moto di un fluido in un istante è dato dal campo cinetico definito dalla (1), quando in essa si fissi t e si faccia variare P.

Consideriamo un intorno infinitesimo di un generico punto P di coordinate cartesiane ortogonali $x^1x^2x^3$; sia P' un generico punto di tale intorno e diciamo x^1+dx^1, x^2+dx^2, x^3+dx^3 le sue coordinate. Sia $\underline{v}$ la velocità di P e v_i (i=1,2,3) le componenti cartesiane di tale velocità; sia $\underline{v}'$ la velocità di P' e v_i' (i=1,2,3) le sue componenti. In condizioni di regolarità, si può scrivere:

$$v_i' = v_i + \frac{\partial v_i}{\partial x^k} dx^k \,(.) \tag{2}$$

Questa mostra che nell'intorno considerato l'atto di moto è omografico.

(.)In questa formula e in altre successive l'indice scoperto i e l'indice saturato k assumono i valori 1,2,3; è sottinteso il segno di sommatoria rispetto all'indice saturato.

Scomposto il tensore $\frac{\partial v_i}{\partial x^k}$ nella sua parte simmetrica e nella sua parte emisimmetrica, dalla (2) scritta nella forma

$$v_i' = v_i + \frac{1}{2}\left(\frac{\partial v_i}{\partial x^k} - \frac{\partial v_k}{\partial x^i}\right)dx^k + \frac{1}{2}\left(\frac{\partial v_i}{\partial x^k} + \frac{\partial v_k}{\partial x^i}\right)dx^k$$

si trae che, nell'intorno infinitesimo del generico punto P, l'atto di moto risulta composto di un atto di moto rotatraslatorio che non comporta deformazione alcuna e di un atto di moto dilatatorio. La velocità angolare del primo atto di moto è:

(3) $$\underline{\omega} = \frac{1}{2}\,\mathrm{rot}\,\underline{v} \qquad \text{essendo} \qquad \mathrm{rot}\,\underline{v} = \begin{vmatrix} \underline{i}_1 & \underline{i}_2 & \underline{i}_3 \\ \frac{\partial}{\partial x^1} & \frac{\partial}{\partial x^2} & \frac{\partial}{\partial x^3} \\ v_1 & v_2 & v_3 \end{vmatrix}$$

e la velocità di deformazione corrispondente al secondo atto di moto è il tensore doppio simmetrico:

(4) $$\eta_{ik} = \eta_{ki} = \frac{1}{2}\left(\frac{\partial v_i}{\partial x^k} + \frac{\partial v_k}{\partial x^i}\right)$$

In particolare, la velocità di dilatazione cubica è:

(5) $$\chi = \eta^i_{\ i} = \frac{\partial v_1}{\partial x^1} + \frac{\partial v_2}{\partial x^2} + \frac{\partial v_3}{\partial x^3} = \mathrm{div}\,\underline{v}\,.$$

Dunque: Nel generico movimento di un fluido, ogni elemento (un cubetto ad esempio) trasla, ruota con velocità angolare data dalla (3), si deforma con velocità di deformazione data dalla (4) e in particolare varia il suo volume con velocità data dalla (5).

2.- Campo cinetico.

Nel campo cinetico che dà, in un istante, l'atto di moto di un fluido interessano le linee di flusso, alle quali il vettore velocità è tangente, le linee cioè per cui $\underline{v}$ è parallelo a d $\underline{P}$. Se il moto è stazionario, queste linee coincidono con le traiettorie delle particelle fluide, e cioè con le linee di corrente.

In un campo cinetico sono importanti due nozioni.
La prima è la nozione di circolazione Γ lungo una linea orientata l :

$$\Gamma = \int_l \underline{v} \times dP . \tag{6}$$

La seconda è quella di flusso Φ che attraversa una superficie di assegnato versore normale $\underline{n}$:

$$\Phi = \int \underline{v} \times \underline{n} \, d\sigma . \tag{7}$$

In condizioni di regolarità, la circolazione è legata al rotore attraverso il teorema di Stokes, il flusso è legato alla divergenza attraverso il teorema della divergenza: se σ è una superficie avente per contorno la linea chiusa l, e il verso di $\underline{n}$, e quello di circolazione lungo l sono collegati come in una vite destra, è:

$$\Gamma = \oint_l \underline{v} \times dP = \int_\sigma \mathrm{rot}\, \underline{v} \times \underline{n} \, d\sigma ; \tag{8}$$

se τ è una regione spaziale di contorno σ e Φ è il flusso che esce da σ, è:

$$\Phi = \int_\sigma \underline{v} \times \underline{n} \, d\sigma = \int_\tau \mathrm{div}\, v \, d\tau . \tag{9}$$

3.- Campo irrotazionale.

Un campo particolarmente semplice è il campo irrotazionale. Nel corrispondente atto di moto ogni elemento fluido trasla, si deforma, ma non ruota, perchè

$$\mathrm{rot}\, \underline{v} = 0 . \tag{10}$$

Esiste allòra un potenziale cinetico φ, funzione dei punti

P dello spazio, di cui $\underline{v}$ è gradiente:

$$\underline{v} = \text{grad}\,\varphi \,. \tag{11}$$

Ciò vuol dire che la componente di $\underline{v}$ secondo ogni direzione eguaglia la derivata di φ secondo tale direzione, e quindi

$$v_i = \frac{\partial \varphi}{\partial x^i} \quad (i = 1, 2, 3)\,. \tag{11'}$$

Lo scalare $\varphi = \varphi(P)$ individua completamente il campo irrotazionale considerato.

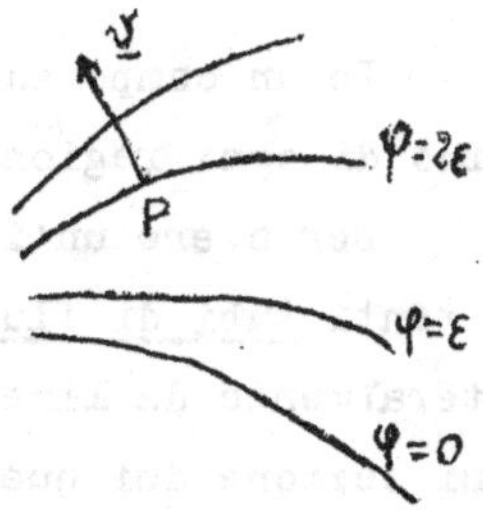

Basta segnare le superficie equipotenziali, in cui φ assume valori in progressione aritmetica di ragione ε abbastanza piccola, per avere un'immagine del campo: sempre normale alle "lamelle" delimitate dalle superficie equipotenziali, intenso dove le lamelle si assottigliano, debole dove si ingrossano.

In un campo irrotazionale, la circolazione lungo una linea aperta eguaglia la differenza di potenziale cinetico agli estremi. Lungo una linea chiusa è nulla, se il potenziale è funzione uniforme. Dal teorema di Stokes (8) si deduce che, in un campo irrotazionale, la circolazione lungo una linea chiusa ℓ, è nulla tutte le volte che si può tracciare un diaframma σ di contorno ℓ, tutto contenuto nel fluido in moto regolare. La circolazione è poi la stessa lungo due linee il cui insieme può assumersi come contorno di un diaframma tutto contenuto nel fluido in moto regolare.

4.- Campo solenoidale.

Importante è il campo cinetico solenoidale, perchè esso dà in ogni istante l'atto di moto di un fluido praticamente incomprimibile, come l'acqua, o che non esplica la sua comprimibilità, come l'aria a velocità non troppo grandi. In un campo solenoidale è nulla la velocità di dilatazione cubica, cioè

$$\operatorname{div} \underline{v} = 0 \tag{12}$$

Esiste allora un <u>potenziale vettore</u> $\underline{\Psi}$, di cui $\underline{v}$ è rotore:

$$\underline{v} = \operatorname{rot} \underline{\Psi} . \tag{13}$$

Poichè $\underline{\Psi}$ è definito a meno di un gradiente, si può disporre di questo in modo che risulti

$$\operatorname{div} \underline{\Psi} = 0 . \tag{14}$$

In un campo solenoidale è nullo il flusso che esce dal contorno di ogni regione fluida in moto regolare.

Per avere un'immagine del campo solenoidale basta dividerlo in tanti <u>tubi di flusso</u>, delimitati lateralmente da linee di flusso, e ogni sezione dei quali è attraversata da un medesimo flusso ε abbastanza piccolo: la direzione dei tubi è quella del campo, intenso dove i tubi si restringono, debole dove si allargano.

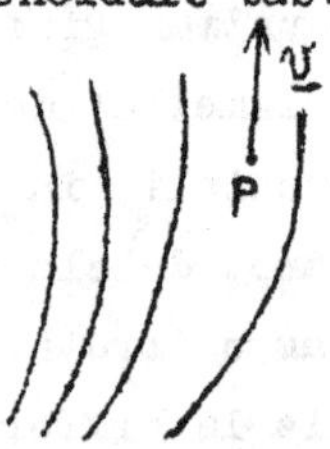

In un campo solenoidale $\underline{v}$, noto il vettore $\underline{\omega} = \frac{1}{2} \operatorname{rot} \underline{v}$ che rappresenta la velocità angolare di ogni elemento fluido, si può calcolare $\underline{v}$. Dalla (13) si ha infatti:

$$\operatorname{rot} \operatorname{rot} \underline{\Psi} = 2 \underline{\omega} .$$

Ma, grazie alla (14), se Δ è l'operatore di Laplace,

$$\operatorname{rot} \operatorname{rot} \underline{\Psi} = \operatorname{grad} \operatorname{div} \underline{\Psi} - \Delta \underline{\Psi} = - \Delta \underline{\Psi}$$

e quindi

$$\Delta \underline{\Psi} = - 2 \underline{\omega} . \tag{15}$$

Il potenziale vettore soddisfa dunque ad un'equazione di Poisson (come il potenziale gravitazionale entro la materia) e quindi, se R(PQ) indica la distanza fra due punti P e Q di τ, si ha:

$$\underline{\psi}(P) = \frac{1}{4\pi}\int_{\tau} \frac{2\underline{\omega}(Q)}{R(PQ)}\, d\tau + \underline{\alpha}(P), \tag{16}$$

dove $\underline{\alpha}(P)$ indica un vettore armonico, soluzione cioè dell'equazione di Laplace $\Delta\,\underline{\alpha} = 0$. Prendendo il rotore d'ambo i membri della (16), si ha finalmente:

$$\underline{v}(P) = \frac{1}{4\pi}\int_{\tau} \frac{2\underline{\omega}(Q)\wedge(P-Q)}{R^3(PQ)}\, d\tau + \operatorname{rot}\underline{\alpha}(P) \tag{17}$$

5.- Campo armonico.

Un campo si dice armonico se esso è irrotazionale e solenoidale, se cioè

$$\operatorname{rot}\underline{v} = 0, \quad \operatorname{div}\underline{v} = 0. \tag{18}$$

In corrispondenza ad un campo cinetico armonico, ogni elemento fluido trasla, ma non ruota, si deforma, ma non varia il suo volume.

Esiste, conformemente alla (11), un potenziale cinetico φ, ma, grazie alla seconda delle (18), esso è una funzione armonica, soluzione cioè dell'equazione di Laplace

$$\Delta\varphi = 0. \tag{19}$$

Esiste pure, conformemente alla (13), un potenziale vettore $\underline{\psi}$, ma anch'esso armonico:

$$\Delta\underline{\psi} = 0 \tag{20}$$

Il vettore $\underline{v}$, del resto, soddisfa esso stesso all'equazione di

Laplace

$$\Delta \underline{v} = 0 . \qquad (21)$$

Un campo armonico ammette la duplice rappresentazione mediante lamelle e mediante tubi di flusso, le une normali agli altri.

Tutte le proprietà delle funzioni armoniche si traducono in altrettante proprietà dei campi armonici. In particolare, dato il carattere ellittico dell'equazione di Laplace, ciò che avviene in un punto del campo influenza ed è influenzato da ciò che avviene in ogni altro punto; si può determinare un campo armonico, regolare in una regione, valendosi di dati al contorno, attraverso la risoluzione di un <u>problema di Dirichlet</u> o di un <u>problema di Neumann</u>.

6.- <u>Campi cinetici piani</u>.

Molte volte si si riduce a considerare <u>campi cinetici piani</u>, nei quali esiste un piano direttore xy: la velocità $\underline{v}$ risulta ovunque parallela a questo piano e indipendente dalla terza coordinata cartesiana normale al piano stesso.

In un campo cinetico irrotazionale piano il potenziale cinetico dipende soltanto dalle due coordinate x e y, e le superficie equipotenziali sono rappresentate sul piano direttore da linee equipotenziali.

In un campo cinetico solenoidale piano il potenziale vettore è normale al piano direttore ed è individuato da una sola componente ψ (x,y), detta <u>funzione di flusso</u>, o funzione di Stokes. Lungo ogni linea di flusso la funzione ψ si mantiene costante, e due linee di flusso tracciate sul piano direttore determinano un <u>nastro di flusso</u>, attraverso il quale il flusso è eguale all'incremento che subisce la funzione ψ passando da una linea di contorno all'altra. I nastri di flusso adempiono nel caso piano all'ufficio dei tubi di flusso nel caso spaziale.

7. Campo armonico piano.

Si consideri un campo cinetico armonico piano, e diciamo z=x+iy il numero complesso che costituisce l'affissa di un generico punto del piano direttore. Il potenziale cinetico φ e la funzione di flusso ψ sono funzioni armoniche coniugate delle variabili reali x e y, perchè

$$(22) \qquad v_1 = \frac{\partial \varphi}{\partial x} = \frac{\partial \psi}{\partial y}, \quad v_2 = \frac{\partial \varphi}{\partial y} = -\frac{\partial \psi}{\partial x}, \quad \Delta\varphi = 0, \; \Delta\psi = 0.$$

Il numero complesso f= $\varphi + i\psi$ è perciò funzione della variabile complessa z,

$$(23) \qquad \varphi + i\psi = f(z),$$

e se si rappresenta la velocità v col numero complesso

$$(24) \qquad w = v_1 - i v_2,$$

le prime (22) si riassumono semplicemente nell'unica equazione:

$$(25) \qquad w = \frac{df}{dz}.$$

Il numero complesso w si dice velocità complessa e il numero complesso f potenziale complesso. Entrambi sono funzioni dell'unica variabile complessa z, e derivando il potenziale complesso si ottiene la velocità complessa.

In corrispondenza ad ogni funzione f(z) di variabile complessa si ha un campo armonico piano che ha per potenziale cinetico la parte reale di f e per funzione di flusso ψ il coefficiente dell'immaginario.

Disegnando alcune lineee di flusso, d'equazione ψ =cost., e alcune linee equipotenziali, d'equazione φ =cost., si rappresenta in modo espressivo il campo (.).

Si consideri ad es. la funzione

$$(26) \qquad f(z) = \frac{\mathfrak{J}}{2\pi i} \log z ,$$

essendo $\mathfrak{J}$ una costante reale. Se r e θ sono le coordinate polari di un generico punto del piano direttore, dalla (26) si trae:

$$(26') \qquad \varphi = \frac{\mathfrak{J}}{2\pi}\theta , \qquad \psi = -\frac{\mathfrak{J}}{2\pi} \log r .$$

Le linee di flusso sono dunque circonferenze con centro nell'origine O e le linee equipotenziali raggi del fascio di centro O. La velocità complessa è:

$$(27) \qquad w = \frac{df}{dz} = \frac{\mathfrak{J}}{2\pi i z} .$$

Essa diventa infinita nell'origine, dove vi è una singolarità polare.

La circolazione lungo una qualsivoglia linea chiusa l che abbraccia l'origine(una volta sola) vale:

$$(28) \qquad \Gamma = \oint_l \frac{\mathfrak{J}}{2\pi} d\theta = \mathfrak{J} .$$

(.) che se poi i valori costanti dati a φ e a ψ sono in progressione aritmetica d'egual ragione ε abbastanza piccola, il campo risulta diviso in tanti quadratini.

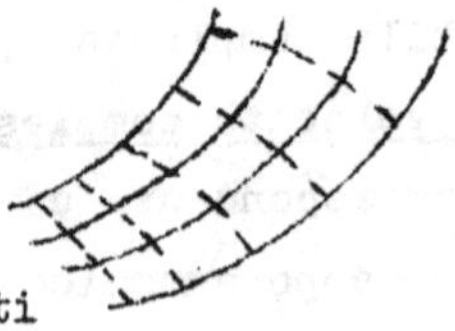

Dunque, esternamente all'origine, tutte le particelle fluide non ruotano, perchè il moto è irrotazionale, ma circolano egualmente attorno ad O, con circolazione $\Gamma = \mathfrak{J}$.

Il semplice esempio considerato corrisponde ad un <u>vortice piano puntiforme,</u> posto in O ed avente <u>intensità</u> $\mathfrak{J}$.

Passiamo, tornando a considerazioni generali, dalla variabile complessa z=x+iy alla variabile complessa $\zeta = \xi + i\eta$, ponendo:

(29) $$z = z(\zeta)\,, \quad \zeta = \zeta(z)\,.$$

Con tale <u>trasformazione conforme</u> si passa dal campo cinetico armonico nel piano della variabile complessa z, e di potenziale complesso f(z), al campo cinetico armonico nel piano della variabile complessa ζ , e di potenziale complesso $f(z(\zeta))$. Alle linee di flusso, di equazione $\psi(x,y)=\text{cost.}$, relative al campo del primo piano, corrispondono le linee di flusso, di equazione $\psi\big(x(\xi,\eta),\, y(\xi,\eta)\big)=\text{cost.}$, relative al campo del secondo piano.

Con tali trasformazioni conformi si possono ottenere in modo assai semplice quanti si vogliono campi armonici piani, delimitati da linee di flusso, partendo da uno qualunque di essi. In tutti questi campi si conservano i flussi e le circolazioni attraverso e lungo linee corrispondenti.

Per esempio,

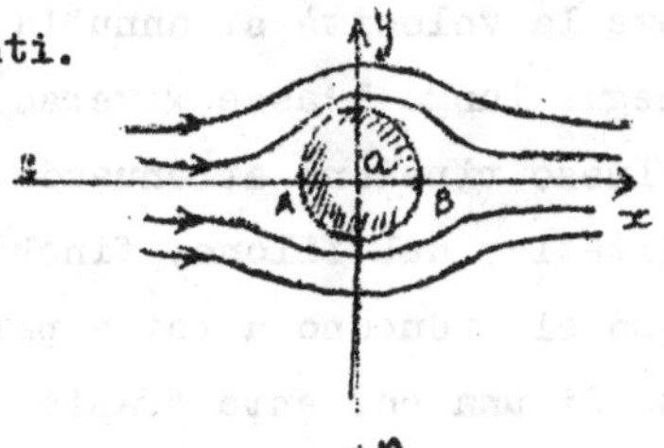

(30) $$f(z) = c\left(z + \frac{a^2}{z}\right)$$

è il potenziale complesso della <u>corrente traslatoria</u> di velocita asintotica c, diretta come l'asse x, che investe un profilo circolare con centro nell'origine e raggio a. La trasformazione conforme ottenuta

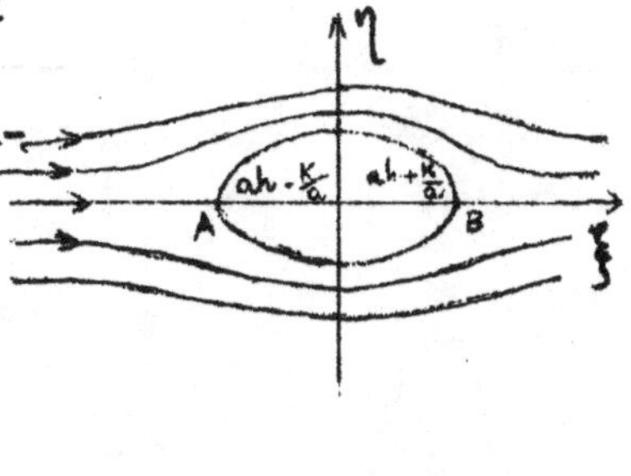

ponendo

$$\zeta = hz + \frac{k}{z}, \tag{31}$$

con h e k costanti reali, permette di ottenere la corrente traslatoria di velocità asintotica $\frac{c}{h}$, diretta come l'asse ξ, che investe un profilo ellittico che ha per assi gli assi ξ ed η e lunghezza dei semiassi $ah+\frac{k}{a}$ e $ah-\frac{k}{a}$.

Per avere un'idea delle correnti traslatorie ora considerate a mo' d'esempio, riferiamoci a quella che investe un profilo circolare. Il suo potenziale complesso è dato dalla (30), e derivandolo si ottiene la velocità complessa

$$w = c\left(1 - \frac{a^2}{z^2}\right). \tag{32}$$

Separando nella (30) la parte reale φ da quella immaginaria $i\psi$ si ottengono facilmente le linee di flusso d'equazione ψ =cost. Fra queste vi è il filone ψ =0, che proviene dall'infinito a monte, segue l'asse x e batte sul profilo nel punto di prora A ove la velocità s'annulla.

Qui il filone si spezza in due parti: una segue la semicirconferenza d'ordinata positiva, l'altra la semicirconferenza di ordinate negative. Le due parti si riuniscono nel punto di poppa B, ove la velocità si annulla una seconda volta, e il filone prosegue lungo l'asse x verso l'infinito a valle. Le altre linee di flusso ripetono attenuandolo ossia appiattendolo, l'andamento qualitativo del filone, finchè lontano dal profilo le linee di flusso si riducono a rette parallele all'asse x, secondo l'andamento di una corrente traslatoria uniforme.

CAP. II

RICHIAMI SULLA DINAMICA DEI FLUIDI.

1.- Equazioni indefinite della dinamica dei continui deformabili.

E' noto che le equazioni indefinite della dinamica di un continuo deformabile si ottengono scrivendo: 1°) che la massa di ogni sua porzione infinitesima per l'accelerazione del generico corpuscolo che ne fa parte è eguale al risultante delle forze che su di essa agiscono; 2°) che è nullo il momento delle forze precedenti rispetto ad un generico punto della porzione considerata; 3°) che la massa di ogni porzione è invariabile, se formata sempre dai medesimi corpuscoli.

Se ρ è la densità, v_k le componenti cartesiane della velocità $\underline{v}$ in un generico punto del campo di moto, F_k le componenti cartesiane della forza esterna $\underline{F}$ per unità di volume, p_{ik} il tensore degli sforzi interni che si destano nel continuo, la prima condizione si traduce così:

$$\rho \frac{dv_k}{dt} = F_k - \frac{\partial p_{ik}}{\partial x_i} \quad (k = 1, 2, 3); \tag{1}$$

la seconda condizione afferma che il tensore degli sforzi è simmetrico:

$$p_{ik} = p_{ki} \quad (i, k = 1, 2, 3); \tag{2}$$

la terza condizione si esprime così:

$$\frac{d\rho}{dt} + \rho \, \mathrm{div}\, \underline{v} = 0. \tag{3}$$

Nella (1) e nella (3) compaiono le derivate sostanziali rispetto al tempo t, rispettivamente delle componenti della velocità $\underline{v}$ e della densità ρ. Ora queste quantità dipendono da t direttamente, se il moto è variabile, e vi dipendono per il tramite delle coordinate della posizione P occupata dal corpuscolo che viene considerato. Si ha quindi per l'accelerazione:

$$(4)\qquad a = \frac{d\underline{v}}{dt} = \frac{\partial \underline{v}}{\partial t} + \frac{\partial \underline{v}}{\partial x^i}\frac{dx^i}{dt} = \frac{\partial \underline{v}}{\partial t} + \frac{\partial \underline{v}}{\partial x^i} v^i ,$$

o anche, con facili trasformazioni:

$$(5)\qquad a = \frac{\partial \underline{v}}{\partial t} + \frac{1}{2}\,\mathrm{grad}(v)^2 + (\mathrm{rot}\,\underline{v}) \wedge \underline{v} .$$

Si ha pure, analogamente alla (4):

$$(6)\qquad \frac{d\rho}{dt} = \frac{\partial \rho}{\partial t} + \frac{\partial \rho}{\partial x^i} v^i .$$

La (3), che traduce il principio di conservazione della massa, può dunque scriversi anche così:

$$(3')\qquad \frac{\partial \rho}{\partial t} + \mathrm{div}(\rho \underline{v}) = 0 .$$

Sottintendendo, come è consuetudine, la simmetria del tensore degli sforzi, espressa dalla (2), restano 3 equazioni indefinite scalari sintetizzate nella (1) e una equazione indefinita scalare (3). In totale 4 equazioni indefinite scalari in 10 incognite: la densità ρ, le 3 componenti v_k della velocità, le 6 componenti distinte del tensore doppio simmetrico degli sforzi p_{ik}. Le equazioni indefinite (anche se ad esse si aggiungono le condizioni iniziali e quelle al contorno) non bastano per calcolare il movimento: ad esse bisogna aggiungere altre relazioni, tratte dall'esperienza, che precisano la natura fisica, del continuo deformabile in oggetto e le condizioni termodinamiche in cui si trova.

2.- Equazioni indefinite della dinamica dei fluidi.

Nel caso di un fluido, spezziamo il tensore degli sforzi in una parte isotropa pa_{ik}, nella quale p rappresenta la pressione e a_{ik} il tensore fondamentale (in coordinate cartesiane ortogonali $a_{ik}=0$ se $i\neq k$, $a_{ik}=1$ se $i=k$) e in un tensore doppio simmetrico a invariante lineare nullo, il cosiddetto <u>deviatore</u> degli sforzi, q_{ik}:

(7) $$p_{ik} = p a_{ik} + q_{ik}\,, \quad q_{ik} a^{ik} = 0\,.$$

In condizioni statiche $q_{ik}=0$ e lo stesso avviene se il fluido si muove di moto rigido, ma non così in generale. L'esperienza mostra che il deviatore degli sforzi è sempre funzione lineare omogenea della velocità di deformazione η_{ik}, e precisamente si ha:

(8) $$q_{ik} = -\mu \eta_{ik} - \lambda \chi a_{ik}\,,$$

dove μ e λ sono coefficienti dipendenti dalla natura viscosa del fluido, e χ =div $\underline{v}$ è la velocità di dilatazione cubica. Dalla seconda delle (7) si deduce che deve risultare $\lambda = -\frac{2}{3}\mu$, cosicchè la natura viscosa del fluido viene a dipendere dall'unico <u>coefficiente di viscosità</u> μ, che è una costante positiva se il fluido è omogeneo.

Ponendo la (7) (con la specificazione (8)) nella (1), questa diviene per un fluido omogeneo:

(9) $$\rho \frac{dv_k}{dt} = F_k - \frac{\partial p}{\partial x^k} + \mu \xi_k\,,$$

dove ξ_k sono le componenti di un vettore, le quali dipendono linearmente ed omogeneamente dalle derivate seconde delle componenti della velocità.

La (9) e la (3) danno 4 equazioni indefinite scalari alle derivate parziali del secondo ordine nelle 5 incognite costituite dalle 3 componenti v_k della velocità, dalla densità ρ e dalla pressione p.

Alle precedenti quattro equazioni indefinite se ne aggiunge una quinta dipendente dalla natura fisica del fluido e dalle condizioni termodinamiche in cui si trova. E' questa l'<u>equazione</u>

complementare. Ordinariamente viene assunta come tale una equazione finita che lega ρ a p:

(10) $$f(p,\rho)=0.$$

Così, se il fluido è incomprimibile, come può ritenersi un liquido, o è un gas che non esplica la sua comprimibilità, la (10) afferma semplicemente che

(10') $$\rho = \text{cost.};$$

se il fluido è un gas perfetto in condizioni isoterme, dalla legge di Boyle si deduce che:

(10") $$\frac{p}{\rho} = \text{cost.};$$

se il fluido è un gas perfetto in condizioni adiabatiche, si ha:

(10"') $$\frac{p}{\rho^{\gamma}} = K = \text{cost.},$$

dove l'esponente γ è una costante maggiore di 1: per l'aria $\gamma \simeq 1,4$.

Alle 5 equazioni indefinite, valide in ogni punto del campo di moto, bisogna aggiungere le condizioni iniziali (nei moti variabili) e le condizioni al contorno: fra queste ultime l'esperienza impone l'adesione completa alle pareti (rigide) di contorno.

Tutto quanto si può dire sulla dinamica dei fluidi è insito nelle equazioni che ne reggono il moto, ma tirarlo fuori non è facile, perchè, se la (10) è finita, la (3) è un'equazione nelle derivate parziali di primo ordine, soltanto quasi lineare, e la (10) riassume tre equazioni lineari nelle derivate parziali seconde delle componenti della velocità, ma la dipendenza nelle derivate parziali prime delle funzioni incognite è, per la (4), soltanto quasi lineare.

3.- Correnti a grandi numeri di Reynolds.

Per l'aria, che è il fluido che c'interessa, il coefficiente di viscosità μ vale, in condizioni normali, $1,79.10^{-6}\text{Kg m}^{-2}\text{sec}$.

E' spontaneo fare addirittura $\mu=0$ e quindi ritenere, anche in condizioni dinamiche (come sempre è lecito in condizioni statiche), isotropo il tensore degli sforzi, normale lo sforzo che si esercita su ogni elemento superficiale, caratterizzati entrambi dall'unico scalare $p \geq 0$ che rappresenta la pressione, e sopprimere di conseguenza l'ultimo termine nella (9). Per precisare però quando ciò è lecito, conviene porre le equazioni indefinite sotto forma adimensionale, in modo da aver a che fare soltanto con puri numeri.

In forma adimensionale le equazioni indefinite sono ancora quelle trovate, soltanto che in esse compaiono, invece delle varie quantità fisiche, rapporti fra quantità della stessa specie, e in particolare, in luogo del coefficiente di viscosità μ, compare il reciproco del numero di Reynolds

$$R_l = \frac{\rho_0 v_0 l}{\mu}, \tag{11}$$

dove l è la lunghezza a cui vengono riferite tutte le altre lunghezze e v_0 e ρ_0 sono la velocità e la densità di riferimento.

Se il numero di Reynolds è grande, ma si mantiene finito il fattore che ne accompagna il reciproco nelle equazioni indefinite e cioè quello che sostituisce ξ_K, allora è lecito trascurare l'ultimo addendo nelle (9), cadendo nello schema dei fluidi perfetti, il cui moto è retto da equazioni differenziali tutte del primo ordine soltanto.

Questa schematizzazione è lecita là dove non si hanno brusche variazioni nelle derivate prime delle velocità, e quindi esternamente alle singolarità, quali ad es. i vortici puntiformi piani, considerati nel CAP.I, e abbastanza lontano dalle pareti (rigide), perchè nell'immediata prossimità di queste la velocità del fluido subisce una brusca variazione.

Non troppo vicino ad una parete (rigida) il fluido può infatti riguardarsi come perfetto e ad esso può imporsi soltanto la condizione al contorno in virtù della quale il fluido lambisce la parete; sulla parete invece, grazie alla condizione di completa adesione, la velocità del fluido deve coincidere con quella della parete: ne segue una brusca variazione di velocità in uno straterello fluido contiguo alla parete, e qui un fluido, anche pochissimo viscoso come l'aria, non può essere riguardato come perfetto, ma deve essere ritenuto viscoso, senza che sia lecito trascurare l'ultimo addendo nella (9).

Lo straterello precedente costituisce lo strato limite di Prandtl. Grazie al suo esiguo spessore, le equazioni (9) possono ivi semplificarsi, ma restano tuttavia equazioni differenziali del secondo ordine. Vedremo quale influenza essenziale eserciti questo straterello nella moderna aereodinamica. Da esso non si può prescindere. L'estrema sua schematizzazione, talvolta sufficiente, consiste nel farne uno straterello di spessore infinitesimo che riveste la parete:in esso ogni elemento fluido ruota con velocità angolare proporzionale al salto di velocità che provoca e inversamente proporzionale allo spessore dello straterello.

4.- Dinamica del fluidi perfetti.

Le equazioni indefinite della dinamica dei fluidi perfetti si ottengono da quelle (9)(3)(10) dei fluidi viscosi facendo in esse μ =0. Esse si possono raccogliere nel seguente quadro:

$$(12)\qquad \begin{cases} \rho \dfrac{dv_k}{dt} = F_k - \dfrac{\partial p}{\partial x^k} \quad (k=1,2,3) \\[2ex] \dfrac{d\rho}{dt} + \rho \operatorname{div} \underline{v} = 0, \qquad f(p,\rho) = 0 \end{cases}$$

e rappresentano effettivamente le equazioni di movimento di una corrente a grandi numeri di Reynolds esternamente alle regioni di singolarità e fuori dello strato limite.

Il sistema formato dalle cinque equazioni scalari (12) è differenziale del primo ordine, quasi lineare, nelle cinque funzioni incognite $v_1 v_2 v_3$ e p delle coordinate spaziali $x^1 x^2 x^3$ e del tempo t.

Alle equazioni indefinite (12) bisogna aggiungere, nei moti variabili, le condizioni iniziali e, in ogni caso, le condizioni al contorno. Fra queste ultime si può imporre al fluido, in prossimità di pareti, di lambire le pareti stesse, ma non genericamente, quella di aderirvi.

5.- Teorema di Bernoulli.

Dalla prima delle (12), dividendone ambo i membri per ρ, moltiplicando per v^k e sommando, si deduce il teorema dell'energia :

$$\frac{d}{dt}\left(\frac{1}{2}v^2\right) = \frac{F}{\rho} \times \underline{v} - \frac{1}{\rho}\frac{\partial p}{\partial x^k} v^k . \tag{13}$$

Il primo membro rappresenta la derivata rispetto al tempo dell'energia cinetica per unità di massa. In condizioni stazionarie diviene

$$\operatorname{grad}\left(\frac{1}{2}v^2\right) \times \underline{v} .$$

Il primo termine al secondo membro rappresenta la potenza delle forze esterne per unità di massa. Da esso si prescinde nel caso dell'aria. Al più nel caso del peso vale

$$\operatorname{grad}\left(-gz\right) \times \underline{v} ,$$

dove z è la quota ascendente e g l'accelerazione di gravità. Il secondo termine a secondo membro della (13) vale

$$-\operatorname{grad} H \times \underline{v} ,$$

dove

$$H = \int \frac{dp}{\varrho} \tag{14}$$

è l'<u>entalpia</u> che dà il contenuto termico per unità di massa, entalpia che si calcola mediante l'integrale indefinito (14), una volta espresso ϱ in funzione di p risolvendo l'equazione complementare.

Nel caso <u>stazionario</u> dalla (13) si trae dunque:

$$\mathrm{grad}\left\{\frac{1}{2}v^2 + gz + H\right\} \times \underline{v} = 0 .$$

Questa afferma che <u>lungo una linea di flusso</u>, nel moto stazionario di un fluido perfetto, è costante il trinomio che in essa compare:

$$\frac{1}{2}v^2 + gz + H = \mathrm{cost} \tag{15}$$

La (15) esprime il celebre <u>teorema di Bernoulli.</u>

In particolare, per un gas che non esplica la sua comprimibilità, trascurando l'addendo gz e ricordando la (10'), si ha:

$$\frac{1}{2}v^2 + \frac{p}{\varrho} = \mathrm{cost.} \tag{15'}$$

Per un gas perfetto in condizioni adiabatiche, ricordando la (10") si ha invece:

$$\frac{1}{2}v^2 + \frac{\gamma}{\gamma-1}\left(\frac{p}{K}\right)^{\frac{\gamma-1}{\gamma}} = \mathrm{cost.} \tag{15''}$$

In entrambi i casi, se il moto è stazionario, lungo una linea di flusso la pressione è maggiore dove minore è la velocità, minore dove quest'ultima è maggiore.

Poichè la pressione p non può mai essere negativa, dalle (15') e (15") si deduce che la velocità v del fluido non può mai superare, mantenendosi stazionaria, una velocità limite V facilmente calcolabile in base alle relazioni precedenti.

Si rilevi che nel caso particolare, ma notevole, di un moto <u>stazionario e irrotazionale</u>, in virtù della (5), la prima delle (12) si può scrivere così:

$$\mathrm{grad}\left\{\frac{1}{2}v^2+gz+H\right\}=0$$

Integrando questa relazione si deduce che il trinomio $\frac{1}{2}v^2+gz+H$ è <u>costante ovunque</u>, e non soltanto lungo una linea di flusso.

6.- <u>Fronti d'onda e velocità del suono</u>.

E' importante ricercare, in un fluido perfetto, i <u>fronti d'onda</u>, attraverso i quali le derivate prime delle funzioni incognite che compaiono nel sistema (12) possono presentare delle discontinuità.

Detta

$$\tau(x_1\, x_2\, x_3\, t) = \mathrm{cost.} \tag{16}$$

l'equazione di un fronte d'onda in un generico istante t, la velocità d'avanzamento di tale fronte d'onda è notoriamente

$$A = \frac{\partial\tau}{\partial t}\Big/\left|\mathrm{grad}\,\tau\right| . \tag{17}$$

Esprimiamo, mediante l'equazione complementare, p in funzione di ϱ e consideriamo le rimanenti 4 funzioni incognite $v_1 v_2 v_3\, \varrho$. Semplici considerazioni cinematiche impongono alle discontinuità delle derivate di queste quattro funzioni attraverso i fronti d'onda di soddisfare alle seguenti relazioni:

$$\begin{cases} D\dfrac{\partial v_k}{\partial t} = \lambda_k\dfrac{\partial\tau}{\partial t} \quad , \quad D\dfrac{\partial v_k}{\partial x^i} = \lambda_k\dfrac{\partial\tau}{\partial x^i} \quad (k,i=1,2,3) \\ D\dfrac{\partial\varrho}{\partial t} = \lambda_4\dfrac{\partial\tau}{\partial t} \quad , \quad D\dfrac{\partial\varrho}{\partial x^i} = \lambda_4\dfrac{\partial\tau}{\partial x^i} \quad (i=1,2,3) \end{cases} \tag{18}$$

dove D è simbolo di discontinuità e $\lambda_1\ \lambda_2\ \lambda_3\ \lambda_4$ sono quattro moltiplicatori a priori arbitrari.

Scriviamm le 4 equazioni differenziali del quadro (12) da una banda e dall'altra di un fronte d'onda. Per differenza otterremo le seguenti equazioni algebriche, lineari omogenee, a cui debbono ubbidire i quattro moltiplicatori:

$$(19)\qquad \begin{cases} \lambda_4 \dfrac{d\tau}{dt} + \lambda_4 \dfrac{1}{\rho}\dfrac{dp}{d\rho}\dfrac{\partial\tau}{\partial x^k} = 0 & (k = 1,2,3) \\ \lambda_4 \dfrac{d\tau}{dt} + \rho\lambda_i \dfrac{\partial\tau}{\partial x^i} = 0 . \end{cases}$$

Dalle (19), che esprimono le condizioni dinamiche relative alle discontinuità, si deduce che le discontinuità delle derivate delle velocità sono <u>longitudinali</u>.

Affinchè però le varie discontinuità considerate esistano veramente, bisogna che il determinante del sistema (19) sia nullo, e ciò comporta o fronti d'onda fissi rispetto al fluido, o fronti d'onda d'equazione (16), tale che sia

$$(20)\qquad \frac{d\tau}{dt} = \pm\sqrt{\frac{dp}{d\rho}}\,\left|\operatorname{grad}\tau\right| .$$

Ora, se v_n è la componente di $\underline{v}$ secondo la normale $\underline{n}$ al fronte d'onda, si ha:

$$\frac{d\tau}{dt} = \frac{\partial\tau}{\partial t} + \frac{\partial\tau}{\partial x^i} v^i = \frac{\partial\tau}{\partial t} + v_n \left|\operatorname{grad}\tau\right| .$$

Segue di qui, dalla (20) e dalla (17) che la <u>velocità di propagazione</u> delle discontinuità, rispetto al fluido in moto, è:

$$(21)\qquad c = A - v_n = \pm\sqrt{\frac{dp}{d\rho}} .$$

La (21) dà la <u>velocità di propagazione del suono</u> nel fluido allorchè ci si ponga nelle condizioni generali considerate. Essa risulta genericamente variabile da posto a posto e da istante ad istante. In condizioni adiabatiche dalla (10''') scende che

(21')
$$c = \pm\sqrt{\gamma \frac{p}{\rho}} .$$

Poichè la (10) è tale che $\frac{dp}{d\rho} > 0$, la (20) mostra che, se il moto è <u>variabile</u>, i fronti d'onda da essa individuati sono sempre reali, cioè sono sempre reali le varietà caratteristiche del sistema differenziale (12), cioè questo ha <u>carattere iperbolico</u>.

Nel caso <u>stazionario</u> ciò non avviene invece sempre, perchè in tal caso risulta dalla (17) A=0, e quindi dalla (21) segue:

(22)
$$c = -v_n = \pm\sqrt{\frac{dp}{d\rho}} .$$

e questa relazione come ora vedremo, non sempre può essere soddisfatta.

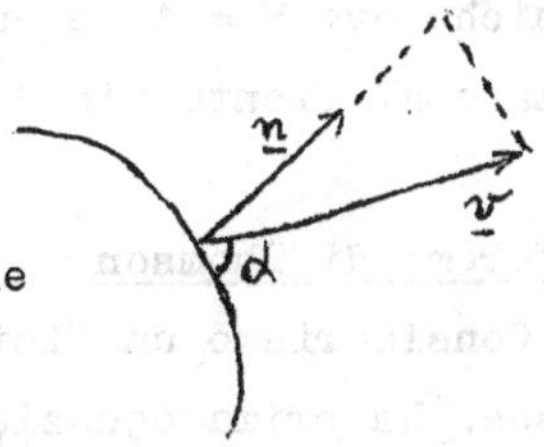

Diciamo α il complemento dell'angolo che la velocità $\underline{v}$ in un punto generico P forma col versore normale $\underline{n}$ a un fronte d'onda, versore spiccato dallo stesso punto P. La (22) diviene

(22')
$$|\operatorname{sen} \alpha| = \frac{c}{v} .$$

e questa relazione può essere soddisfatta soltanto quando $\frac{c}{v} \leq 1$.

Poniamo

(23)
$$M = \frac{v}{c}$$

E' questo il <u>numero di Mach</u>, rapporto fra la velocità del fluido in un punto e in un istante e la velocità del suono nello stesso punto e nello stesso istante. In condizioni <u>ipersoniche</u> $M > 1$; in condizioni <u>iposoniche</u> $M < 1$; in condizioni <u>soniche</u> $M = 1$.

La (22') si può scrivere così:

(24)
$$|\operatorname{sen} \alpha| = \frac{1}{M} .$$

L'angolo α è detto perciò <u>angolo di Mach</u>: se ovunque $M > 1$, se cioè vigono ovunque condizioni ipersoniche, questo angolo è ovunque reale, ovunque reali sono i fronti d'onda e il sistema differenziale contenuto in (12) ha carattere ovunque <u>iperbolico</u> anche in condizioni stazionarie; se invece è ovunque $M < 1$, se cioè vigono ovunque condizioni iposoniche, l'angolo α non è mai reale, i fronti d'onda non sono reali e il sistema differenziale contenuto in (12) ha carattere <u>ellittico</u> in condizioni stazionarie, ossia ciò che avviene in un punto influenza ed è influenzato da ciò che avviene in ogni altro punto del campo di moto; se poi vi sono regioni ove $M > 1$ e altre ove $M < 1$, il sistema differenziale (12) ha, in condizioni stazionarie, carattere <u>misto</u>: esistono regioni ipersoniche e regioni iposoniche, separate da superfici soniche ove $M = 1$, e qui $\alpha = \frac{\pi}{2}$, cioè la velocità del fluido è normale al fronte d'onda.

7.- Teoremi di Thomson e di Lagrange.

Consideriamo un fluido perfetto e prescindiamo dalle forze di massa. La prima equazione indefinita (12), introducendo l'entalpia H, può scriversi vettorialmente così:

$$\frac{d\underline{v}}{dt} = -\operatorname{grad} H \tag{25}$$

Essa afferma che l'entalpia è opposta al potenziale dell'accelerazione.

Consideriamo nel fluido una linea chiusa l <u>sempre formata dalle stesse particelle fluide</u> e calcoliamo in ogni istante t la circolazione Γ lungo tale linea: $\Gamma = \oint_l \underline{v} \times dP$. Calcoliamo la derivata di Γ rispetto al tempo:

$$\frac{d\Gamma}{dt} = \int_l \frac{d\underline{v}}{dt} \times dP + \oint_l \underline{v} \times d\underline{v}. \tag{26}$$

Ma, per la (25), $\frac{d\underline{v}}{dt} \times dP = -dH$, mentre $\underline{v} \times d\underline{v} = d(\frac{1}{2} v^2)$. Essendo

H e $\frac{1}{2}v^2$ funzioni uniformi, entrambi gli integrali che compaiono a secondo membro della (26) sono nulli, e quindi

$$\frac{d\Gamma}{dt} = 0 \,. \tag{27}$$

La circolazione lungo ogni linea chiusa ℓ, sempre formata dalle stesse particelle fluide, è dunque costante, se il fluido è perfetto e il moto lungo ℓ è regolare; è questo <u>il teorema di Thomson</u>.-

Dal teorema di Thomson si può dedurre, come corollario, il <u>teorema di Lagrange</u> .

Se inizialmente il fluido è in quiete, lungo tutte le linee chiuse tracciate nel campo di moto è $\Gamma=0$. Le particelle che costituiscono queste linee formeranno, a capo del generico tempo t, delle linee chiuse che nella loro collettività riempiranno il campo di moto,e, per il teorema di Thomson, continuerà ad essere $\Gamma=0$ lungo ognuna di queste linee.

Consideriamo quelle fra queste linee che delimitano diaframmi tutti contenuti nel fluido, dove il moto è regolare.

Per il teorema di Stokes, sarà sempre nullo il flusso di rot $\underline{v}$ attraverso ogni diaframma che ha per contorno tali linee. Dunque, dove il moto è regolare, è sempre rot $\underline{v}=0$, cioè il moto è irrotazionale: è questo il <u>teorema di Lagrange</u>, il quale sottolinea l'importanza predominante nei fluidi perfetti di quella particolare categoria di movimenti che è costituita dai moti irrotazionali.

8.- <u>Vortici</u>.

Dato un campo cinetico di velocità $\underline{v}$, consideriamo il campo del vettore rot $\underline{v}$ che rappresenta il doppio della velocità angolare di ogni elemento fluido. Esso è solenoidale, perchè

$$\operatorname{div} \operatorname{rot} \underline{v} \equiv 0 \,. \tag{28}$$

Consideriamo un tubo di flusso in questo campo solenoidale: il suo flusso $\mathcal{J}$ eguaglia, per il teorema di Stokes, la circolazione Γ della velocità lungo ogni linea chiusa ℓ, tracciata sulla sua superficie, che abbraccia una sola volta il tubo. Questo tubo si dice <u>tubo vorticoso</u> e $\mathcal{J}=\Gamma$ la sua intensità

Un tubo vorticoso, esternamente al quale il moto è irrotazionale si dice <u>vortice</u>. L'intensità $\mathcal{J}$ di un vortice è l'intensità del tubo vorticoso che lo costituisce, ed eguaglia la circolazione lungo ogni linea chiusa ℓ che l'abbraccia una sola volta, anche se questa linea non è tracciata proprio sulla superficie del tubo vorticoso.

Ecco come è fatto un vortice: vi è un tubo entro il quale le particelle fluide traslano, ruotano e si deformano; esternamente ad esso le particelle fluide traslano, si deformano, ma non ruotano, e però circolano tutte egualmente attorno al tubo con la medesima circolazione eguale all'intensità del vortice.

Il tubo vorticoso che costituisce un vortice può ridursi ad un <u>filetto vorticoso</u>, rappresentato geometricamente da una linea. Affinchè la sua intensità $\mathcal{J}$ sia finita, bisogna che sia finito il flusso di rot $\underline{v}$ attraverso la sezione infinitesima del filetto, e questo esige che siano infiniti rot $\underline{v}$ e la velocità angolare degli elementi fluidi che costituiscono il filetto vorticoso. Un filetto vorticoso rappresenta perciò una tipica <u>singolarità</u> in un campo cinetico irrotazionale.

Ad es. una retta normale al piano direttore, passante per il vortice puntiforme considerato nel CAP.I, costituisce un filetto vorticoso rettilineo in un campo cinetico armonico.

I tubi vorticosi e i filetti che costituiscono i vortici debbono chiudersi su sè stessi a mò di anello, o giungere fino ai limiti del campo, magari fino all'infinito.

In un fluido perfetto i vortici godono di notevoli proprietà che discendono dai teoremi di Thomson e di Lagrange: partendo dalla quiete, essi non possono fermarsi là dove il moto è regolare, ma possono però formarsi là dove il moto non è regolare, o subisce variazioni così brusche da costringere a ritenere viscoso il fluido, come avviene nello stato limite aderente a pareti. Tipicamente i vortici che si formano costituiscono essi stessi delle singolarità rappresentate da filetti vorticosi.

L'<u>intensità complessiva dei vortici che si formano nelle regioni di singolarità è nulla,</u> perchè se si considera una linea chiusa L, sempre formata dalle stesse particelle, la quale racchiude tutte le regioni di singolarità dove si formano vortici, lungo essa è inizialmente nulla la circolazione Γ, e quindi sempre nulla deve essere Γ in ogni altro istante, e perciò nulla deve risultare l'intensità complessiva dei vortici che L racchiude. Se dunque, in un fluido perfetto, si forma un vortice di intensità $\mathcal{J}$ in una regione di singolarità, debbono contemporaneamente formarsi altri vortici d'intensità complessiva $-\mathcal{J}$, pure in regioni di singolarità.

Sui vortici sussistono i seguenti classici teoremi di <u>Helmholtz</u>: in un fluido perfetto in moto regolare esternamente ai vortici, questi non possono distruggersi; i tubi vorticosi e i vortici che ne sono delimitati sono sempre formati dalle stesse particelle.

9.- <u>Correnti euleriane.</u>

Consideriamo una corrente stazionaria costituita da un fluido perfetto che non esplica la sua comprimibilità, la quale, investe un ostacolo fisso delimitato da una superficie σ.

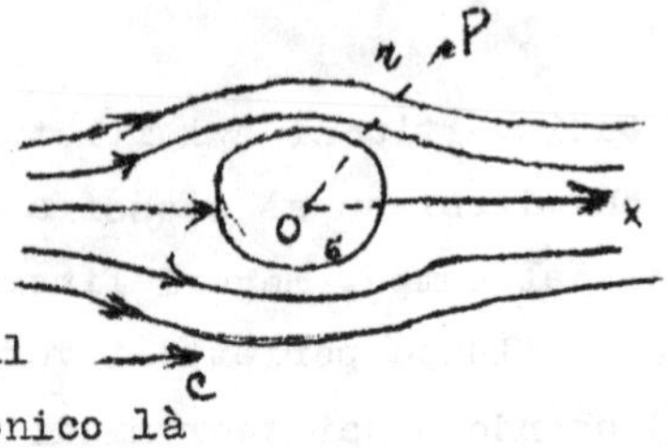

Sia $\underline{c}$ la velocità asintotica della corrente, e secondo $\underline{c}$ orientiamo l'asse x.

Per il teorema di Lagrange, il campo cinetico può riguardarsi armonico là dove è regolare, e quindi esiste un potenziale cinetico φ di cui $\underline{v}$ è gradiente,

(29) $$\underline{v} = \text{grad}\, \varphi$$

e il potenziale cinetico è funzione armonica, soddisfacente all'equazione di Laplace

(30) $$\Delta \varphi = 0 .$$

Sulla superficie σ dell'ostacolo deve essere nulla la componente normale della velocità, e quindi

(31) $$\text{su } \sigma : \qquad v_n = \frac{d\varphi}{dn} = 0 .$$

All'infinito $\underline{v}$ deve ridursi a $\underline{c}$, e quindi, se r indica la coordinata raggio, deve risultare:

(32) $$\lim_{r \to \infty} \text{grad}(\varphi - cx) = 0 .$$

Se nel campo di moto non ci sono filetti vorticosi nè altre singolarità, se sul contorno σ dell'ostacolo è nulla l'intensità complessiva dei vortici che vi si debbono pensare distribuiti, quale estrema schematizzazione dello strato limite, è nulla la circolazione lungo ogni linea L che abbraccia tali vortici e quindi φ è una funzione uniforme e pure uniforme è la funzione $\varphi - cx$ le cui derivate s'annullano all'infinito.

Una corrente sosiffatta si dice <u>euleriana</u>. E' ad es. euleriana la corrente di potenziale cinetico

$$\varphi = c x \left(1 + \frac{a^3}{2 r^3}\right) , \tag{33}$$

che investe una sfera che ha centro nell'origine e raggio a. E' pure euleriana la corrente piana che investe un profilo circolare, e che abbiamo considerato a mo' d'esempio nel Cap.I; e lo è pure la corrente che da questa si ottiene con una trasformazione conforme.

In una generica corrente euleriana, quando r è abbastanza grande, si può sviluppare la funzione $\varphi - c x$ così:

$$\varphi - c x = \frac{A}{r} + \frac{B}{r^2} + \cdots\cdots , \tag{34}$$

dove il coefficiente A è costante.

D'altra parte, nel caso spaziale, poichè φ è una funzione armonica, regolare nel campo esterno a σ ed interno ad una sfera Ω con centro nell'origine e raggio r abbastanza grande, è nullo l'integrale esteso al contorno della sua derivata normale:

$$\int_\sigma \frac{d\varphi}{dn}\, d\sigma + \int_\Omega \frac{d\varphi}{dr}\, d\Omega = 0$$

e, ricordando la (31) e la (34),

$$\int_\Omega c \frac{dx}{dr}\, d\Omega - 4\pi A - \int_\Omega 2B \frac{d\Omega}{r^3} - \ldots\ldots = 0. \tag{35}$$

Ma il primo integrale è nullo; il terzo e i successivi lo sono per $r \to \infty$, e quindi

$$A = 0 . \tag{36}$$

Ne segue che, nel caso spaziale, il potenziale cinetico φ di una corrente euleriana differisce del potenziale cx di una corrente uniforme per termini che s'annullano almeno come $\frac{1}{r^2}$ per $r \to \infty$.

Le sue derivate, che danno le componenti della velocità, differiscono dalle componenti della velocità della corrente uniforme a meno di termini che s'annullano almeno come $\frac{1}{r^3}$.

Le considerazioni precedenti non sussistono nel caso piano, perchè qui bisogna sostituire alle superficie σ dell'ostacolo il profilo che la rappresenta nel piano direttore e alla sfera Ω una circonferenza con centro nell'origine e raggio r. Vale ancora lo sviluppo (34), ma in luogo della (35) sussiste la relazione:

$$(35') \qquad \int_\Omega c\,\frac{dx}{dr}\,d\Omega - 2\pi\frac{A}{r} - \int_\Omega 2B\,\frac{d\Omega}{r^3} \dots\dots = 0,$$

la quale per $r \to \infty$ si riduce ad un'identità. Viene meno così la conclusione (36), e quindi, nel caso di una corrente euleriana piana, il potenziale cinetico φ differisce da cx per termini che s'annullano almeno come $\frac{1}{r}$ per $r \to \infty$, e le sue derivate, che danno le componenti della velocità, differiscono dalle componenti della velocità della corrente uniforme a meno di termini che s'annullano almeno come $\frac{1}{r^2}$.

Le condizioni asintotiche relative alle correnti euleriane, spaziali o piane, precedentemente stabilite si dicono <u>condizioni asintotiche euleriane.</u>

10.- <u>Correnti traslocircolatorie.</u>

Oltre alle correnti euleriane interessano l'aerodinamica le correnti armoniche che soddisfano, come le correnti euleriane, alle equazioni indefinite (29) (30), alla condizione al contorno (31) e alla condizione asintotica (32), ma che non sono euleriane perchè non sussiste almeno una delle due seguenti condizioni: assenza di filetti vorticosi e di altre singolarità nel campo di moto, intensità complessiva nulla dei vortici distribuiti sul contorno dell'ostacolo.

Le correnti stazionarie armoniche in presenza della __scia di Helmholtz__, ove il fluido in moto vorticoso è mediamente in quiete, lasciano cadere la prima condizione, perchè si hanno delle discontinuità sulle superficie che separano la scia dal resto della corrente.

Questa prima condizione è pure lasciata cadere dalle correnti armoniche non stazionarie, piane, nelle quali a valle del profilo investito dalla corrente si estende la __scia di Karman__, formata da una duplice schiera alternata di vortici opposti.

Più semplici di queste correnti non euleriane sono le correnti stazionarie, pure non euleriane, nelle quali è lasciata cadere soltanto la seconda condizione. In esse non è nulla la circolazione Γ lungo ogni linea che abbraccia una sola volta tutti i vortici al contorno dell'ostacolo, ma essa è eguale all'intensità complessiva $\mathcal{J}$ di tali vortici. Il potenziale cinetico φ non è conseguentemente funzione uniforme.

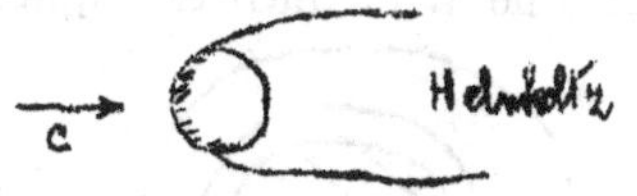

Una corrente cosiffatta si dice __traslocircolatoria__. Per essa vengono meno le condizioni asintotiche proprie delle correnti euleriane, e si può giustificare fisicamente questo fatto pensando che all'infinito si siano rifugiati i vortici aventi intensità complessiva $-\mathcal{J}$, generatisi insieme a quello di intensità complessiva $\mathcal{J}$ rimasti sul contorno dell'ostacolo.

Un esempio cospicuo di corrente traslocircolatoria si ottiene considerando la corrente stazionaria armonica piana, che ha come potenziale complesso $f(z)$ la somma del potenziale complesso (30) I, proprio di una corrente euleriana traslatoria che investe un profilo circolare avente centro nell'origine e raggio __a__, e del potenziale complesso (26) I, proprio di una corrente stazionaria armonica, piana, che circola con circolazione $\Gamma = \mathfrak{I}$ attorno ad ogni profilo circolare con centro nell'origine:

$$f(z) = c\left(z + \frac{a^2}{z}\right) + \frac{\mathfrak{I}}{2\pi i}\log z\,. \qquad (37)$$

Questa corrente lambisce il profilo circolare con centro nell'origine e raggio a, e, se $\mathfrak{I} > 4\pi a c$, non presenta nè un punto A di propa, nè un punto B di poppa ove la velocità s'annulla; se invece $\mathfrak{I} < 4\pi a c$ presenta due punti cosiffatti, i quali vengono a coincidere quando $\mathfrak{I} = 4\pi a c$.

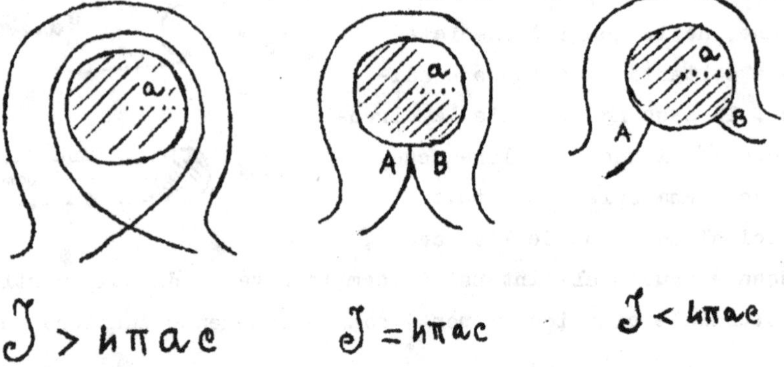

CAP.III

AZIONI FLUIDODINAMICHE SU SOLIDI

1.- Risultante e momento delle azioni fluidodinamiche.

Le azioni che un fluido esercita su di un solido attraverso una parete σ, costituito da una parte o da tutta la superficie che delimita il solido, sono caratterizzate da due vettori: il risultante e il momento delle forze che il fluido esercita sul solido attraverso σ.

Se $\underline{p}_{(n)}$ è la forza per unità di superficie, lo sforzo, che il fluido esercita in un punto P su di un elemento $d\sigma$ di versore normale $\underline{n}$ volto verso l'esterno del fluido, tale risultante e tale momento, rispetto al polo O, sono:

$$\int_\sigma \underline{p}_{(n)} d\sigma \quad , \quad \int_\sigma (P-O)\wedge \underline{p}_{(n)} d\sigma .$$

In condizioni statiche $\underline{p}_{(n)}$ si riduce al prodotto della pressione statica p_0 per il versore normale $\underline{n}$, e quindi il risultante $\underline{R}$ ed il momento $\underline{M}$ delle azioni dinamiche che il fluido esercita sul solido si esprimono così:

$$(1) \qquad \underline{R} = \int_\sigma \left(\underline{p}_{(n)} - p_0 \underline{n}\right) d\sigma$$

$$(2) \qquad \underline{M} = \int_\sigma (P-O)\wedge\left(\underline{p}_{(n)} - p_0 \underline{n}\right) d\sigma .$$

Nel caso di un fluido perfetto, se p è la pressione in condizioni di moto, $\underline{p}_{(n)} = p\,\underline{n}$ e quindi le (1) e (2) diventano:

$$(1') \qquad \underline{R} = \int_\sigma (p - p_0)\underline{n}\, d\sigma \quad , \quad (2') \qquad \underline{M} = \int_\sigma (P-O)\wedge(p-p_0)\underline{n}\, d\sigma$$

Nel caso di un fluido viscoso, bisogna porre nelle (1) e (2) $\underline{p}_{(n)} = p\,\underline{n} + \underline{q}_{(n)}$, dove, se q_{ik} è il deviatore degli sforzi,

$q_{(n)}$ è il vettore di componenti $q_{ik} n^k$.

Si consideri, in particolare, un solido, delimitato dalla superficie σ, il quale si muove di moto traslatorio, con velocità $\underline{C}$ in seno ad un fluido. La componente del risultante $\underline{R}$ delle azioni dinamiche secondo $-\underline{C}$ si chiama resistenza. Il componente di $\underline{R}$ normale a $\underline{C}$ si dice forza deviatrice. La portanza è una forza deviatrice. Il momento $\underline{M}$ si dice momento deviatore.

Consideriamo un solido in moto traslatorio rettilineo uniforme, con velocità costante $\underline{C}$, in seno ad un fluido, indefinitamente esteso, in quiete all'infinito. Se imprimiamo a tutto il sistema solido-fluido un moto traslatorio rettilineo uniforme con velocità $\underline{c} = -\underline{C}$, il solido rimane fermo e il fluido lo investe con una corrente di velocità asintotica $\underline{c}$.

Per il principio galileiano di relatività, il risultante ed il momento delle azioni dinamiche che la corrente esercita sull'ostacolo sono quelli stessi che il solido incontra movendosi di moto traslatorio rettilineo uniforme con velocità $\underline{C}$ in seno al fluido in quiete all'infinito. Le gallerie a vento si fondano appunto su questo principio.

2.- Teorema della quantità di moto.

Per calcolare il risultante $\underline{R}_\Sigma$ delle azioni dinamiche che si esercitano su tutto il contorno Σ di una regione fluida τ, ci si può servire del teorema della quantità di moto.

Sia ρ la densità e $\underline{v}$ la velocità del fluido in τ, sia $\underline{F}$ la forza esterna per unità di volume (tipicamente il peso specifico, dal quale in aerodinamica ordinariamente si prescinde). Si ha:

$$\frac{d}{dt}\int_\tau \rho \underline{v}\, d\tau = -\int_\Sigma \underline{p}_{(n)}\, d\Sigma + \int_\tau \underline{F}\, d\tau \tag{3}$$

se $\underline{n}$ è il versore normale volto esternamente a τ.

Ora, in condizioni statiche, la (3) diviene:

$$0 = \int_\Sigma p_0 \underline{n}\, d\Sigma + \int_\tau \underline{F}\, d\tau .$$

Facendo la differenza e ricordando la (1), si ha:

(4) $$\underline{R}_\Sigma = -\frac{d}{dt}\int_\tau \rho \underline{v}\, d\tau .$$

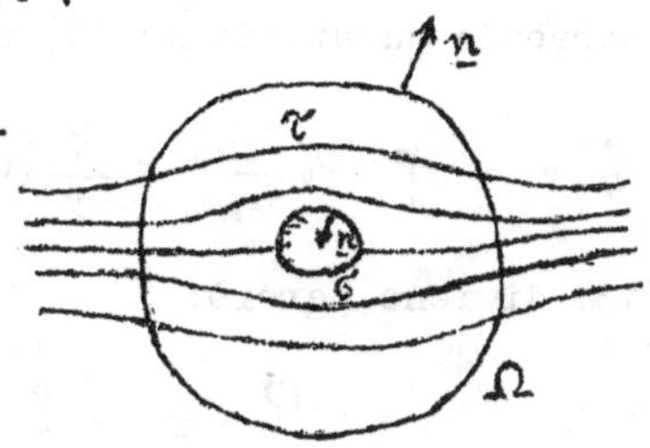

La (4) è applicabile alla porzione di corrente che investe un ostacolo fisso e che è esterna alla superficie σ dell'ostacolo ed interna ad una superficie di controllo Ω, ad.es. una sfera di raggio abbastanza grande.

Nel caso in esame la derivata sostanziale rispetto al tempo della quantità di moto è, <u>in condizioni di regolarità</u>, somma di tre addendi: il primo è la derivata parziale rispetto al tempo della quantità di moto, il secondo è il flusso di quantità di moto uscente da σ, il terzo è il flusso di quantità di moto uscente da Ω. Ora, il primo addendo vale $\frac{\partial}{\partial t}\int_\tau \rho \underline{v}\, d\tau$; il secondo è nullo, perchè σ è superficie di flusso; il terzo vale $\int_\Omega \underline{v}\rho\underline{v}\times\underline{n}\, d\Omega$, perchè $\rho\underline{v}\times\underline{n}\, d\Omega$ è il flusso di massa uscente dall'elemento $d\Omega$ e $\underline{v}\rho\underline{v}\times\underline{n}\, d\Omega$ il flusso di quantità di moto che esce dal medesimo elemento.

Dunque:

(5) $$\frac{d}{dt}\int_\tau \rho\underline{v}\, d\tau = \frac{\partial}{\partial t}\int_\tau \rho\underline{v}\, d\tau + \int_\Omega \underline{v}\rho\underline{v}\times\underline{n}\, d\Omega .$$

3.- <u>Azioni</u> dinamiche esercitate da <u>correnti armoniche stazionarie</u>.

Nel caso di <u>correnti armoniche stazionarie</u>, vale il teorema di Bernoulli nella forma

(6) $$\frac{1}{2}(v)^2 + gz + \frac{p}{\rho} = \text{cost.},$$

dove gz è l'energia potenziale delle forze unitarie di massa (dalla quale in aerodinamica ordinariamente si prescinde), ρ è costante e la costante che compare al secondo membro non dipende dalla linea di flusso che si considera.

D'altra parte, in condizioni statiche, dalle (6) si trae

$$gz + \frac{p_0}{\rho} = \text{cost.} ,$$

e sottraendo questa dalla (6) si deduce:

$$p - p_0 = -\frac{\rho}{2}(v)^2 , \tag{7}$$

la (1') diviene perciò:

$$\underline{R} = -\frac{\rho}{2}\int_\sigma (v)^2 \underline{n}\, d\sigma . \tag{8}$$

Questa formula, che dà il risultante delle azioni dinamiche su di una generica superficie σ, diviene particolarmente espressiva nel caso piano, in cui σ è sostituita da una linea λ di flusso.

Diciamo R_1 e R_2 le componenti secondo gli assi cartesiani xy, segnati nel piano direttore, della forza $\underline{R}$ per unità di altezza che si esercita sulla linea di flusso λ (le dimensioni di $\underline{R}$ sono quelle di una forza divisa per una lunghezza). Se $\underline{i}$ è l'unità immaginaria, dalla (8), si trae :

$$R_2 + iR_1 = -\frac{\rho}{2}\int_\lambda (v)^2 (n_2 + i n_1)\, d\lambda ,$$

dove $n_2 = \frac{dx}{d\lambda}$, $n_1 = \frac{dy}{d\lambda}$ sono le due componenti cartesiane del versore $\underline{n}$ normale a λ nel suo generico punto P e volto esternamente al fluido.

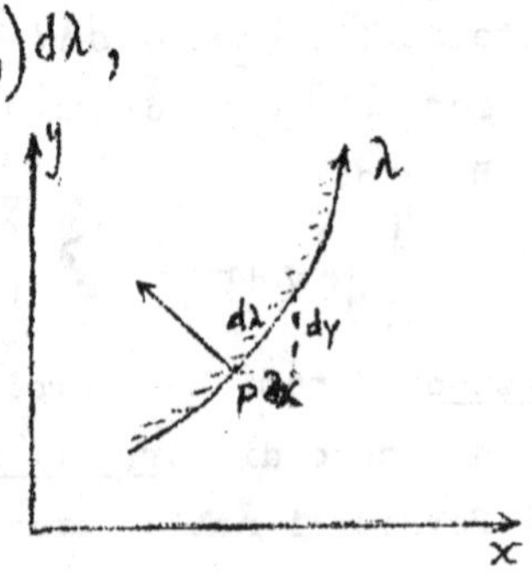

Il verso degli assi cartesiani e il verso di percorrenza di λ nel calcolo dell'integrale sono quelli indicati in figura: in particolare, percorrendo λ, si lascia il fluido a destra. Con queste convenzioni si ha dunque:

$$R_2 + iR_1 = -\frac{\rho}{2}\int_\lambda (v)^2 \left(dx - i\,dy\right) \tag{9}$$

Introducendo la variabile complessa $z=x+iy$, la velocità complessa $w=v_1-iv_2$ e osservando che lungo una linea di flusso $\frac{dx}{v_1} = \frac{dy}{v_2}$, si trasforma la (9) nella seguente formula di Blasius:

$$R_2 + iR_1 = -\frac{\rho}{2}\int_\lambda w^2 dz \,. \tag{10}$$

La (10) dà il risultante delle azioni dinamiche che una corrente armonica stazionaria esercita su di una linea di flusso, mediante il calcolo, lungo tale linea, di un integrale, rispetto alla variabile complessa z, della funzione w^2 di tale variabile.

4.- Paradosso di d'Alembert.

Consideriamo una corrente stazionaria, formata da un generico fluido perfetto (che esplica o no la sua comprimibilità), la quale investe un ostacolo delimitato da una superficie σ . Il moto sia irrotazionale o no, ma ovunque regolare nel suo campo, e la velocità tenda, all'infinito, al valore asintotico $\underline{c}$, differendovi a meno di termini che s'annullano (come per le correnti euleriane) almeno come $\frac{1}{r^3}$ per $r \to \infty$.

Applichiamo il teorema della quantità di moto alla porzione di corrente che occupa il campo τ , estreno alla superficie σ che delimita l'ostacolo e interno ad una sfera Ω con centro al finito e raggio r abbastanza grande. Si ha:

$$\underline{R} + \int_\Omega (p-p_0)\underline{n}\, d\Omega = -\frac{d}{dt}\int_\tau \rho \underline{v}\, d\tau . \tag{11}$$

Nella (11) $\underline{R}$ è il risultante delle azioni dinamiche che la corrente esercita sull'ostacolo, p la pressione; p_0 la pressione in condizioni statiche, $\underline{n}$ il versore normale a Ω , volto verso l'esterno di τ , ρ la densità.

Valendosi della (5), valida in condizioni di regolarità, e ricordando che la corrente è stazionaria, dalla (11) si ricava:

(12)
$$\underline{R} = -\int_\Omega \underline{v}\,\rho\,\underline{v} \times \underline{n}\, d\Omega - \int_\Omega (p-p_0)\, \underline{n}\, d\Omega .$$

Se allora supponiamo infinito il raggio r di Ω e osserviamo che, vigendo per ipotesi condizioni asintotiche euleriane, la velocità $\underline{v}$ differisce dalla costante $\underline{c}$ a meno di termini che s'annullano, per $r \to \infty$, almeno come $\frac{1}{r^3}$, e così pure $p-p_0$ e ρ differiscono dalle costanti $(p-p_0)_\infty$ e ρ_∞ a meno di termini che s'annullano nel modo precedente (•), dalle (12) si deduce:

$$\underline{R} = -(\rho)_\infty \underline{c} \cdot \underline{c} \times \int_\Omega \underline{n}\, d\Omega - (p-p_0)_\infty \int_\Omega \underline{n}\, d\Omega .$$

Ma, per ragioni di simmetria $\int_\Omega \underline{n}\, d\Omega = 0$, e quindi

(13)
$$\underline{R} = 0$$

La (13) estende ad una generica corrente stazionaria, formata da un fluido perfetto, in moto regolare e sotto condizioni asintotiche euleriane, il celebre <u>paradosso di d'Alembert</u>, che questo autore stabilì per correnti armoniche che investono solidi di rivoluzione, e che fu via via esteso da Poisson, Green, Plana, Kirchhoff, Cisotti.

(•) Dal teorema di Bernoulli si deduce che, quando vigono condizioni asintotiche euleriane per la velocità e quindi anche per $\frac{v^2}{2}$ queste condizioni vigono anche per l'entalpia, e quindi anche per $p-p_0$ e ρ .

Data l'importanza del paradosso di d'Alembert, accenniamo ad un'altra sua dimostrazione valida per le correnti euleriane stazionarie piane.

In questo caso, se λ è la linea chiusa che costituisce il profilo dell'ostacolo investito dalla corrente, la formula di Blasius (10) dà:

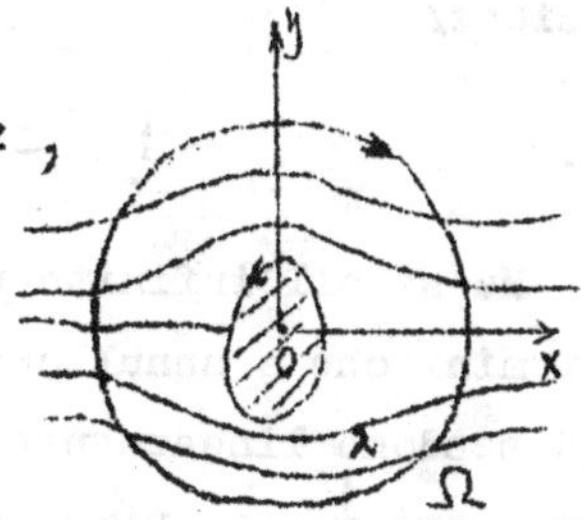

(14) $$R_2 + i R_1 = -\frac{\rho}{2}\oint_{\lambda} w^2 dz ,$$

dove $w=w(z)$ è la velocità complessa.

Ma, se Ω è una circonferenza con centro nell'origine e raggio r abbastanza grande, in condizioni di regolarità è notoriamente:

(15) $$\oint_{\lambda} w^2 dz + \oint_{\Omega} w^2 dz = 0$$

e quindi

(16) $$R_2 + i R_1 = \frac{\rho}{2}\oint_{\Omega} w^2 dz$$

Ora, per le correnti euleriane piane, w differisce da c a meno di termini che s'annullano almeno come $\frac{1}{r^2}$ per $r \to \infty$, e quindi anche w^2 differisce da c^2 a meno di termini che s'annullano nello stesso modo. Ne segue che l'integrale che compare a secondo membro della (16) è nullo, ossia

(17) $$R_2 + i R_1 = 0 ,$$

conformemente al paradosso di d'Alembert.

5.- Estensione del paradosso di d'Alembert ai fluidi viscosi.

La dimostrazione del paradosso di d'Alembert, ottenuta sfruttando il teorema della quantità di moto attraverso le (11) e (12), può estendersi ai fluidi viscosi. Basta infatti in questo caso aggiungere al vettore $(p-p_o)\underline{n}$ che vi compare il vettore $q_{(n)}$ che rappresenta lo sforzo viscoso che si esercita su di un elemento superficiale di versore normale $\underline{n}$.

Se manteniamo ferme le ipotesi di regolarità e le condizioni asintotiche euleriane, in luogo della (13) si perviene alla relazione

(13')
$$\underline{R} = -\int_{\Omega} q_{(n)}\, d\Omega .$$

Ma se all'infinito $\underline{v}$ differisce dalla costante $\underline{c}$ a meno di termini che s'annullano almeno come $\frac{1}{r^3}$, gli sforzi viscosi, che dipendono linearmente dalle derivate di $\underline{v}$ s'annullano su Ω almeno come $\frac{1}{r^4}$, e quindi come l'integrale che compare nella (13') è nullo. Ne segue, come per i fluidi perfetti:

(18)
$$\underline{R} = 0 .$$

6.- Rimozione del paradosso di d'Alembert.

La precedente estensione del paradosso di d'Alembert mostra che la viscosità, considerata soltanto in modo diretto, attraverso le equazioni indefinite, non basta a rimuovere il paradosso stesso. Per rimuoverlo bisogna rinunciare o alla regolarità, o alle condizioni asintotiche euleriane, o a entrambe le condizioni che intervengono in modo essenziale nella dimostrazione del paradosso, sia quando si prescinde che quando si considera la viscosità del fluido.

La viscosità può indirettamente rimuovere il paradosso provocando delle singolarità e alterando le condizioni asintotiche euleriane. Ciò avviene nello strato limite aderente alle pareti: qui infatti si formano vortici e questi, quando si allontanano indefinitamente con intensità complessiva non nulla, creano condizioni asintotiche non euleriane, quando restano al finito nel fluido riguardato come perfetto.

Per mostrare matematicamente come una singolarità possa rimuovere il paradosso di d'Alembert, riprendiamo la dimostrazione del paradosso stesso, quando in un punto d'affissa z_0, posto nel campo di moto, vi sia un vortice puntiforme d'intensità $\mathfrak{J}$, e quindi possa scriversi (cfr. la (27) I):

$$w(z) = u(z) + \frac{\mathfrak{J}}{2\pi i (z - z_0)},$$

dove $u(z)$ è una funzione regolare nel campo di moto, anche per $z=z_0$.

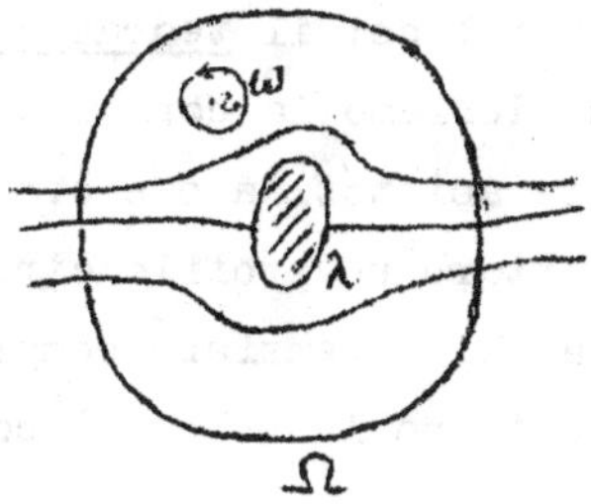

In questo caso isoliamo il vortice, e cioè il punto di singolarità, con un cerchietto ω di raggio infinitesimo e osserviamo che, in luogo della (15), si ha:

$$(15') \qquad \oint_\lambda w^2 dz + \oint_\Omega w^2 dz + \oint_\omega w^2 dz = 0$$

In luogo della (16) si avrà dunque:

$$(16') \qquad R_2 + i R_1 = \frac{\varrho}{2} \oint_\Omega w^2 dz + \frac{\varrho}{2} \oint_\omega w^2 dz.$$

Se valgono per la funzione $w(z)$ condizioni asintotiche euleriane, è nullo il primo integrale che compare a secondo membro della (16'), ma non il secondo che risulta eguale a $2\, u(z_0) \mathfrak{J}$. Ne segue:

$$(19) \qquad R_2 + i R_1 = \varrho\, u(z_0) \mathfrak{J},$$

e cade quindi il paradosso di d'Alembert.

CAP.IV

TEORIA DI JOUKOWSKI PER L'ALA D'APERTURA INFINITA

1.- Teorema di Kutta-Joukowski.

Le poche nozioni d'aereodinamica svolte nei capitoli precedenti ci permettono di esporre la prima teoria alare: quella di Joukowski per l'ala d'apertura infinita, quando l'aria non esplica la sua comprimibilità. Questa teoria si fonda su di un teorema molto semplice: il teorema di Kutta-Joukowski.

Consideriamo la corrente stazionaria traslocircolatoria, di velocità asintotica c e circolazione Γ , che investe nel piano direttore un profilo circolare ℓ con centro nell'origine e raggio a. Il potenziale complesso è dato dalla (37)II e derivando si ottiene la velocità complessa

$$w = c\left(1 - \frac{a^2}{z^2}\right) + \frac{\mathcal{J}}{2\pi i z} . \tag{1}$$

Questa corrente piana comporta tanti vortici distribuiti sul profilo circolare, per un'intensità complessiva $\mathcal{J}$ eguale alla circolazione Γ . Essa non è una corrente euleriana, per $\mathcal{J} \neq 0$, perchè all'infinito w differisce da c a meno di termini che s'annullano soltanto come $\frac{1}{r}$, per $r \to \infty$.

Calcoliamo il risultante $\underline{R}$ delle azioni dinamiche (per unità di larghezza in senso normale al piano direttore) che la corrente esercita sul profilo circolare.

Grazie alla formula di Blasius (10) III, se ρ è la densità costante del fluido, si ha:

$$R_2 + iR_1 = -\frac{\rho}{2}\oint_\ell w^2 dz = -\frac{\rho}{2}\left\{c^2\oint_\ell\left(1-\frac{a^2}{z^2}\right)dz - \frac{\mathcal{J}^2}{4\pi^2}\oint_\ell\frac{dz}{z^2} + \right. \tag{2}$$
$$\left. -\frac{ca^2\mathcal{J}}{\pi i}\oint_\ell\frac{dz}{z^3} + \frac{c\mathcal{J}}{\pi i}\oint_\ell\frac{dz}{z}\right\}$$

Tutti gli integrali che compaiono nell'ultimo membro della (2) sono nulli, meno l'ultimo che vale $2\pi i$. Ne segue:

$$R_2 + i R_1 = -\rho c \mathfrak{J} . \tag{3}$$

Poichè al secondo membro della (3) compare un numero reale, avremo:

$$R_1 = 0 \quad , \quad R_2 = -\rho c \mathfrak{J} . \tag{4}$$

La prima delle (4) afferma che è nulla la componente di $\underline{R}$ secondo l'asse x orientato come la velocità asintotica della corrente. E' dunque <u>nulla la resistenza</u>. La seconda delle (4) dice che <u>non è nulla la forza deviatrice</u>. Se nel piano direttore l'asse x è orizzontale e l'asse y verticale ascendente, ad essa corrisponde una effettiva portanza se la circolazione ha verso opposto a quello della rotazione che porta l'asse x a concidere con l'asse y.

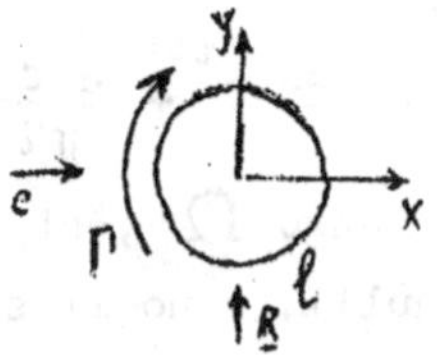

Il teorema precedente si estende ad ogni corrente stazionaria traslocircolatoria regolare che investe un profilo λ .

Detta w(z) la velocità complessa, della formula (10) III di Blasius si trae:

$$R_2 + i R_1 = -\frac{\rho}{2} \oint_\lambda w^2(z)\, dz ,$$

Ma, in condizioni di regolarità, se Ω è una circonferenza con centro nell'origine e raggio r abbastanza grande. è

$$\oint_\lambda w^2 dz + \oint_\Omega w^2 dz = 0$$

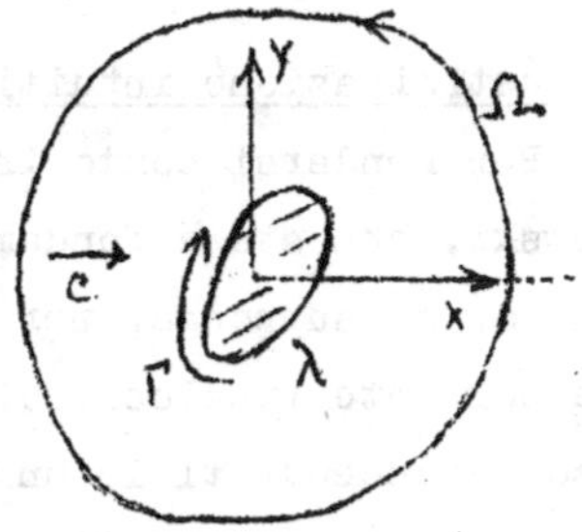

e quindi risulta:

(5) $$R_2 + i R_1 = \frac{\varrho}{2} \oint_{\Omega} w^2(z)\, dz \,.$$

Sulla circonferenza Ω ed esternamente ad essa, la funzione $w(z)$ può svilupparsi in serie di Laurent così:

(6) $$w(z) = c + \frac{a}{z} + \frac{b}{z^2} + \ldots\ldots\ldots$$

Ma, per ipotesi

$$\mathfrak{J} = \Gamma = \oint_{\Omega} w\, dz = 2\pi i a$$

e quindi

(7) $$a = \frac{\mathfrak{J}}{2\pi i}$$

Ne segue:

(8) $$w^2 = c^2 + \frac{\mathfrak{J} c}{\pi i} \frac{1}{z} + \left(2cb - \frac{\mathfrak{J}^2}{4\pi^2}\right) \frac{1}{z^2} + \ldots$$

Integrando lungo Ω , si trova che gli integrali di tutti i termini sono nulli, meno il secondo che vale $2\, \mathfrak{J}\, c$. Dalla (5) si deduce allora che

(9) $$R_2 + i R_1 = - \varrho c \mathfrak{J} \,.$$

La (9) è identica alla (3) ed esprime per un generico profilo (regolare) il teorema di Kutta-Joukowski.

2.- <u>Giustificazione intuitiva del teorema di Kutta-Joukowski.</u>

Per rendersi conto intuitivamente del teorema di Kutta-Joukowski, che sta a fondamento della teoria dell'ala d'apertura infinita, si supponga, per semplicità, che il profilo investito dalla corrente traslocircolatoria si riduca ad un semplice punto, ove sono concentrati in un unico vortice d'intensità $\mathfrak{J}$ tutti i vortici che ammantano il profilo.

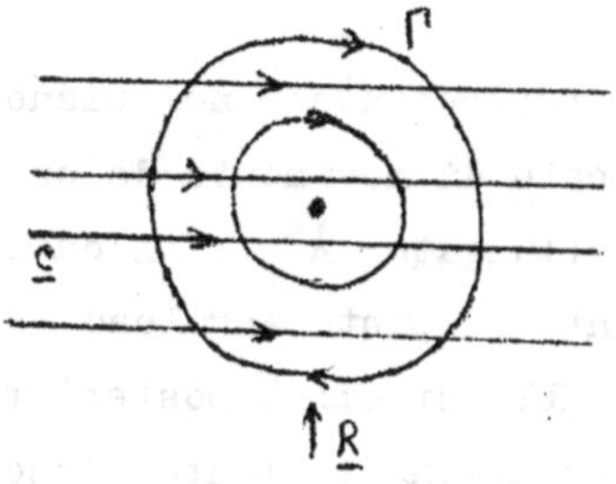

Attorno a questo vortice puntiforme si stabilisce una corrente circolatoria di circolazione $\Gamma = \mathfrak{J}$. Sovrapponiamo a questa corrente circolatoria una corrente traslatoria uniforme, di velocità costante $\underline{c}$.

Riferendosi alla figura, si riconosce che superiormente la velocità della corrente circolatoria e la velocità della corrente traslatoria si sommano, inferiormente si sottraggono. Superiormente la velocità complessiva è dunque maggiore che inferiormente. Grazie al teorema di Bernoulli, dove maggiore è la velocità, minore è la pressione: si ha perciò uno squilibrio di pressione, la quale è più piccola in alto che in basso, e conseguentemente si esercita una portanza sul vortice considerato, che appunto per questo vien detto vortice portante.

Applicando la formula di Blasius ad un cerchietto che racchiude il vortice puntiforme, quando, come avviene nello schema considerato

$$w = c + \frac{\mathfrak{J}}{2\pi i z},$$

si ritrova, non soltanto qualitativamente, ma anche quantitativamente il risultato espresso dalla (9).

3.- Corrente traslocircolatoria generata da un'ala.

Un'ala riesce a mutare la corrente traslatoria che l'investe in una corrente stazionaria traslocircolatoria che dà luogo ad una portanza secondo il teorema di Kutta-Joukowski. Il processo attraverso il quale ciò avviene costituisce il segreto dell'ala.

Un'ala, d'apertura tanto grande da potersi ritenere infini-

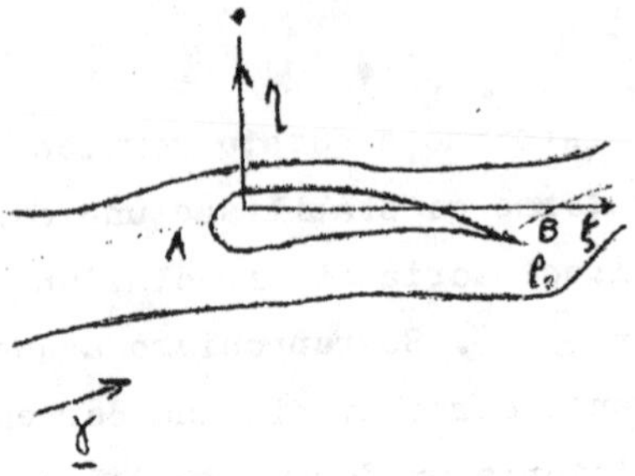

ta, è rappresentata nel piano verticale di movimento da un profilo allungato λ , il quale presenta un punto angoloso saliente P_0 all'estremità posteriore, rappresentante il "lembo d'uscita", mentre è arrotondata l'estremità anteriore, rappresentante il "lembo d'entrata".

Nel piano di moto diciamo $\zeta = \xi + i\eta$ la variabile complessa, e sia $w(\zeta)$ la velocità complessa di una corrente traslatoria che investe l'ala, con velocità asintotica $\underline{\gamma}$ rappresentata dal numero complesso w_∞.

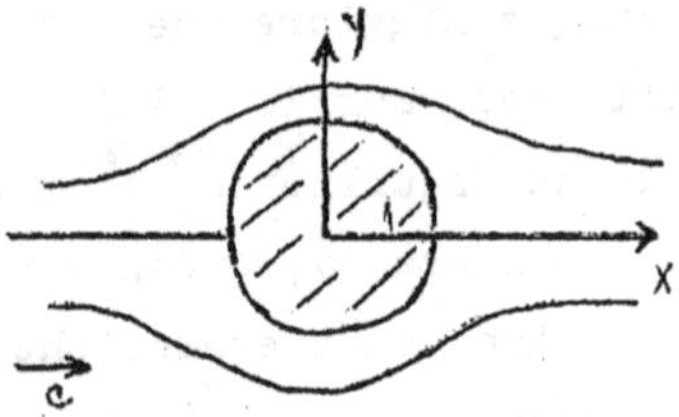

Questa corrente è ottenuta dalla corrente traslatoria euleriana che investe il cerchio ℓ di raggio unitario, nel piano della variabile complessa $z=x+iy$, con la trasformazione conforme

$$z = z(\zeta) \tag{10}$$

la quale muta il piano forato secondo il cerchio ℓ nel piano forato secondo il profilo alare λ , mentre per $z \to \infty$ è $\zeta \to \infty$, e risulta:

$$f(\zeta) = c\left(z(\zeta) - \frac{1}{z(\zeta)}\right) \tag{11}$$

$$w(\zeta) = \frac{df}{d\zeta} = \frac{df}{dz}\frac{dz}{d\zeta} = c\left(1 - \frac{1}{z^2(\zeta)}\right)\frac{dz}{d\zeta}, \tag{12}$$

e quindi, se c è la velocità asintotica della corrente che investe ℓ ,

$$w_\infty = \lim_{z\to\infty} w(\zeta) = c \lim_{z\to\infty} \frac{dz}{d\zeta}. \tag{13}$$

Fra le linee di flusso della corrente che investe λ vi è il filone, il quale, provenendo dall'infinito a monte, batte sul profilo λ nel punto di prora A, dove la velocità s'annulla. Qui si spezza in due parti: una segue il dorso dell'ala fino al punto di poppa B, dove la velocità s'annulla una seconda volta, l'altra segue il ventre dell'ala fino al saliente P_0, poi monta sul dorso raggiungendo il punto B di poppa. Riunitesi in B le due parti, il filone prosegue verso l'infinito a valle. Questo filone della corrente che investe il profilo alare λ corrisponde al filone della corrente traslatoria euleriana che investe il profilo circolare ℓ.

Nel punto angoloso P_0 la rappresentazione conforme (10) non è regolare e $\frac{dz}{d\zeta}$ diviene infinita. Infinita diviene allora, in base alla (12), anche la velocità complessa $w(\zeta)$, se P_0 su λ non corrisponde alla poppa z=1 del profilo circolare ℓ. Nel punto P_0 si forma allora un vortice puntiforme, d'intensità finita che diremo $-\mathfrak{J}_0$. Ciò è del resto ben naturale, se si osserva che in P_0 la velocità cambia bruscamente direzione.

Ricordiamo ora che in un fluido perfetto l'intensità complessiva dei vortici che si formano sul contorno, o là dove il moto non è regolare, deve essere sempre nulla. Ne segue che in P_0 si forma un vortice d'intensità $-\mathfrak{J}_0$, nei punti di λ debbono formarsi tanti vortici distribuiti con continuità, in modo che l'intensità complessiva di questi vortici sia $\mathfrak{J}_0$.

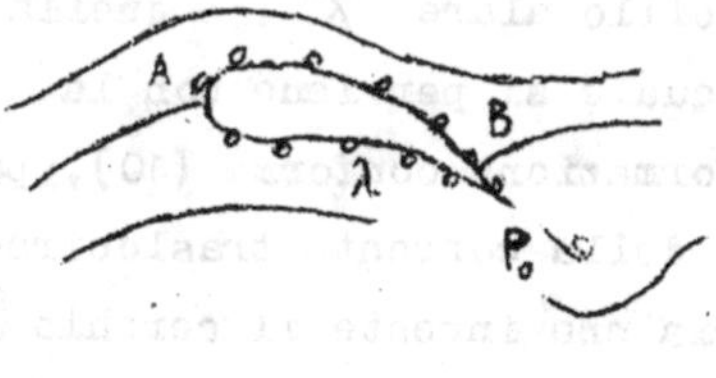

Il vortice d'intensità $-\mathfrak{J}_0$, posto in P_0, non è stabile e, trascinato dalla corrente, si stacca dal profilo. La corrente si modifica allora profondamente e diviene <u>non stazionaria</u>. In un generico istante t, vi sono in seno ad essa i vortici mobili che antecedentemente si sono staccati da P_0, per un'intensità complessiva $-\mathfrak{J}(t)$, e vi sono i vortici rimasti sul profilo, per un'intensità complessiva $\mathfrak{J}(t)$.

Il punto di prora A e il punto di poppa B hanno, in ogni istante, una posizione su λ differente da quella che avevano inizialmente, e B si avvicina a P_0.

Si raggiunge però, dopo un tempo abbastanza grande, una condizione di regime. In tale condizione la corrente diviene <u>stazionaria</u>: da P_0 non si staccano più vortici, perchè il punto B nel quale il filone si stacca dal profilo è venuto a coincidere col saliente P_0, così che in questo punto non si ha più velocità infinita; i vortici precedentemente staccatisi dal profilo si sono ormai allontanati indefinitamente. Restano però sul profilo λ tanti vortici, distribuiti con continuità, per un'intensità complessiva data dal $\lim_{t\to\infty} \mathcal{J}(t)$, e quindi la corrente a regime è traslocircolatoria, con circolazione

$$\Gamma = \lim_{t\to\infty} \mathcal{J}(t) .$$

In questa corrente traslocircolatoria la poppa B deve cadere nel punto P_0 rappresentante il lembo d'uscita dell'ala, e questa condizione di regolarizzazione determina univocamente Γ.

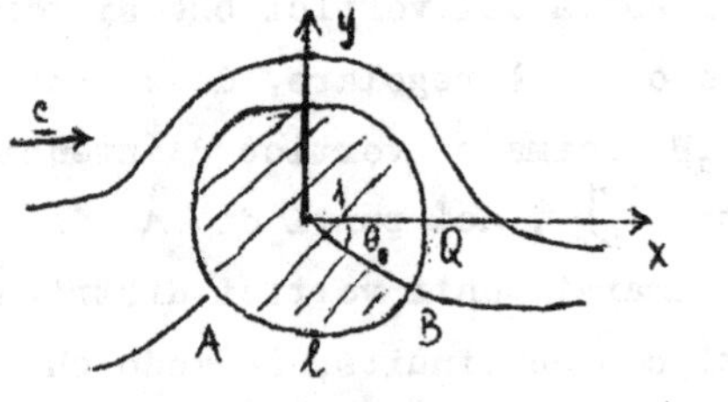

Infatti, la corrente traslocircolatoria di règime, che investe il profilo alare λ, è quella alla quale si perviene con la trasformazione conforme (10), partendo dalla corrente traslocircolatoria che investe il cerchio ℓ. Poichè per quest'ultima si ha (ricordando la (11))

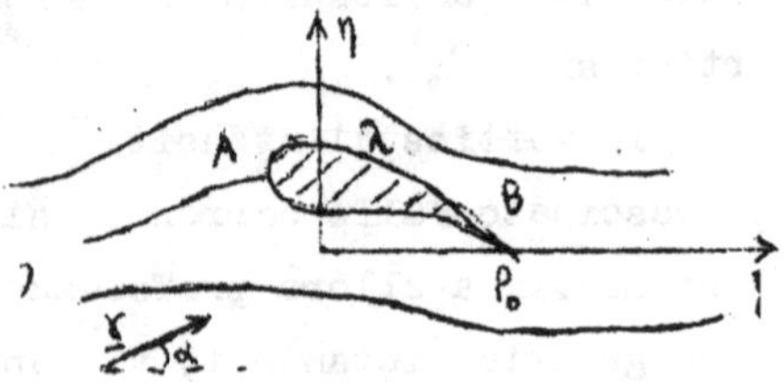

$$(14) \qquad w(z) = c\left(1 - \frac{1}{z^2}\right) + \frac{\Gamma}{2\pi i z} ,$$

risulta:

$$(15) \qquad w(\zeta) = \left\{ c\left(1 - \frac{1}{z^2(\zeta)}\right) + \frac{\Gamma}{2\pi i\, z(\zeta)} \right\} \frac{dz}{d\zeta} .$$

Detta ζ_0 l'affissa di P_0 su λ, detta $z_0=z(\zeta_0)$ l'affissa del punto Q che vi corrisponde su ℓ, deve risultare $w(z_0)=0$, affinchè $w(\zeta_0)$ si mantenga finita, malgrado che sia $\lim_{\zeta\to\zeta_0} \frac{dz}{d\zeta} = \infty$. Dalla (14) si trae dunque:

$$c\left(1-\frac{1}{z_0^2}\right)+\frac{\Gamma}{2\pi i z_0}=0. \tag{16}$$

Ma nei punti della circonferenza ℓ di raggio unitario è $z_0 = e^{i\theta_0}$, dove θ_0 è l'anomalia di Q/ Ne segue

$$\Gamma = -2\pi c i\left(z_0-\frac{1}{z_0}\right) = 4\pi c \operatorname{sen}\theta_0 . \tag{17}$$

In conclusione, un'ala trasforma una corrente traslatoria che l'investe in una corrente traslocircolatoria, avente la medesima velocità asintotica $\underline{\gamma}$, e avente circolazione Γ data dalla (17), nella quale si può porre al posto di c (ignoto) il suo valore dato dalla (13) in funzione della velocità asintotica complessa w_∞ che è nota. Si ha così:

$$\Gamma = 4\pi \operatorname{sen}\theta_0 w_\infty \lim_{z\to\infty}\frac{d\zeta}{dz}. \tag{18}$$

14.- Portanza delle ali d'apertura infinita.

La corrente traslocircolatoria, generata nel modo precedentemente descritto da un'ala di apertura infinita, è armonica e regolare, perchè nel lembo d'uscita la velocità è nulla o almeno finita. L'ala subisce pertanto delle azioni dinamiche, per unità d'apertura alare, il cui risultante $\underline{R}$ è dato dal teorema di Kutta-Joukowski, e quindi, se la velocità asintotica $\underline{\gamma}$ forma l'angolo α con l'asse ξ di riferimento,

$$R_\xi = -\rho\gamma\Gamma\cos\alpha \quad , \quad R_\eta = \rho\gamma\Gamma\operatorname{sen}\alpha . \tag{19}$$

La (19) si può scrivere in forma complessa così:

$$R_2 + iR_1 = -\varrho\Gamma\gamma(\cos\alpha - i\,\mathrm{sen}\,\alpha) = -\varrho\Gamma w_\infty . \tag{20}$$

Poichè $\underline{R}$ è normale a $\underline{\gamma}$, l'ala d'apertura infinita non incontra resistenza alcuna. La portanza, per unità d'apertura alare, ha come modulo il modulo di $\underline{R}$, e cioè, grazie alla (20) e alla (18):

$$R = h\pi|\mathrm{sen}\,\theta_0| \lim_{z\to\infty}\left|\frac{d\zeta}{dz}\right| \varrho\gamma^2 . \tag{21}$$

Questo modulo è pertanto proporzionale alla densità ϱ del fluido, al quadrato del modulo γ della velocità asintotica della corrente, mentre il coefficiente di proporzionalità $h\pi|\mathrm{sen}\,\theta_0| \lim_{z\to\infty}\left|\frac{d\zeta}{dz}\right|$ dipende dalla forma e dalle dimensioni del profilo alare, nonchè dal suo assetto rispetto alla direzione asintotica della corrente che l'investe.

Queste conclusioni, sono in soddisfacente accordo con l'esperienza quando γ non supera poco più della metà della velocità del suono, perchè allora l'aria non esplica la sua comprimibilità, e quando l'apertura alare è molto grande di fronte alle dimensioni del profilo.

5.- Scelta dei profili alari.

Per applicare le formule precedenti ad un assegnato profilo alare bisogna determinare la funzione $z=z(\zeta)$ che trasforma il piano della variabile complessa z, forato secondo il cerchio ℓ con centro nell'origine e raggio unitario, nel piano della variabile complessa ζ, forato secondo l'assegnato profilo alare λ, e in modo che per $z\to\infty$ sia $\zeta\to\infty$. Ciò, in generale, è molto difficile.

Preferibile è assegnare invece la funzione $z=z(\zeta)$, in modo che il profilo λ che risulta corrispondere al cerchio ℓ abbia le caratteristiche di un profilo alare.

Joukowski propose così di passare dalla variabile z alla variabile ζ con la seguente trasformazione

(22) $$\zeta = a e^{i\alpha} z - \chi + \frac{q^2}{a e^{i\alpha} z - \chi}$$

dove χ è la costante complessa

$$\chi = a e^{i(\alpha+\theta_0)} - q ,$$

mentre α è l'angolo che la velocità asintotica γ forma con l'asse ξ, e θ_0, a, q sono costanti reali. Al cerchio ℓ corrisponde così un profilo di Joukowski, dipendente dai tre parametri precedenti, o meglio dai tre: a, q, $\alpha_0 = \alpha - \theta_0$.

Esso presenta una cuspide saliente nel punto P_0 corrispondente al punto Q per cui $z= e^{i\theta_0}$

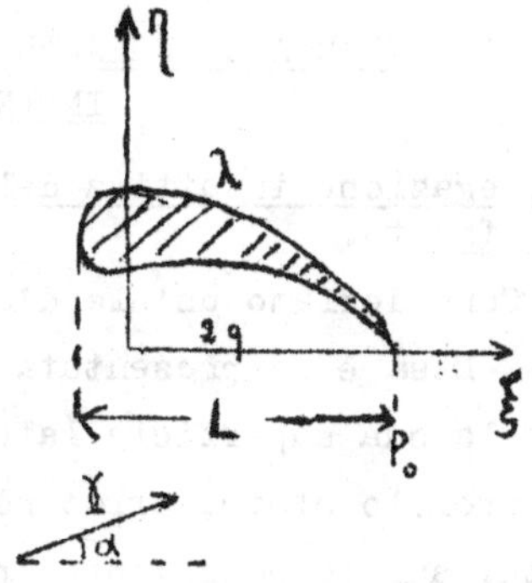

Nel caso in esame risulta:

(23) $$\lim_{z\to\infty}\left|\frac{d\zeta}{dz}\right| = a$$

e quindi la (21), che dà la portanza per unità d'apertura alare, diviene:

(24) $$R = 4\pi |\operatorname{sen}\theta_0| a \rho \gamma^2$$

e questa, avendo posto $\alpha_0 = \alpha - \theta_0$ e ponendo

(25) $$C_p = 8\pi \frac{a}{L} |\operatorname{sen}(\alpha - \alpha_0)| ,$$

dove L denota la corda alare, si può scrivere così:

(26) $$R = \frac{1}{2} C_p \rho L \gamma^2 .$$

C_p è il coefficiente di portanza, $\theta_0 = \alpha - \alpha_0$ è detta incidenza assoluta ed α_0 è l'incidenza di portanza nulla. Relativamente al rapporto $\frac{a}{L}$ si può dimostrare che esso, dipendente da α_0 e dal rapporto $\frac{a}{q}$, è sempre compreso fra 1/4 e 1/2: nei casi più comuni esso supera anzi di poco il valore 1/4.

Svariatissimi altri profili alari sono oggi adottati. I più comuni costituiscono delle generalizzazioni dei profili di Joukowski: tali sono, per citare i più noti, i profili di Karman-Trefftz, dipendenti da quattro parametri, che in luogo della troppo esile cuspide saliente, presentano un meno esile saliente angoloso, e i profili di Mises, dipendenti da un numero qualsivoglia di parametri.

CAP. V

TEORIA DI PRANDTL PER L'ALA D'APERTURA INFINITA

1.- Spiegazione intuitiva del funzionamento di un'ala d'apertura finita.

Consideriamo un'ala d'apertura finita, se pur abbastanza grande. Essa è rappresentata da un solido cilindrico d'apertura 2ℓ e la sua superficie laterale ha per direttrice il contorno di un profilo alare, arrotondato in corrispondenza al lembo di entrata, angoloso saliente in corrispondenza al lembo di uscita.

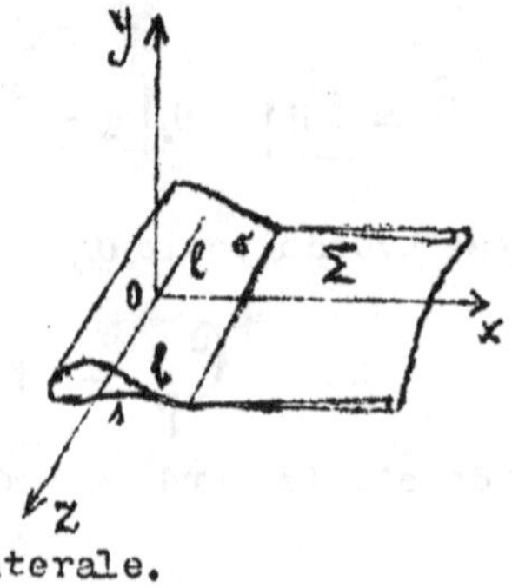

Scegliamo tre assi cartesiani ortogonali xyz, col piano xy nel piano di mezzeria dell'ala, l'asse x orientato come la velocità asintotica $\underline{c}$ della corrente che investe l'ala e l'asse z parallelo alle generatrici della superficie cilindrica laterale.

Per renderci conto in mdo intuitivo del funzionamento di un'ala d'apertura finita, rappresentiamo semplicemente l'ala mediante un segmento finito AB; e rappresentiamo i vortici, generati dal suo lembo d'uscita in fase d'avvio e che sono rimasti aderenti all'ala stessa, mediante un unico vortice portante, lungo il quale la circolazione Γ varia con z, perchè essa è massima nella mezzeria O ed è nulla negli estremi A e B.

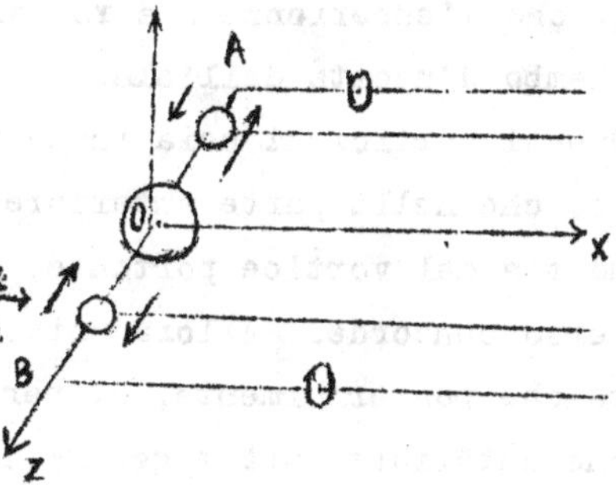

Facendo investire il precedente vortice portante da una corrente traslatoria uniforme di velocità $\underline{c}$ diretta come l'asse x, si vede in primo luogo, riferendosi alla figura, che superiormente all'ala la velocità c viene aumentata, in ogni punto, dalla velocità provocata dal vortice portante; inferiormente invece viene diminuita. Per il teorema di Bernoulli, la pressione è allora minore sul dorso dell'ala che non sul ventre, e questo squilibrio di pressione dà luogo ad una portanza $\underline{R}_2$, diretta dal basso all'alto, nel senso cioè dell'asse y. Fin qui tutto è analogo a quel che avviene per l'ala d'apertura infinita. Ma ecco il nuovo: non essendo Γ costante (come nel caso del vortice rettilineo illimitato che rappresenta un'ala d'aperture infinita) ma massima nella mezzeria O e nulla agli estremi A e B, la velocità sul dorso dell'ala, che si ottiene sommando a c la velocità indotta dal vortice portante, è massima in mezzeria e minima agli estremi; sul ventre invece la velocità, che si ottiene sottraendo da c la velocità indotta dal vortice portante, è minima in mezzeria e massima agli estremi. Sul dorso si avrà quindi, per il teorema di Bernoulli, una pressione maggiore agli estremi che non in mezzeria e quindi l'aria corre trasversalmente all'ala, nel senso dell'asse z, dagli estremi verso la mezzeria. Sul ventre si avrà pure una corrente trasversale, diretta come l'asse z, la quale corre però dalla mezzeria verso gli estremi. Queste due correnti trasversali opposte, incontrandosi a valle dell'ala, danno luogo a vortici, rappresentabili con filetti vorticosi, diretti come l'asse x, i quali costituiscono la scia vorticosa di Prandtl, che l'esperienza mostra formarsi effettivamente a valle del lembo d'uscita dell'ala.

Questi vortici di scia inducono in ogni punto dell'ala una velocità, che nella parte anteriore ha verso opposto alla velocità indotta dal vortice portante, mentre nella parte posteriore ha verso concorde. Allora anteriormente all'ala si ha minor velocità che posteriormente, e, per il teorema di Bernoulli, la pressione anteriore sarà maggiore della posteriore. Questo squilibrio di pressione dà luogo ad una resistenza $\underline{R}_1$ che si esercita sull'ala d'apertura finita; resistenza la quale vien meno invece per l'ala d'apertura infinita, perchè in questo caso lo schema adottato non comporta alcuna scia a valle dell'ala , nè vi sono vortici di scia che agiscano nel modo precedentemente descritto.

2.- Scia di Prandtl e corrente in sua presenza.

Diciamo σ la superficie lateralecilindrica e, adottando l'estrema schematizzazione dello strato limite, diciamo $\underline{\lambda}$ la densità superficiale dei vortici che vi sono distribuiti; diciamo Σ la scia vorticosa di Prandtl e diciamo $\underline{\Lambda}$ la densità superficiale dei vortici che vi sono distribuiti. La velocità $\underline{v}$ della corrente che investe l'ala può riguardarsi, in un generico punto P, come somma di tre addendi: il primo è la costante $\underline{c}$ che rappresenta la velocità asintotica della corrente, il secondo è la velocità indotta dai vortici distribuiti in uno straterello di spessore ε infinitesimo attorno a σ, con densità spaziale $2\,\underline{\omega} = \dfrac{\underline{\lambda}}{\varepsilon}$, ed esso vale (per la (17) I, nella quale si faccia $\alpha = 0$) $\frac{1}{4\pi}\int \frac{\underline{\lambda}\wedge(P-Q)}{R^3(PQ)}\,d\sigma$, il terzo è la velocità indotta dai vortici di scia, che vale analogamente $\frac{1}{4\pi}\int_{\Sigma} \frac{\underline{\Lambda}\wedge(P-Q)}{R^3(PQ)}\,d\Sigma$. Dunque:

(1) $$\underline{v}(P) = \underline{c} + \frac{1}{4\pi}\int_{\sigma} \frac{\underline{\lambda}(Q)\wedge(P-Q)}{R^3(PQ)}\,d\sigma + \frac{1}{4\pi}\int_{\Sigma} \frac{\underline{\Lambda}(Q)\wedge(P-Q)}{R^3(PQ)}\,d\Sigma .$$

La (1) presuppone la conoscenza dei due vettori $\underline{\lambda}$ e $\underline{\Lambda}$ nei punti Q di σ e di Σ .

Nella teoria di Prandtl si formulano due ipotesi, sensibilmente vere quando l'apertura alare è abbastanza grande:

1°) $\underline{\Lambda}$ è parallela a $\underline{c}$, cioè all'asse x, ed è indipendente da x, il che comporta che la scia Σ sia piana;

2°) $\underline{\lambda}$ è parallela alle generatrici della superficie laterale dell'ala, e cioè all'asse z.

Nelle ipotesi precedenti, $\underline{\lambda} = \lambda\underline{k}$ e $\underline{\Lambda} = \Lambda\underline{i}$ sono legate semplicemente alla funzione $\Gamma = \Gamma(z)$ che dà la circolazione lungo ogni profilo alare s. Per il teorema di Stokes, risulta in primo luogo:

(2) $$\oint_{s} \lambda\, ds = \Gamma(z).$$

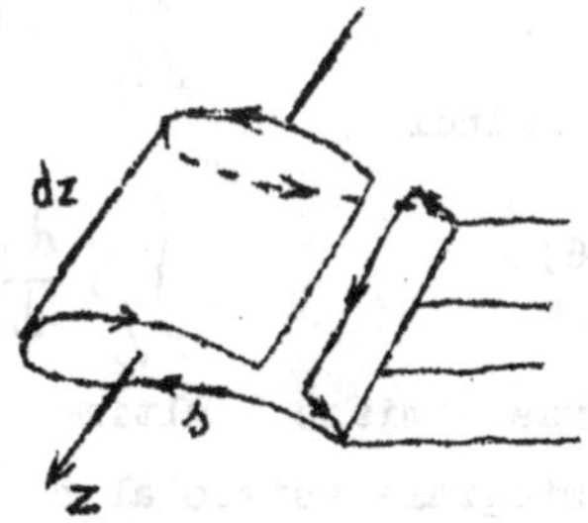

In secondo luogo, si consideri il nastro segnato in figura e avvolto sulla superficie laterale del tronco ottenuto tagliando l'ala con due piani normali all'asse z, a distanza infinitesima dz fra loro. La circolazione lungo il contorno del nastro vale $\Gamma(z) - \Gamma(z+dz)$; il flusso dei vortici che attraversa il nastro è quello che esce dal tratto infinitesimo di lembo d'uscita e vale Λdz. Ne segue:

(3) $$\Lambda = -\frac{d\Gamma(z)}{dz} .$$

3.- Azioni dinamiche sull'ala.

Diciamo $\underline{R}$ il risultante delle azioni dinamiche che il fluido esercita sull'ala. Detto $\underline{R}'$ il risultante delle azioni dinamiche che il fluido in movimento regolare esercita sullo strato vorticoso V_σ aderente a σ, applicando il teorema della quantità di moto allo strato V_σ, si ha (con l'ormai consueto significato dei simboli):

$$(4) \qquad -\underline{R} + \underline{R}' = \int_{V_\sigma} \rho \frac{d\underline{v}}{dt} d\tau .$$

Ma, se il fluido non esplica la sua comprimibilità, e il movimento è stazionario e irrotazionale, dal teorema di Bernoulli si trae:

$$(5) \qquad \underline{R}' = -\frac{\rho}{2}\int_\sigma (v)^2 \underline{n}\, d\sigma ,$$

dove $\underline{n}$ è il versore normale a σ, volto verso l'ala. D(altra parte (per la (5) II)

$$\frac{d\underline{v}}{dt} = (\text{rot}\, \underline{v}) \wedge \underline{v} + \frac{1}{2}\,\text{grad}(v)^2$$

e quindi

$$(6) \qquad \int_{V_\sigma} \rho \frac{d\underline{v}}{dt} = \rho \int_\sigma \underline{\lambda} \wedge \underline{v}\, d\sigma + \frac{\rho}{2}\int_{V_\sigma} \text{grad}(v)^2 d\tau .$$

Trasformiamo l'ultimo integrale che compare nella (6) in un integrale esteso al contorno di V_σ, costituito dalla superficie σ che separa V_σ dall'ala e dalla superficie infinitamente vicina a σ che separa V_σ dal fluido in moto regolare. Poichè lungo la prima superficie è $\underline{v}$ =o, risulta:

$$(7) \qquad \frac{\rho}{2}\int_{V_\sigma} \text{grad}(v)^2 d\tau = \frac{\rho}{2}\int_\sigma (v)^2 \underline{n}\, d\sigma .$$

Dalla (4), la (5), la (6) e la (7) si deduce:

(8) $$\underline{R} = -\varrho\int_\sigma \underline{\lambda}\wedge\underline{v}\,d\sigma\,.$$

Ricordiamo ora che $\underline{v}$ è, conformemente alla (1), somma di tre addendi. Pure somma di tre addendi risulterà anche $\underline{R}$:

(9) $$\underline{R} = \underline{R}_1+\underline{R}_2+\underline{R}_3\,,$$

essendo

(10) $$\underline{R}_2 = \varrho\,\underline{c}\wedge\int_\sigma \underline{\lambda}\,d\sigma$$

(11) $$\underline{R}_1 = \frac{\varrho}{4\pi}\int_\sigma\left\{\underline{\lambda}\wedge\int_\Sigma\frac{(P-Q)\wedge\underline{\Lambda}}{R^3(PQ)}\,d\Sigma\right\}d\sigma$$

(12) $$\underline{R}_3 = \frac{\varrho}{4\pi}\int_\sigma\left\{\underline{\lambda}\wedge\int_\sigma\frac{(P-Q)\wedge\underline{\lambda}}{R^3(PQ)}\,d\sigma\right\}d\sigma\,.$$

Nelle ipotesi semplificatrici esposte nel n. precedente, $\underline{\lambda}$ è diretto come l'asse z e $\underline{\Lambda}$ come l'asse x: se ne deduce che $\underline{R}_2$ è diretto come l'asse y, $\underline{R}_1$ come l'asse x e $\underline{R}_3=0$. Nelle due ipotesi precedenti risulta dunque più semplicemente :

(13) $$\underline{R} = \underline{R}_1+\underline{R}_2$$

e $\underline{R}_2$ rappresenta la portanza e $\underline{R}_1$ la resistenza.

4.- Portanza dell'ala finita.

La portanza dell'ala finita è data in generale dalla (10). Quando $\underline{\lambda}$ è diretta come l'asse z la sua componente secondo l'asse y è la seguente:

(14) $$R_2 = -\varrho c\int_{-l}^{l}dz\oint_s\lambda\,ds$$

e, in virtù della (2),

(15) $$R_2 = -\varrho c\int_{-l}^{l}\Gamma(z)\,dz\,.$$

La (15) dà la portanza, qualora si conosca la sola funzione $\Gamma(z)$ che dà la circolazione attorno ad ogni direttrice dell'ala. Essa generalizza la relazione che esprime il teorema di Kutta-Joukowski, perchè la portanza per unità d'apertura alare $\frac{R_1}{2l}$ assume il valore $-\varrho \cdot a \cdot \Gamma$ quando Γ si riduce ad una costante, come appunto avviene per l'ala d'apertura infinita.

5.- Resistenza dell'ala finita.

La resistenza dell'ala finita è data dalla (11) ed è nulla quando $\underline{\Lambda} = 0$, quando cioè non vi è una scia vorticosa di Prandtl, come avviene per l'ala d'apertura infinita.

Introducendo la velocità

$$\underline{v}'(P) = \frac{1}{4\pi}\int_{\Sigma}\frac{\underline{\Lambda}(Q)\wedge(P-Q)}{R^3(PQ)}\,d\Sigma \tag{16}$$

indotta nei punti P dell'ala dai vortici situati nei punti Q della scia Σ, la (11) si scrive così:

$$\underline{R}_1 = -\varrho\int_{\sigma}\underline{\lambda}\wedge\underline{v}'\,d\sigma. \tag{17}$$

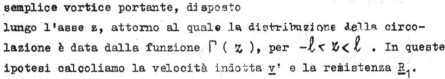

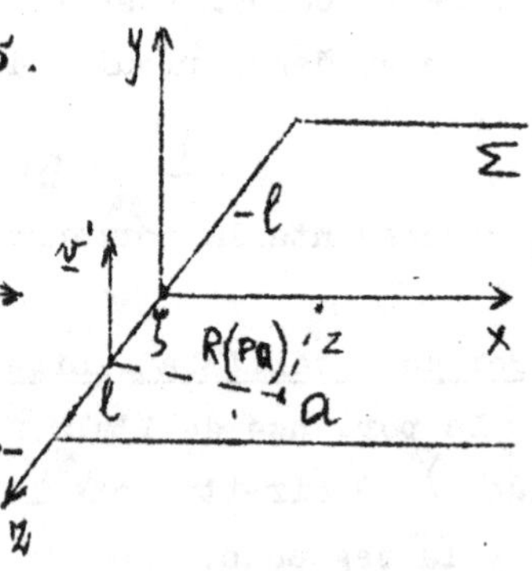

Nelle due ipotesi semplificatrici di Prandtl, è: $\underline{\Lambda} = \Lambda\,\underline{i}$, $\underline{\lambda} = \lambda\,\underline{k}$ e Σ è una striscia piana, lungo la $\underline{\varrho}$ quale $\Lambda = \Lambda(z)$. A queste due ipotesi aggiungiamone una terza, in virtù della quale l'ala si riduce ad un semplice vortice portante, disposto lungo l'asse z, attorno al quale la distribuzione della circolazione è data dalla funzione $\Gamma(z)$, per $-l < z < l$. In queste ipotesi calcoliamo la velocità indotta $\underline{v}'$ e la resistenza $\underline{R}_1$.

$\underline{v}'$ risulta diretta come l'asse y, e la sua componente v' secondo questo asse, calcolata in un generico punto P del vortice portante, avente per ascissa ζ, vale:

$$v'(\zeta) = -\frac{1}{4\pi}\int_{-l}^{l}\frac{\Lambda(z)}{\zeta - z}\,dz\,. \tag{18}$$

L'integrale che compare nella (18) è improprio, per colpa dell'estrema schematizzazione adottata: per il suo significato fisico, esso va calcolato semplicemente attraverso il suo valor principale $\lim_{\varepsilon\to 0}\left\{\int_{-l}^{\zeta-\varepsilon} + \int_{\zeta+\varepsilon}^{l}\right\}$.

La velocità indotta v' può esprimersi mediante la sola funzione $\Gamma(z)$ che dà la distribuzione di circolazione attorno all'ala. Basta infatti ricordare la (3) per ottenere:

$$v'(\zeta) = -\frac{1}{4\pi}\int_{-l}^{l}\frac{d\Gamma(z)}{dz}\,\frac{dz}{z-\zeta}\,. \tag{19}$$

Integrando per parti e osservando che agli estremi del vortice portante è $\Gamma = 0$, si trova anche:

$$v'(\zeta) = -\frac{1}{4\pi}\int_{-l}^{l}\frac{\Gamma(z)}{(z-\zeta)^2}\,dz\,. \tag{19'}$$

Nello schema adottato, dalla (17) si trae che la componente di $\underline{R}_1$ secondo l'asse x, e cioè la resistenza, vale (grazie alla (2)):

$$R_1 = \rho\int_{-l}^{l}\Gamma(\zeta)\,v'(\zeta)\,d\zeta\,. \tag{20}$$

Non c'è che da porre nella (20) al posto di $v'(\zeta)$ il suo valore dato dalla (19) o dalla (19'), per esprimere R_1 mediante la funzione $\Gamma(z)$:

$$R_1 = -\frac{\rho}{4\pi}\int_{-l}^{l}\Gamma(\zeta)\int_{-l}^{l}\frac{d\Gamma(z)}{dz}\,\frac{dz}{z-\zeta}\,d\zeta\,. \tag{21}$$

6.- <u>Distribuzione della circolazione con diagramma semiellittico.</u>

S'impone alla nostra attenzione una particolare distribuzione della circolazione attorno all'ala, quella che ha per diagramma una semiellisse, per la quale, se è il massimo valore assunto da Γ in mezzeria, ri-

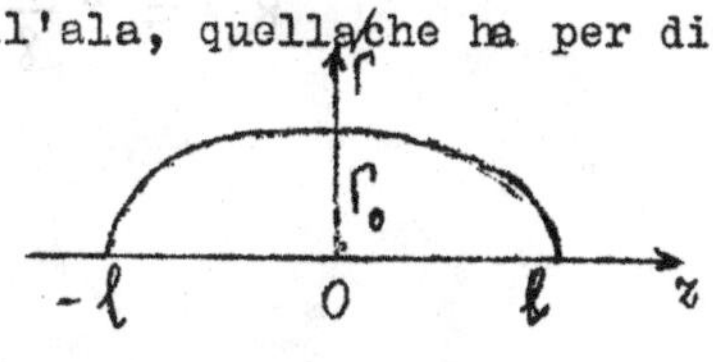

sulta:

(22) $$\Gamma = \Gamma_0\sqrt{1-\left(\frac{z}{l}\right)^2}$$

Questa distribuzione porta infatti a risultati in ottimo accordo con l'esperienza e gode di proprietà particolarmente semplici ed espressive.

Si ha intanto, ponendo la (22) nella (19) e calcolando il valor principale dell'integrale che vi compare:

(23) $$v' = \frac{\Gamma_0}{4l}.$$

Dunque: <u>in corrispondenza ad una distribuzione di circolazione con diagramma semiellittico la velocità indotta dai vortici di scia è costante</u>.

E' proprio in virtù della proprietà precedente che la distribuzione di circolazione con diagramma semiellittico rende minimo l'integrale (20) che dà la resistenza, a parità di valore assunto dall'integrale (15) che dà la portanza. Questo teorema, che può dimostrarsi rigorosamente, afferma dunque che <u>la distribuzione di circolazione a diagramma semiellittico rende minima la resistenza, a parità di portanza.</u>

Ponendo la (22) nella (15), si calcola la corrispondente portanza. Poichè l'integrale che compare nella (15) dà semplicemente la quadratura $\frac{\pi l \Gamma_0}{2}$ del diagramma semiellittico, risulta:

(24) $$R_2 = -\varrho c\frac{\pi l \Gamma_0}{2}.$$

Per calcolare la resistenza, basta servirsi della (20), ricordando la (23) e ricordando che la quadratura del diagramma semiellittico vale $\frac{\pi l \Gamma_0}{2}$. Si ottiene così:

(25) $$R_1 = \varrho\frac{\pi}{8}\Gamma_0^2.$$

7.- <u>Influenza dell'allungamento alare.</u>

Le precedenti formule che danno la resistenza R_1 e la portanza R_2 si possono scrivere così:

$$R_1 = \frac{1}{2} C_r \rho S c^2 \;, \qquad |R_2| = \frac{1}{2} C_p \rho S c^2 \,, \tag{26}$$

dove S è la superficie alare e

$$C_r = \frac{\pi \Gamma_0^2}{4 c^2 S} \;, \qquad C_p = \frac{\pi l |\Gamma_0|}{c S} \tag{27}$$

sono, rispettivamente, il <u>coefficiente di resistenza</u> indotta dai vortici di scia e il <u>coefficiente di portanza.</u>

I due coefficienti C_r e C_p sono legati dalla relazione che si desume dalle (27) eliminando Γ_0 :

$$C_r = \frac{C_p^2}{\pi \xi} \,, \tag{28}$$

dove

$$\xi = \frac{4 l^2}{S} \tag{29}$$

rappresenta l'<u>allungamento alare.</u>

Quando l'allungamento alare è molto grande, C_r è piccolo, a parità di C_p, e tende anzi a zero per $\xi \to \infty$, conformemente al fatto che esso è quasi nullo per le ali a grandissimo allungamento.

Si dice <u>polare dell'ala</u> (secondo Lilienthal e Eiffel) il diagramma della funzione che dà il coefficiente di portanza in funzione del coefficiente di resistenza. Se il coefficiente di resistenza è semplicemente quello corrispondente alla resistenza provocata dai vortici di scia, la polare è, per la (28), una parabola che ha vertice nell'origine e per asse l'asse C_r.

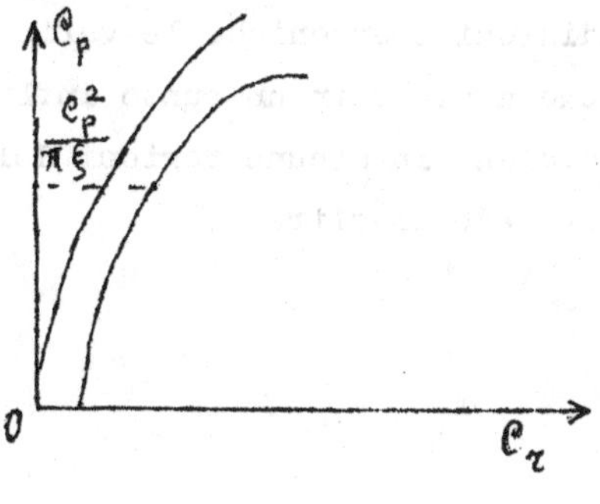

Di fatto il coefficiente di resistenza è somma del coefficiente di resistenza corrispondente alla resistenza provocata dai vortici di scia e del coefficiente di resistenza C_0 che si avrebbe anche in assenza di scia, qualora si tenesse conto della viscosità del fluido in uno straterello aderente all'ala, nonchè di altre circostanze trascurate nel precedente schema semplicistico:

$$C_r = C_0 + \frac{C_p^2}{\pi \xi} \tag{30}$$

CAP. VI

CENNO SULL'INFLUENZA DELLA COMPRIMIBILITA' NELLE CORRENTI STAZIONARIE

1.- Flusso monodimensionale stazionario.

Finora abbiamo trascurato la comprimibilità dell'aria, riguardando la sua densità ρ come costante. Quando però la velocità del fluido sia poco inferiore alla velocità del suono, o sia maggiore di tale velocità, l'aria esplica la sua comprimibilità e non è lecito prescinderne.

In condizioni stazionarie, l'influenza della comprimibilità si manifesta in modo sconcertante, perchè, come sappiamo, in condizioni iposoniche le equazioni indefinite di movimento assumono carattere ellittico, le varietà caratteristiche non sono reali e ciò che avviene in un punto influenza ed è influenzato da ciò che avviene in ogni altro nel campo di moto, mentre in condizioni ipersoniche le varietà caratteristiche sono reali e ciò che avviene in un punto influenza ed è influenzato da ciò che avviene in alcune regioni del campo di moto, e non da ciò che avviene in altre.

Per mostrare la profonda differenza che intercede fra regime iposonico e regime ipersonico in condizioni stazionarie, consideriamo il semplice flusso entro un tubo, disposto lungo l'asse x, la cui sezione s=s(x) sia variabile con x, ma sia così poco variabile da poter ritenere monodimensionale il flusso. Questo flusso sarà allora individuato dalla sola funzione v=v(x) che dà, in funzione di x, la componente secondo l'asse x della velocità del fluido.

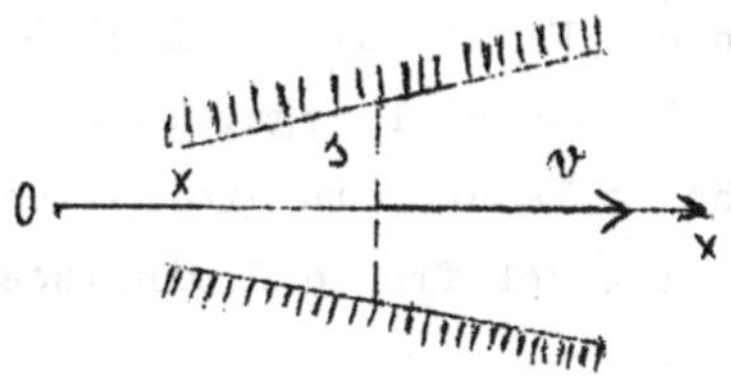

Riguardando il fluido come perfetto, ma comprimibile e ponendosi in condizioni adiabatiche, il quadro (12) II formato dalle equazioni indefinite di movimento si riduce alla relazione (15") II che traduce il teorema di Bernoulli

$$(1) \qquad \frac{1}{2} v^2 + \frac{\gamma}{\gamma-1}\left(\frac{p}{K}\right)^{\frac{\gamma-1}{\gamma}} = \mathrm{cost.},$$

alla relazione

$$(2) \qquad \rho s v = \mathrm{cost.}$$

che traduce la conservazione della massa e all'equazione complementare

$$(3) \qquad p/\rho^\gamma = K = \mathrm{cost.}$$

Assegnata la funzione s=s(x), è facile risolvere il sistema formato dalle tre equazioni (1) (2) (3) nelle tre incognite v,p, ρ , determinandole in funzione di x. Ecco il risultato a cui si perviene .

Introduciamo il numero di Mach M, rapporto fra v e la velocità del suono c:

$$(4) \qquad M = \frac{v}{c}, \qquad c = \sqrt{\gamma \frac{p}{\rho}} .$$

Ecco che cosa succede allorchè $M < 1$, allorchè cioè vigono condizioni iposoniche: quando il tubo s'allarga, la velocità del fluido diminuisce e la pressione e la densità aumentano; quando il tubo si restringe, la velocità del fluido aumenta e la pressione e la densità diminuiscono. Ecco invece che cosa succede allorchè $M > 1$, allorchè cioè vigono condizioni ipersoniche: quando il tubo s'allarga, la velocità del fluido aumenta e la pressione e la densità diminuiscono; quando il tubo si restringe, la velocità del fluido diminuisce e la pressione e la densità aumentano.

Mentre il comportamento in condizioni iposoniche è ben intuitivo, conforme alle osservazioni più comuni, analogo a quello dei fluidi quando essi non esplicano la loro comprimibilità, il comportamento in condizioni ipersoniche è sconcertante, perchè non è per nulla consono all'intuizione.

2.- Moto irrotazionale stazionario.

Le equazioni indefinite (12) II di un fluido perfetto, se il moto è stazionario, vigono condizioni adiabatiche e si prescinde dalle forze esterne per unità di volume, si scrivono così:

$$(5)\quad \begin{cases} \dfrac{\partial v_k}{\partial x^i} v^i = -\dfrac{1}{\rho}\dfrac{\partial p}{\partial x^k} \quad (k=1,2,3) \\ \dfrac{1}{\rho}\dfrac{\partial \rho}{\partial x^k} v^k + \dfrac{\partial v^k}{\partial x^k} = 0 \\ \dfrac{p}{\rho^\gamma} = \text{cost.} = K . \end{cases}$$

Osserviamo che ρ è funzione di p attraverso l'equazione complementare e quindi $\dfrac{\partial \rho}{\partial x^k} = \dfrac{d\rho}{dp}\dfrac{\partial p}{\partial x}$. Eliminando allora, mediante le prime (5), $\dfrac{\partial p}{\partial x^k}$ che viene a comparire nell'equazione di conservazione della massa, questa diventa

$$-\frac{d\rho}{dp}\frac{\partial v_k}{\partial x^i} v^i v^k + \frac{\partial v^k}{\partial x^k} = 0 .$$

Ma (per la (21) II) $\dfrac{dp}{d\rho} = \gamma\dfrac{p}{\rho} = c^2$, se c è la velocità del suono, e quindi la precedente equazione si può scrivere così:

(6) $$\frac{\partial v_k}{\partial x^i}\left\{a^{ik}-\frac{v^i v^k}{c^2}\right\}=0 .$$

La (6) sussiste in un generico moto stazionario di un gas.

Supponiamo ora, più particolarmente, che il moto sia irrotazionale, e quindi, se φ è il potenziale cinetico,

(7) $$v_k = \frac{\partial \varphi}{\partial x^k} \qquad (k=1,2,3).$$

In questa ipotesi le prime (5) si esauriscono nel teorema di Bernoulli (25") II che da esse discende, per il quale risulta:

(8) $$\frac{v^2}{2}+\frac{\gamma}{\gamma-1}\left(\frac{p}{k}\right)^{\frac{\gamma-1}{\gamma}} = \text{cost.} = \frac{V^2}{2},$$

dove la costante $\frac{V^2}{2}$ è la stessa in tutti i punti del campo di moto e V rappresenta la velocità limite che non può mai essere superata finchè vigono le condizioni nelle quali ci siamo posti.

Introducendo la velocità del suono c, la (8) può scriversi così:

(8') $$\frac{v^2}{2}+\frac{c^2}{\gamma-1} = \text{cost.} = \frac{V^2}{2}.$$

La (8') mostra che, nei moti irrotazionali stazionari, c^2 dipende linearmente da v^2, ossia da $v_1^2+v_2^2+v_3^2$.

Grazie alla (7), l'equazione indefinita a cui ubbidisce la funzione φ che individua il campo cinetico è la seguente:

(9) $$\frac{\partial^2 \varphi}{\partial x^i \partial x^k}\left\{a^{ik}-\frac{v^i v^k}{c^2}\right\}=0 .$$

In questa equazione bisogna porre naturalmente al posto delle componenti v^k della velocità le derivate parziali $\frac{\partial \varphi}{\partial x^k}$ del potenziale cinetico, e al posto di c^2 la sua espressione, lineare in $\left(\frac{\partial \varphi}{\partial x^1}\right)^2+\left(\frac{\partial \varphi}{\partial x^2}\right)^2+\left(\frac{\partial \varphi}{\partial x^3}\right)^2$ desunta dalla (8'). L'equazione (9) risulta così quasi lineare, alle derivate parziali di secondo ordine. Essa si riduce poi all'equazione veramente lineare di Laplace, che regge i campi cinetici armonici, quando il moto non è troppo rapido, quando cioè è lecito trascurare il quadrato del numero di Mach $M = \frac{v}{c}$.

3.- Piccole perturbazioni in correnti uniformi.

Consideriamo un caso abbastanza semplice, ma molto espressivo: quello in cui una corrente uniforme, di velocità costante $\bar{v}$ diretta come l'asse x, subisce una piccola perturbazione originata nel punto O.

Posto

$$\underline{v} = \bar{\underline{v}} + \underline{v}' , \tag{10}$$

riguardiamo la pertùrbazione $\underline{v}'$ dovuta ad un moto stazionario irrotazionale e supponiamo v' piccola di fronte a $\bar{v}$.

In queste ipotesi anche il campo cinetico totale è stazionario e irrotazionale, e il potenziale cinetico φ ubbidisce alla seguente equazione, desunta dalla (9) quando si trascurino i quadrati dei rapporti :

$$\frac{\partial^2 \varphi}{\partial x^2}\left(1 - \bar{M}^2\right) + \frac{\partial^2 \varphi}{\partial y^2} + \frac{\partial^2 \varphi}{\partial z^2} = 0 , \tag{11}$$

dove $\bar{M}$ è la costante che rappresenta il numero di Mach dell'originaria corrente unifotme, e quindi il numero di Mach asintotico della corrente perturbata. Grazie alla (8') risulta:

$$\bar{M}^2 = \frac{\bar{v}^2}{\bar{c}^2} = \frac{\bar{v}^2}{V^2 - \bar{v}^2} \cdot \frac{2}{\gamma - 1} \tag{12}$$

attraverso alla (11) la corrente risulta (come si dice) "linearizzata".

Se $\bar{M} < 1$, siamo in condizioni iposoniche, la (11) ha carattere ellittico, le superficie caratteristiche non sono reali e la perturbazione, localizzata in O, esercita ovunque la sua influenza. Anzi, basta un semplice cambiamento di coordinate, per ridurre la (11) all'equazione di Laplace, che regge i campi armonici.

Se invece $\bar{M} > 1$, siamo in condizioni ipersoniche, la (11) ha carattere iperbolico ed è anzi un'equazione di d'Alembert (delle onde). Le sue superficie caratteristiche sono reali e sono precisamente coni rotondi, aventi asse parallelo all'asse x e semiapertura data dall'angolo α il cui seno è eguale al reciproco del numero di Mach asintotico:

(13) $$\operatorname{sen}\alpha = \frac{1}{\bar{M}}.$$

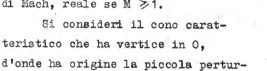

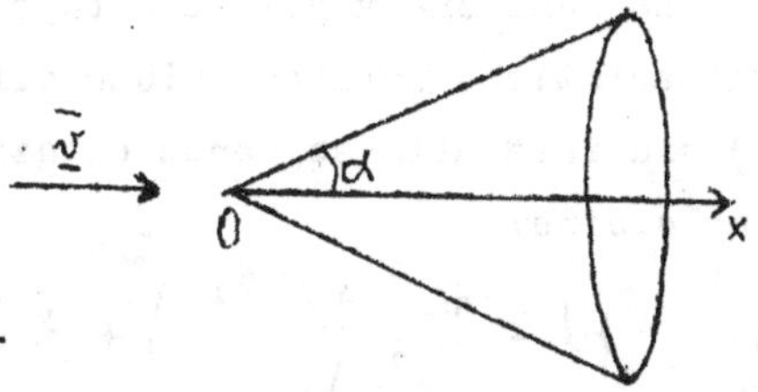

Quest'angolo è appunto l'angolo di Mach, reale se $\bar{M} \geqslant 1$.

Si consideri il cono caratteristico che ha vertice in 0, d'onde ha origine la piccola perturbazione della corrente uniforme: è questo il <u>cono di Mach</u>. La perturbazione posta in 0 può imfluenzare soltanto la regione spaziale interna al cono di Mach, mai la regione esterna, dove la corrente rimane uniforme. Se da 0 emana un suono, esternamente al cono di Mach esso non giunge, e qui regna il silenzio.

Se infine $\bar{M} = 1$, siamo in condizioni soniche, e il cono di Mach si riduce ad un piano, perchè $\alpha = \frac{\pi}{2}$. Se proprio si vuole, si può ravvisare in questo piano una barriera per il suono.

4.- Moto irrotazionale stazionario piano.

Nel caso di moto irrotazionale piano, le due componenti cartesiane v_x e v_y della velocità si ottengono derivando il potenziale cinetico φ, funzione soltanto delle due coordinate cartesiane x e y, rispetto alle coordinate stesse, e l'equazione (9) diviene:

$$(14)\qquad \frac{\partial^2\varphi}{\partial x^2}\left\{1-\frac{v_x^2}{c^2}\right\}+\frac{\partial^2\varphi}{\partial y^2}\left\{1-\frac{v_y^2}{c^2}\right\}-2\frac{v_x v_y}{c^2}\frac{\partial^2\varphi}{\partial x\partial y}=0.$$

Per la (8'), c^2 che compare in essa vale:

$$(15)\qquad c^2=\frac{\gamma-1}{2}\left(V^2-v^2\right)=\frac{\gamma-1}{2}\left(V^2-v_x^2-v_y^2\right)$$

e nella (15) e nella (14) al posto di v_x si porrà $\frac{\partial\varphi}{\partial x}$, al posto di v_y si porrà $\frac{\partial\varphi}{\partial y}$.

La funzione $y=y(x)$ che rappresenta cartesianamente le linee caratteristiche dell'equazione differenziale di secondo ordine (14) soddisfa alla seguente equazione differenziale ordinaria di primo ordine:

$$(16)\qquad \left\{1-\frac{v_x^2}{c^2}\right\}\left(\frac{dy}{dx}\right)^2+2\frac{v_x v_y}{c^2}\frac{dy}{dx}+\left\{1-\frac{v_y^2}{c^2}\right\}=0.$$

Per ogni punto P del campo di moto passano perciò due linee caratteristiche, aventi i seguenti coefficienti angolari:

$$(17)\qquad \mu_1=\frac{-v_x v_y+c^2\sqrt{M^2-1}}{c^2-v_x^2},\quad \mu_2=\frac{-v_x v_y-c^2\sqrt{M^2-1}}{c^2-v_x^2},$$

dove M è il numero di Mach, e dalla (15) risulta:

$$(18)\qquad M^2=\frac{v^2}{c^2}=\frac{2}{\gamma-1}\cdot\frac{v^2}{V^2-v^2}=\frac{2}{\gamma-1}\,\frac{v_x^2+v_y^2}{V^2-v_x^2-v_y^2}.$$

Là dove vigono condizioni iposoniche, è $M<1$ e quindi le (17) mostrano che le linee caratteristiche non sono reali.

Là dove vigono condizioni ipersoniche è $M>1$ e quindi le (17) mostrano che le linee caratteristiche sono reali. In questo caso l'angolo α che ogni linea caratteristica forma col vettore velocità è eguale all'angolo di Mach, e cioè

$$(19)\qquad |\operatorname{sen}\alpha|=\frac{1}{M},$$

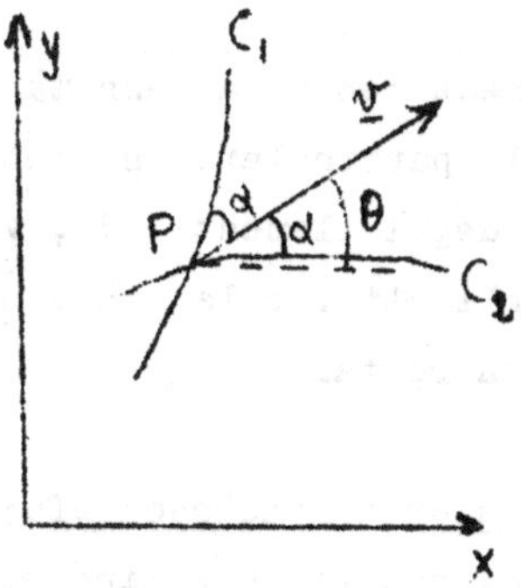

conformemente del resto a quanto abbiamo constatato in generale nel n.6 del Cap.II. Le linee caratteristiche, grazie alla proprietà precedente sono dette <u>linee di Mach</u>. Se quindi θ è l'angolo che il vettore velocità forma con l'asse x, risulta:

$$\mu_1 = \mathrm{tg}(\theta + \alpha), \quad \mu_2 = \mathrm{tg}(\theta - \alpha) \tag{20}$$

Là dove infine vigono condizioni soniche, e cioè M = 1, le due linee caratteristiche che escono da ogni punto coincidano, ed essendo retto l'angolo di Mach, il vettore velocità è ad esse ortogonale.

E' interessante calcolare la variazione della velocità lungo le linee caratteristiche (quando esse sono reali). Lungo la linea caratteristica C_1, di coefficiente angolare μ_1, si ha:

$$dv_x + \mu_2 dv_y = 0\,. \tag{21}$$

Lungo invece la linea caratteristica C_2, di coefficiente angolare μ_2, si ha:

$$dv_x + \mu_1 dv_y = 0 \tag{22}$$

Da queste relazioni e dalle (17), (15) e (18) si ottiene, lungo ogni linea caratteristica, una relazione fra v_x e v_y, o anche fra v e θ, o anche fra θ ed M. Se allora si conosce, attraverso l'angolo θ, la direzione della velocità lungo una linea caratteristica, si può calcolare anche lungo la linea stessa il modulo v della velocità, e quindi anche le sue componenti cartesiane v_x e v_y, nonchè il numero di Mach M, la velocità del suono c, e, attraverso il teorema di Bernoulli (8), la pressione p e conseguentemente la densità ρ .

In particolare, se lungo una linea caratteristica è costante uno degli elementi θ , $v, v_x, v_y, M, c, p, \rho$, sono costanti anche tutti gli altri e la linea caratteristica considerata è(per le (17))una retta.

5.- Trasformazione odografa;

Si può rendere lineare l'equazione alle derivate parziali del secondo ordine (14) con la classica trasformazione di Legendre, che fa passare dal piano direttore del movimento al piano odografo, nel quale le coordinate cartesiane ortogonali di un punto sono le componenti v_x e v_y della velocità e le coordinate polari sono v e θ.

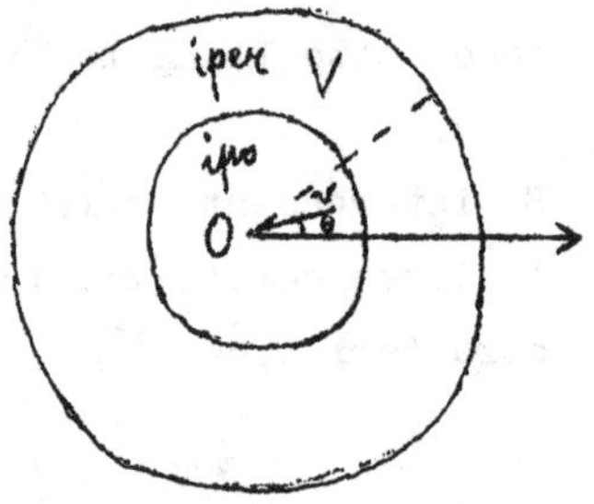

Il campo odografo è quello racchiuso entro il cerchio che ha centro nell'origine e raggio eguale alla velocità limite V.

Segnamo anche la circonferenza con centro nell'origine e raggio $v=V\sqrt{\frac{\gamma-1}{\gamma+1}}$ per cui risulta, in base alla (18), $M=1$.
Entro questo cerchio vigono condizioni iposoniche, mentre nella corona circolare esterna vigono condizioni ipersoniche. Sulla circonferenza di confine vigono condizioni soniche e lungo di essa il modulo della velocità è costante.

E' agevole integrare con i classici metodi delle equazioni lineari l'equazione differenziale trasformata, sia nel campo iposonico, sia nel campo ipersonico. In quest'ultimo le linee caratteristiche sono epicicloidi(.).

(.) Se si considera la generica epicicloide di una famiglia di caratteristiche, la tangente in un suo punto generico Π è, per le (21), normale alla tangente in P alla caratteristica dell'altra famiglia che nel piano

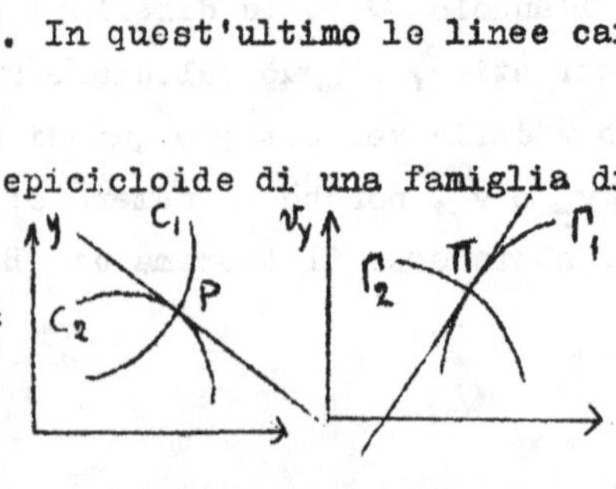

Molto meno agevole è l'integrazione di tale equazione differenziale quando essa ha carattere misto, perchè esistono regioni del campo in cui l'equazione viene considerata dove vigono condizioni iposoniche ed altre in cui vigono condizioni ipersoniche.

In condizioni miste lo studio del problema aerodinamico è complesso matematicamente, ma lo è ancor di più fisicamente, perchè al confine fra regioni ipersoniche e regioni iposoniche si formano delle onde d'urto. Queste si formano sempre ove si accumulano le perturbazioni che provengono da una banda di esse e che non possono proseguire dall'altra banda. Le onde d'urto costituiscono delle discontinuità, non soltanto nei valori delle derivate della velocità, della pressione, della densità, ecc., come può avvenire attraverso alle varietà caratteristiche rappresentanti fronti d'onda, ma adirittura discontinuità nei valori della velocità, della pressione, della densità, ecc. Ad es. il cono di Mach costituisce un'onda d'urto, perchè su di esso s'accumulano le perturbazioni provenienti dall'interno, che non possono proseguire verso l'esterno.

6.- Onde semplici.

Può avvenire che la trasformazione odografa sia degenere, perchè è nullo lo jacobiano corrispondente. E' questo il caso in cui una linea caratteristica Γ nel piano odografo si riduce semplicemente ad un punto. Allora essendo ivi v_x e v_y costanti, risulta, per le (17), costante il coefficiente angolare μ_1 della corrispondente caratteristica C_1 nel piano direttore. C_1 si riduce ad una retta e lun-

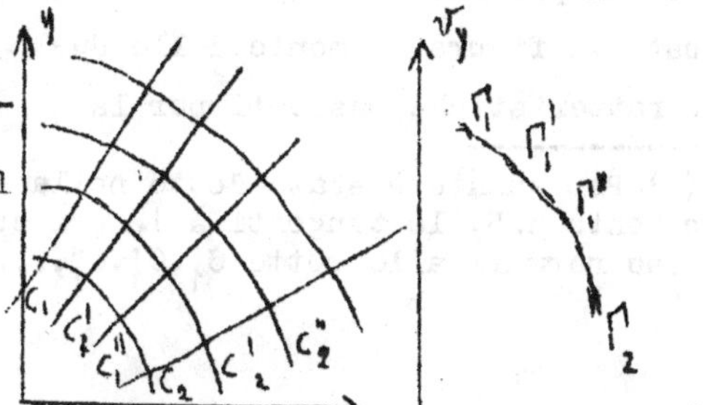

(cont.nota pag.71) direttore del movimento passa per il punto P corrispondente a Π .

go di essa sono costanti v, θ, M, c, p, ρ, come lo sono v_x e v_y. A tutte le linee caratteristiche C_2 C_2' C_2''... della seconda famiglia che nel piano direttore intersecano la retta C_1, corrisponde nel piano odografo un'unica linea Γ_2 passante per il punto Γ_1. I vari punti Γ_1 Γ_1' Γ_1'' ... della linea Γ_2 godono della stessa proprietà di Γ_1: ad ognuno di essi corrisponde nel piano direttore una caratteristica rettilinea, e lungo ognuna di queste caratteristiche rettilinee $C_1 C_1' C_1''$ ... si mantengono costanti v_x, v_y, v, θ, M, c, p, ρ (.).

La regione di piano direttore ricoperta da una famiglia di caratteristiche rettilinee $C_1 C_1' C_1''$..., lungo le quali v_x, v_y, v, θ, M, c, p, ρ sono costanti, si dice una regione di <u>onde semplici</u>.

E' interessante osservare che in ogni regione di una corrente ipersonica adiacente ad un'altra uniforme ove v_x, v_y, v, θ, M, c, p, ρ sono costanti (e quindi ogni Γ_1 si riduce ad un punto) si hanno onde semplici e vi è una famiglia di caratteristiche rettilinee, lungo le quali si mantengono costanti gli elementi precedenti, che variano soltanto passando da una retta all'altra della famiglia considerata.

Queste circostanze si verificano nel caso in cui una corrente ipersonica uniforme lambisce un profilo come quello indicato in figura. A monte delle due caratteristiche passanti per la

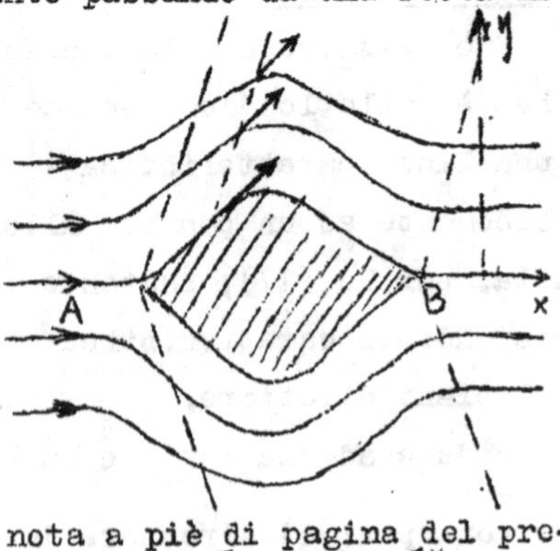

(.) Per quanto è stato detto nella nota a piè di pagina del precedente n.5, le tangenti a Γ_2 nei suoi punti Γ_1, Γ_1', Γ_1'' ,... sono normali alle rette C_1, C_1', C_1'',....

cuspide saliente A e a valle delle due caratteristiche passanti per la cuspide saliente B, la corrente resta uniforme e sono quindi rettilinee le caratteristiche di entrambe le famiglie, relative a queste regioni; nella regione intermedia si hanno invece onde semplici, in cui sono rettilinee soltanto le caratteristiche di una famiglia.

Si noti che lungo una generica di queste caratteristiche rettilinee non varia, in particolare, nè il modulo v della velocità, nè la sua direzione data dall'angolo θ , che ovunque coincide con quello che il profilo forma con l'asse x nel punto in cui la caratteristica rettilinea lo incontra.

Per tale ragione vengono meno le condizioni asintotiche euleriane e le linee di flusso non subiscono alcun appiattamento allontanandosi dal profilo, appiattamento che invece sempre si verifica quando il fluido non esplica la sua comprimibilità o comunque in condizioni iposoniche: ecco una profonda differenza fra comportamento ipersonico e comportamento iposonico.

CAP.VII

TEORIE ALARI DI GLANERT E DI ACKERET

1.- Teoria di Glanert.

Consideriamo un'ala d'apertura infinita, tanto sottile e così poco inclinata sul filo del vento da poter riguardare la corrente che l'investe come una corrente uniforme, di velocità costante $\bar{v}$ diretta come l'asse x, poco perturbata dall'ala stessa.

Supponiamo che il campo cinetico rappresentante la perturbazione stazionaria sia irrotazionale, oltre che piano. Supponiamo altresì che il numero di Mach $\bar{M}$ dell'originaria corrente uniforme sia minore di 1.

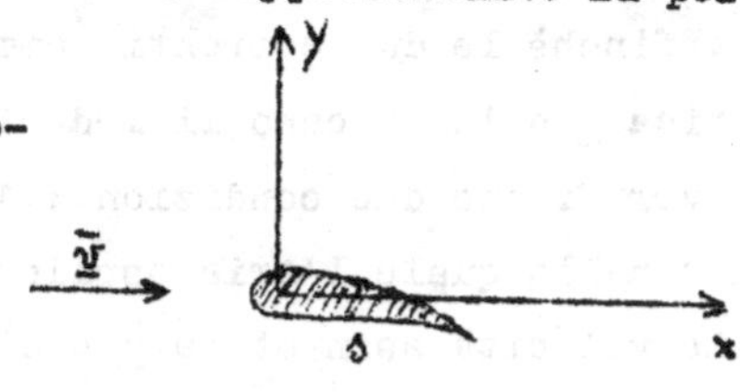

La corrente totale che ne risulterà sarà allora stazionaria, piana, irrotazionale, iposonica, $\bar{\underline{v}}$ ne costituirà la velocità asintotica e $\bar{M} < 1$ il numero di Mach asintotico.

Il potenziale cinetico φ ubbidirà all'equazione indefinita (11) VI, la quale, nel caso piano, si scriverà semplicemente così:

$$(1) \qquad \frac{\partial^2 \varphi}{\partial x^2}\left(1-\bar{M}^2\right)+\frac{\partial^2 \varphi}{\partial y^2}=0.$$

Essendo $\bar{M} < 1$, la (1) avrà carattere allittico e le sue linee caratteristiche non saranno reali.

Poniamo:

$$(2) \qquad X = x, \quad Y = y\sqrt{1-\bar{M}^2}, \quad \Phi = \beta\varphi$$

con β costante disponibile. La (1), quando si eseguisce la trasformazione (2) si muta nella seguente:

$$(3) \qquad \frac{\partial^2 \Phi}{\partial X^2}+\frac{\partial^2 \Phi}{\partial Y^2}=0.$$

La (3), qualunque sia la costante β, è un'equazione di Laplace nelle due variabili X e Y, cioè la funzione Φ (X,Y) è una funzione armonica. Questa funzione costituisce dunque il potenziale cinetico di una corrente armonica, relativa ad un fluido incomprimibile o che non esplica la sua comprimibilità di densità costante. Si viene così a stabilire attraverso alle (2), una relazione di affinità fra una corrente armonica (a densità costante) e una linearizzata, nella quale il fluido esplica la sua comprimibilità.

Affinchè le due correnti ammettano la medesima velocità asintotica $\bar{\underline{v}}$ e lambiscano il medesimo profilo alare s, debbono essere verificate due condizioni: 1°) come la velocità $\underline{v}$ della corrente nella quale l'aria esplica la sua comprimibilità è somma della velocità asintotica $\bar{\underline{v}}$ e di una velocità $\underline{v}'$ piccola di fronte a $\bar{v}$, così nella corrente armonica la velocità è somma di $\bar{v}$ e di una velocità V'piccola di fronte $\bar{v}$; 2°) deve risultare su s:

$$\frac{v_y}{v_x} = \frac{\partial \Phi}{\partial Y} \bigg/ \frac{\partial \Phi}{\partial X}, \tag{4}$$

cioè le due correnti debbono essere egualmente inclinate. Grazie alla prima condizione, la (4) può scriversi così:

$$\frac{\dfrac{\partial \varphi}{\partial y}}{\bar{v} + v'_x} = \frac{\dfrac{\partial \Phi}{\partial Y}}{\bar{v} + V'_x}$$

e, a meno di termini piccoli di fronte a quelli che si mettono in evidenza,

$$\frac{\partial \varphi}{\partial y} = \frac{\partial \Phi}{\partial Y}$$

e, ricordando le (2),

$$\frac{\partial \varphi}{\partial y} = \frac{\beta}{\sqrt{1-\bar{M}^2}} \frac{\partial \varphi}{\partial y} .$$

Ne segue:

$$\beta = \sqrt{1-\bar{M}^2} \tag{5}$$

Dunque, per ottenere il potenziale cinetico φ di una corrente iposonica nella quale il fluido esplica la sua comprimibilità, e che investe un profilo alare sottile, basta dividere per $\sqrt{1-\bar{M}^2}$ il potenziale cinetico Φ della corrente armonica (a densità costante), la quale ha la medesima velocità asintotica $\bar{v}$ e lambisce lo stesso profilo alare. Per $\sqrt{1-\bar{M}^2}$ bisogna dunque dividere anche il valore della circolazione che l'ala è capace di generare attorno a sè, perchè tale circolazione eguaglia l'incremento di potenziale lungo ogni linea chiusa che abbraccia una sol volta il profilo alare.

Osserviamo ora che la densità ρ nella corrente ove il

fluido esplica la sua comprimiblità può riguardarsi somma della densità $\bar{\rho}$ costante che si ha nell'originaria corrente uniforme, e della densità ρ', piccola di fronte a ρ, dovuta alla perturbazione provocata dall'ala. Per calcolare il risultante $\underline{R}$ delle azioni dinamiche che si esercitano sull'ala (per unità d'apertura alare) potremo dunque, a meno di termini piccoli di fronte a quelli che metteremo in evidenza, riguardare ρ come costante eguale a $\bar{\rho}$. Ma in questo caso vige il teorema di Kutta-Joukowski: $\underline{R}$ è diretto come l'asse y, rappresenta cioè una portanza, e la componente R_y potrà esprimersi così, a meno di termini piccoli di fronte a quelli che si mettono in evidenza:

$$R_y = -\bar{\rho}\bar{v}\frac{\Gamma}{\sqrt{1-\bar{M}^2}}, \tag{6}$$

dove Γ rappresenta la circolazione (positiva se in senso antiorario) attorno al profilo alare della corrente armonica.

Dunque: <u>in condizioni iposoniche la portanza dell' ala sottile poco incidente è quella che si avrebbe, caeteris paribus, riguardando il fluido come incomprimibile</u>, <u>divisa per</u> $\sqrt{1-\bar{M}^2}$. Essendo $\bar{M} < 1$, <u>la portanza risulta esaltata</u>.

Questo semplice risultato di Glanert è conforme all'esperienza per $\bar{M}$ non soltanto minore di 1, ma minore di 0,6 ÷ 0,7, cioè (in condizioni normali) per $\bar{v} < 200 \div 250$ m sec^{-1}.

2.- Teoria di Ackeret.

Consideriamo un'ala sottile, d'apertura infinita, col lembo d'entrata tagliente orientato nel filo del vento stazionario ipersonico, così da poter trascurare l'onda d'urto provocata da tale lembo.

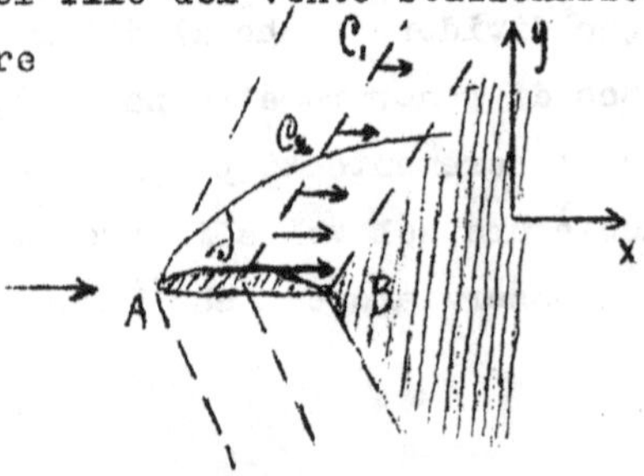

La corrente ipersonica che investe l'ala non è allora influen zata dall'ala a monte delle due linee caratteristiche che escono, nel piano direttore, dalla cuspide saliente A che rappresenta il lembo d'entrata, e quindi essa è in tale regione una corrente uniforme.

In questa regione le due famiglie di caratteristiche sono formate da rette, e sono quindi rette anche entrambe le caratteristiche che escono da A.

Nella regione a valle della precedente la corrente è stazionaria, piana, irrotazionale, costituita da onde semplici. Le caratteristiche appartenent ad una famiglia sono rette, lungo le quali non varia nè il modulo, nè la direzione della velocità $\underline{v}$, e non variano neppure il numero di Mach M, la velocità del suono c, la pressione p, la densità ρ, e però questi elementi variano passando da una retta della famiglia ad un'altra della stessa famiglia.

Se le rette caratteristiche di tale famiglia che escono dal contorno del profilo alare ammettano un inviluppo, supponiamo che questo sia tanto lontano dal profilo da poter prescindere dall'onda d'urto che si forma in sua prossimità, così da poter limitare lo schema del fenomeno aerodinamico a quello precedentemente indicato, che costituisce lo schema della teoria di Ackeret.

In queste condizioni il comportamento dell'ala è profondamente diverso dal comportamento previsto da Joukowski nel caso in cui l'aria non esplica la sua comprimibilità, ed è profondamente diverso da quello previsto da Glanert nel caso in cui l'aria esplica la sua comprimibilità, ma in condizioni iposoniche, caso questo qualitativamente molto simile al precedente.

In condizioni ipersoniche, a differenza di quel che avviene in condizioni iposoniche, il vortice che in fase d'avvio si forma nel punto angoloso saliente B, rappresentante il lembo d'uscita, non può far sì che lungo il profilo alare λ si formino tanti vortici per un'intensità complessiva opposta alla propria, perchè il profilo è esterno alla regione angolare (tratteggiata in figura) delimitata dalle due caratteristiche uscenti da B, ove si sente l'azione di quel che succede in B. Anche a regime, quando la poppa della corrente è in B e in B non si formano più vortici, la corrente non diviene traslocircolatoria, ma resta traslatoria, e non si può invocare il teorema di Kutta-Joukowski (più o meno corretto) per giustificare la portanza dell'ala.

Avviene però un fatto di rilievo: poichè lungo ogni retta caratteristica non varia il vettore velocità, non sussistono certamente condizioni asintotiche euleriane, e cade conseguentemente il paradosso di d'Alembert.

Il risultante R delle azioni dinamiche che si esercitano sull'ala (per unità d'apertura alare) non risulta pertanto nullo. Esso dà luogo ad una portanza e, a differenza di quanto avviene in condizioni iposoniche per le ali d'apertura infinita, dà luogo anche ad una resistenza, detta resistenza d'onda.

Calcoliamo questa portanza e questa resistenza.

Nella regione dove la corrente è costituita da onde semplici conosciamo lungo ogni caratteristica rettilinea $C_1 C_1' \ldots$ l'angolo costante θ che la velocità forma con l'asse x, perchè questo angolo è eguale a quello che la tangente al profilo alare forma con l'asse x là dove la caratteristica rettilinea lo incontra. Consideriamo una caratteristica C_2 (genericamente non rettilinea) passante per A: lungo di essa l'equazione differenziale (21) del CAP. VI (quando in esse si tenga conto delle (17)(15)e(18) dello stesso capitolo) lega θ al valore del numero di Mach M, costante lungo ogni retta caratteristica $C_1, C_1' \ldots$, ma variabile lungo C_2.

Integrando quest'equazione differenziale si esprime in forma finita M in funzione di θ e del valore M_1 assunto da M in A ove $\theta = 0$.

Questa funzione è la seguente:

$$(7)\qquad \pm\theta = \arccos\frac{1}{M} - \arccos\frac{1}{M_1} + \frac{1}{2}\sqrt{\frac{\gamma+1}{\gamma-1}}\left\{\arccos\left(1-\frac{\gamma+1}{1+\frac{\gamma-1}{2}M^2}\right) - \arccos\left(1-\frac{\gamma+1}{1+\frac{\gamma-1}{2}M_1^2}\right)\right\}$$

Essa è tabellata con grande (e forse esagerata) precisione.

Noto allora θ in ogni punto P del profilo alare λ, sarà noto anche l'angolo

$$\theta \pm \alpha = \theta \pm \operatorname{arc\,sen}\frac{1}{M}$$

che forma con l'asse x la retta caratteristica che vi passa.

La pressione p in ogni punto di questa retta, e quindi anche in P, si calcolerà ricavandola in funzione di M mediante il teorema di Bernoulli (8) VI e mediante la (18) VI. Risulta infatti:

$$(8)\qquad M^2 = \frac{2}{\gamma-1}\,\frac{v^2}{V^2-v^2} = \frac{2}{\gamma-1}\left\{\left(\frac{p_0}{p}\right)^{\frac{\gamma-1}{\gamma}} - 1\right\},$$

dove p_0 è una costante che denota la <u>pressione di ristagno</u>, ove $v=0$. Se allora diciamo p_1 la pressione per $M=M_1$: $\theta=0$ si può esprimere in termini finiti $\frac{p-p_1}{p_0}$ in funzione soltanto di θ,

$$(8')\qquad \frac{p-p_1}{p_0} = F(\theta),$$

e questa funzione è tabellata in modo assai preciso(.).

(.) La funzione precedente si ottiene dalla relazione (7), che dà θ in funzione di M, ponendo in essa, al posto di M, il suo valore ricavato dalla (8) e ponendo analogamente. al posto di M_1, il suo valore ricavato dalla

$$M_1^2 = \frac{2}{\gamma-1}\left\{\left(\frac{p_0}{p_1}\right)^{\frac{\gamma-1}{\gamma}} - 1\right\}.$$

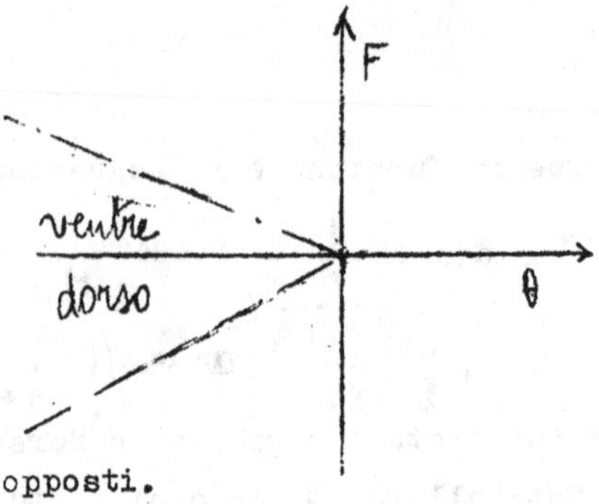

Il grafico della funzione precedente ha l'andamento qualitativo segnato in figura e, per profili sottili, poco si scosta da quello dato da due rette passanti per l'origine e aventi coefficienti angolari opposti.

Noto il contorno λ del profilo alare, di equazioni parametriche

$$(9) \qquad x = x(s) \quad , \quad y = y(s) \quad ,$$

sarà noto, in funzione dell'arco s, l'angolo θ, e quindi dalla (8') si potrà ricavare p in funzione di s:

$$(10) \qquad p = p(s) .$$

La portanza R_2 e la resistenza d'onda R_1, per unità d'apertura alare, si esprimeranno allora così:

$$(11) \qquad R_2 = \oint_\lambda p(s)\frac{dx}{ds}\,ds \quad , \quad R_1 = -\oint_\lambda p(s)\frac{dy}{ds}\,ds .$$

Note le funzioni (9) e (10), si possono sens'altro calcolare i due integrali che compaiono nelle (11).

Si rilevi che la pressione p dipende soltanto, in virtù della (8'), dall'inclinazione dell'elemento di λ su cui si esercita, e non dipende da tutta la forma di λ e da ciò che avviene nei punti del campo di moto diversi da quello in cui viene calcolata. Il risultante $\underline{R}$ delle azioni dinamiche è quindi somma di azioni dinamiche locali, che dipendono soltanto dall'orientamento dell'elemento di λ su cui si esercitano.

Questo fatto è molto significativo e assai più semplice di

quel che avviene quando l'aria non esplica la sua comprimibilità, o più generalmente in condizioni iposoniche.

In condizioni ipersoniche portanza e resistenza, relative ad ogni elemento di λ , sono collegate fra loro proprio come nello schema semplicistico del quale abbiamo detto all'inizio di queste lezioni e al quale si riferiscono molti libri elementari di fisica. Questo schema, del tutto inadeguato all' aeronautica finora consueta, potrà dunque accettarsi in avvenire, quando consueta diverrà l'aeronautica ipersonica!

Comunque, molto profonda è la differenza che corre fra il comportamento di un'ala in condizioni ipersoniche e il comportamento in condizioni iposoniche.

3.- Cenno sulle onde d'urto e sui distacchi di vena.

La teoria di Glanert e la teoria di Ackeret servono ad inquadrare il problema del funzionamento delle ali sottili, d'apertura infinita, quando l'aria esplica la sua comprimibilità. La teoria di Glanert presuppone che ovunque siano verificate condizioni iposoniche; la teoria di Ackeret presuppone ovunque condizioni ipersoniche. A tal fine quest'ultima è costretta a considerare soltanto ali con lembo d'entrata, che non arresta la corrente in prora, provocando conseguentemente nelle vicinanze di questa il formarsi di una regione iposonica.

Si vogliono evitare tali regioni iposoniche nel campo ipersonico, e così pure si vogliono evitare regioni ipersoniche nel campo iposonico, come quelle che si formano sul dorso di un'ala (dove maggiore è la velocità) quando il numero di Mach asintotico non è abbastanza minore di 1, per una duplice ragione: per evitare le difficoltà matematiche insite nella considerazione di equazioni differenziali di tipo misto; per non dover considerare le onde d'urto. Queste come abbiamo già accennato alla fine del n.5 VI, si formano sempre in prossimità del confine fra regioni iposoniche e regioni ipersoniche, perchè le perturbazioni provenienti dalle prime regioni, e che non possono proseguire nelle seconde, si accumulano formando onde d'urto, dove si hanno discontinuità nelle velocità, nelle pressioni, nelle densità, nei numeri di Mach, e dove viene meno anche l'adiabaticità.

Per evitare la considerazione di tali onde d'urto si prescinde anche, in regime ipersonico, dagli inviluppi di linee caratteristiche, in prossimità dei quali si formano onde d'urto.

Le onde d'urto costituiscono il più imponente fenomeno che si verifica appena s'affacciano condizioni ipersoniche. Esse sono state studiate in passato da Riemann e da Hugoniot e molteplici sono le ricerche fisico matematiche recenti e recentissime su questo argomento che è essenziale per l'aeronautica ipersonica e per la tecnica dei motori alternativi a scoppio, dei turboreattori, delle turbine a gas, dei razzi, ecc.

Dirò soltanto che tali onde d'urto sono determinate dalla conservazione attraverso ad esse del flusso, dal teorema della quantità di moto, dalla conservazione dell'energia; e aggiungerò che le onde d'urto costituiscono dei lunghi di discontinuità che comportano delle singolarità nella rappresentazione matematica del fenomeno: esse provocano quindi una notevole alterazione della portanza e un forte aumento della resistenza, dovuta alla cosiddetta <u>resistenza d'onda d'urto</u> (da non confondersi con la semplice resistenza d'onda, che si verifica sempre in condizioni ipersoniche). Si pensi che i 4/5 della resistenza totale incontrata da un proietto a velocità ipersonica è resistenza d'onda d'urto.

Un altro fenomeno che altera profondamente gli schemi fin qui studiati, si verifica quando questi comportano velocità maggiori della velocità limite V che non può essere superata, in condizioni di stazionarietà, quando il moto è irrotazionale. La corrente in queste condizioni diviene variabile, magari turbolenta, e può ritrovare una stazionarietà soltanto in schemi diversi da quelli presupposti, che comportano il distacco della vena fluida dal profilo alare.

Corrispondentemente si hanno bizzarre variazioni nelle azioni dinamiche che si esercitano sulle ali e sulle varie superficie di governo (timoni, alettoni, piani di profondità, ecc.) Il pauroso fenomeno dell'inversione dei comandi è dovuto essenzialmente a distacchi della vena fluida.

Conclusione.

Ecco la conclusione che si può trarre dalle poche nozioni che sono riuscito a dare in queste lezioni sulle teorie dinamiche dell'ala.

Mentre nel campo tutto iposonico e nel campo tutto ipersonico, in assenza d'onde d'urto e di distacchi di vena, la moderna aerodinamica sa inquadrare e seguire col calcolo la corrente che investe un'ala d'apertura infinita, in condizioni transoniche, in presenza d'onde d'urto e di distacchi di vena, il problema è ancora spalancato alla ricerca fisico matematica, e preziose sarebbero anche ricerche riguardanti casi particolari, se pur assai semplici.

Relativamente all'ala d'apertura finita, qualcosa è stato fatto per estendere la teoria di Prandtl in condizioni iposoniche e in condizioni tutte ipersoniche soprattutto attraverso lo studio delle ali rettangolari a delta e a freccia, ma molto rimane ancora da fare.

Del resto, la stessa teoria di Prandtl, riguardante l'ala d'apertura finita, quando l'aria non esplica la sua comprimibilità, attende d'essere perfezionata dal punto di vista fisico matematico, allargando lo schema che riduce l'ala ad un semplice vortice portante e la scia che si estende a valle del lembo d'uscita ad un nastro piano.

Termino dando alcuni sommari cenni bibliografici sugli argomenti svolti.

Per un orientamento di massima sulle questioni trattate posso consigliare un libro italiano: la "Lezioni di Aerodinamica" di Pistolesi, ripubblicate a Pisa nel 1951. Per un orientamento ancor più sommario si potranno vedere le mie "Lezioni di Aerodinamica": sono modeste dispense scolastiche edite a Milano nel 1953.

Sull'influenza della comprimibilità dell'aria, si potrà cercare un orientamento nella bella memoria di Karman "Supersonic aerodynamics principles and applications", tradotte in italiano e pubblicate nell'"Aerotecnica" dell'agosto 1949. Fra i trattati sull'argomento consiglio: la traduzione francese edita a Parigi nel 1951 del bel volume di Sauer "Gasdynamik"; il titolo di tale traduzione è: "Ecoulements des Fluides compressibles". Consiglio pure il vomume di Courant e Friedrichs "Supersonic Flow and Schok Waves (New York 1948) e quello di un autore italiano trasferitosi in America: Ferri "Elements of Aerodynamics of supersonic flows (New York 1949). Ottimo è pure il volume di Miles "Supersonic Aerodynamics", pubblicato a New York nel 1950.

Qualche memoria su questioni più particolari attinenti alla teoria dell'ala è indicata nella ricca bibliografia che accompagna la memoria di Karman e che è stata integrata nella sua traduzione italiana in "Aerotecnica" (ottobre 1949).

F.H. V A N D E N D U N G E N

LEÇONS SUR LES ONDES DE GRAVITÉ DES FLUIDES INCOMPRESSIBLES

(Rédigées par A. HULEUX)

"Eau qui se passe, qui court, eau oublieuse..."
R. M. RILKE

ROMA-Istituto Matematico dell'Università, 1955-ROMA

PARTIE I^a:

E A U X P R O F O N D E S

1.- Historique.

Le 3 janvier 1814 au moment où les Alliés franchissant le Rhin allaient entamer la campagne de France, la classe des Sciences de l'Institut de France proposait comme sujet du grand prix de mathématique à décerner en janvier 1816 la question suivante:
"La théorie de la propagation des ondes à la surface d'un fluide pesant d'une profondeur infinie".

Pendant les cent jours, à la séance du 28 avril 1815, Poisson dépose un mémoire destiné à n'être lu qu'après la clôture du concours. Au lendemain de celle-ci, le 2 octobre 1815, Poisson lit son mémoire; il y ajoute un complément le 18 décembre. Au cours de cette séance du 2 octobre la commission pour l'examen des mémoires est formée; elle se compose de: Legendre, Poisson, Laplace, Biot et Poinsot.

Le 26 décembre 1815 le mémoire "Nosse quot Ionii veniant at litora fluctus" reçoit le prix de 3.000 frs. Son auteur est A.Cauchy, jeune ingénieur de 26 ans. Un autre mémoire soumis à ce concours a été remis à son auteur dont le nom n'a pas été divulgué.

Les archives de l'Académie des Sciences de Paris ne permettent pas de savoir qui avait proposé la question posée en 1814. Un passage du mémoire de Cauchy montre que certains résultats furent échangés avant la remise de son mémoire: "Le mouvement des ondes n'est pas uniforme ainsi que Mr Lagrange l'a supposé dans sa Mécanique Analytique mais uniformément accéléré. Avant d'obtenir les intégrales générales des équations du mouvement j'avais été déjà conduit par des considérations particulières à soupçonner ces résultats et j'en avais fait la remarque à Mr. Laplace. Mais je n'osais m'arrêter à cette idée lorsque Mr. Poisson m'y confirma..."

Le mémoire de Poisson membre de l'Académie fut publié immédiatement, alors que le mémoire de Cauchy[1], constituera le premier Tome des Mémoires des Savants étrangers (à l'Académie) publié seulement en 1827. Il se termine par 20 notes dont 7 ont été rédigées au cours des 10 années qui ont précédé la publication! Cauchy le dit dans sa préface. De là résultent des différences de notation: en 1815 l'intégrale définie est notée:

$$\int f dx \qquad a < x < b$$

alors que la notation de Fourier

$$\int_a^b f dx$$

est adoptée à partir de la 16e note.

Un grand nombre de travaux ont été consacrés à l'étude des ondes de Cauchy-Poisson. Voici ceux que nous avons utilisés:

Travaux français:

BOUSSINESQ : a) Application des potentiels...
b) Cours d'Analyse infinitésimale.

ROUSIER : Thèse; Paris 1908

VERGNE : Thèse; Paris 1909

RISSER : Thèse; Paris 1925

Travaux italiens:

CISOTTI : Atti R.Ac.Lincei 27 1918-19

---

1) Cauchy n'est entré à l'Académie que le 27 mars 1816 par décision du roi Louis XVIII réformant l'Académie. Il y est ainsi entré sans avoir été élu.

CISOTTI : Atti R.Ac.Lincei 29 1920
LEVI-CIVITA : Atti R.Ac.Lincei 1907
TONOLO : Atti R.Instit. Vaneto 53 1923
POLATINE : Rend.Circ.Math.Palermo 1915 39 et 40.

<u>Travaux anglais</u>:
STOKES : Papers
KELVIN : Papers
GREEN : Camb.Transac. 7 1839
AIRY : Tides and Waves 1845
BURNSIDE : Proc.London Math. Soc. 1888 20
RAYLEIGH : Phil.Mag. (6) 18 1909
PIDDUCK : Proc. Roy.Soc. A.83 1910
86 1912
LAMB : Hydrodynamics

<u>Travaux américains</u>:
STOKER et al. : Comm. Appl. Math. 1 1948
MUNK : Trans.Am. Geophys. Union 28 1947

<u>Divers</u>:
ROSSBY : Journal of meteorology V_2 nº4 1945
Uuoki et Nakano: (Japon) Ocean.Mag. 4 1952
5 1953

L'intérêt du problème a été ravivé pendant la dernière guerre mondiale: Chocs de houles sur les jetées de ponts artificiels.

Les ondes de gravité sont souvent citées dans l'enseignement secondaire comme matérialisation d'ondes qui se propagent dans un milieu continu: image des sons dans l'eau.

Cette image est elle bonne? Nous verrons que dans le cas des eaux profondes l'image est loin d'être bonne. Ce n'est que dans l'approximation des eaux superficielles que l'on trouve une analogie acceptable.

2.- Equations générales.

Les équations du mouvement continu du fluide sont

(1) $\mu \frac{d\bar{v}}{dt} = \mu \bar{g} - \mathrm{grad}\, p$

Le fluide est supposé parfait et pesant. S'il est incompressible on a: div $\bar{v} = 0$ puisque la masse spécifique μ est constante.

Conditions initiales. (t=o).

On se donne les positions initiales et les vitesses initiales, ou mieux (Cauchy) les positions initiales du fluide au repos auquel on applique des percussions: d'où les équations du mouvement discontinu:

(2) $\mu \Delta \bar{v} = -\mathrm{grad}\, P$

avec $P = \lim_{\varepsilon \to 0} \int_0^{\varepsilon} p\, dt$

et d v$\Delta \bar{v}$=0

Les vitesses initiales étant nulles, est la vitesse après la percussion. Comme on a en vertu des équations (2)

$$\mathrm{rot}\, \Delta \bar{v} = 0$$

il y a un potentiel des vitesses

$$\Delta \bar{v} = \mathrm{grad}\, \varphi_0$$

avec $\varphi_0 = -\frac{P}{\mu}$

L'équation de continuité donne:

$$\mathrm{div}\, \Delta \bar{v} = \Delta \varphi_0 = 0 \qquad (\Delta \text{ est le Laplacien})$$

On a donc aussi $\Delta P=0$

Il suffit de se donner P à la surface limitrophe d'un volume V pour connaître P en chaque point de V.

Exemple: (Robin)[1]

---

1) Oeuvres scientifiques. Paris

L'effet d'une percussion constante appliquée à la surface d'un fluide qui s'étend à l'infini. (problème à 2 dimensions)

fig.1

$$P_A = P\frac{\alpha}{\pi} \qquad (=P\frac{\Omega}{2\pi})$$ (2) (potentiel de double couche)

Equipotentielles de vitesses:

circonférences $\begin{cases} \varphi_o = c^{te} \\ \alpha = c^{te} \end{cases}$

elles passent par $L_1 L_2$ segment capable de α . fig.2.

Lignes de courant: $\psi_o = c^{te}$

trajectoires orthogonales (circonférences)

vitesses des points sur l'axe x: on a (dimostration ci-dessous)

$$V = \frac{2}{\pi}\frac{P}{\mu}\frac{a}{x^2-a^2}$$

On voit qu'il existe des discontinuités en L_1 et L_2 (vitesse infinie! Mais ce problème considère le fluide comme incompressible, ce qu'il n'est pas en réalité.)

Si le point A se déplace en A_1 (infiniment voisin), fig.4 , l'angle croît de zéro à $d\alpha$

$$d\alpha = -\frac{AA_1}{x+a} + \frac{AA_1}{x-a} = \frac{2aAA_1}{x^2-a^2}$$

$$-dz = AA_1$$

La vitesse en A est:

$$\left(\frac{\partial\varphi}{\partial z}\right)_A = \frac{2}{\pi\mu}\frac{P_a}{x^2-a^2}$$

Conditions aux limites/

Là où le fluide baigne des surfaces solides nous poserons

$$V_n = \frac{\partial\varphi}{\partial n} = 0$$

---

2) Ω angle solide en A sous lequel on voit la surface $P = c^{te}$ (ici fuseau de section droite α)

$$\Omega = 4\pi\frac{\alpha}{2\pi} = 2\alpha$$

A la surface libre du fluide nous écrirons

$$p = p_a$$

la pression atmosphérique p_a est supposée constante. La surface libre a pour équation à tout instant:

$$p\ (x, y, z, t) = p_a$$

On a donc sur cette surfade:

$$\frac{\partial p}{\partial x}\frac{dx}{dt} + \frac{\partial p}{\partial y}\frac{dy}{dt} + \frac{\partial p}{\partial z}\frac{dz}{dt} + \frac{\partial p}{\partial t} = 0$$

Ces conditions sous leur forme la plus générale sont très difficiles à satisfaire.

<u>Théorème de Cauchy.</u>

Le fluide primitivement au repos que l'on ébranle par des percussions a un mouvement sans tourbillons.

En effet à l'instant initial il y a un potentiel de vitesses. Si l'espace est simplement connexe il n'y a donc pas de tourbillons. Le théorème de Lagrange on la théorie d'Helmholtz append des lors que les tourbillons sont toujours nuls.

3.- <u>Linéarisation des équations.</u>

Les équations du mouvement s'écrivent

$$\frac{d\bar{v}}{dt} + \operatorname{grad}\frac{v^2}{2} = -\operatorname{grad}\left(V + \frac{p}{\mu}\right) \qquad \text{avec } V = gz$$

Comme $\bar{v} = \operatorname{grad}\varphi$

on a
$$\frac{\partial \varphi}{\partial t} + \operatorname{grad}^2\varphi = -V + \frac{p}{\mu} + f(t)$$

La fonction f(t) est supposé égale à $\frac{p_a}{\mu}$ par un choix convenable de φ . Nous supposerons φ assez petit pour que $\operatorname{grad}^2\varphi$ soit négligeable On a dès lors

$$p - p_a = -\mu\left[V - \frac{\partial \varphi}{\partial t}\right] = -\mu\left[gz + \frac{\partial \varphi}{\partial t}\right] \tag{1}$$

donc à la surface libre ($p=p_a$) si l'élévation au dessus du plan initial est ξ

$$\frac{\partial\varphi}{\partial t} + g\xi = 0$$

en suivant un point à la surface libre dans son mouvement

$$\frac{d}{dt}\left(\frac{\partial\varphi}{\partial t} + g\xi\right) = \frac{\partial^2\varphi}{dt^2} + \frac{\partial^2\varphi}{\partial t\partial x}\frac{dx}{dt} + \cdots\cdots + g\frac{d\xi}{dt} = 0$$

ou

$$\frac{\partial^2\varphi}{\partial t^2} + \frac{\partial^2\varphi}{\partial t\partial x}\frac{d\varphi}{dx} + \cdots \qquad + g\frac{\partial\varphi}{\partial z} = 0$$

qui se linéarise en

$$\frac{\partial^2\varphi}{\partial t^2} + g\frac{\partial\varphi}{\partial z} = 0 \tag{2}$$

Admettons enfin que la surface libre soit peu différente du plan $z=o$; cela revient à dire que la condition (2) doit être vérifiée pour $z=o$. Ceci ne serait plus exact si la profondeur totale était comparable a ξ.

Nous supposons que la surface libre a des génératrices paralléles à l'ame oy. Pour le problème à 3 dimensions s'en riférer au § 12.

Les ondes de Poisson-Cauchy sont dès lors la solution de

$$\Delta\varphi = 0$$

telle que pour $z=o$

$$\frac{\partial^2\varphi}{\partial t^2} + g\frac{\partial\varphi}{\partial z} = 0$$

et sur la surface S qui limite le fluide $\frac{\partial\varphi}{\partial n} = 0$ satisfaisant aux conditions initiales sur $z=o$ pour $t=o$

$$\varphi = \varphi_0 \ , \quad \frac{\partial\varphi}{\partial t} = -g\xi$$

φ_0 est le potentiel dû aux percussions initiales et ξ la dénivellation initiale de la surface.

Les équations étant devenües linéaires on peut décomposer la problème en deux problèmes partiels

$$\varphi = \varphi_0 \qquad \frac{\partial\varphi}{\partial t} = 0$$

et

$$\varphi = 0 \ , \ \frac{\partial \varphi}{\partial t} = -g\xi$$

Le premier donne les ondes par impulsion et le second les ondes par émersion.

Remarques:

a) En fait on devrait se donner les conditions initiales en tout point du volume V, mais comme φ et $\frac{\partial \varphi}{\partial t}$ sont des fonctions harmoniques il suffit de se donner leurs valeurs sur $z=0$, étant entendu que sur S leur dérivée normale est nulle pour que les valeurs soient déterminée dans tout V. On verra que l'on ne doit pas faire le calcul préalable de ces valeurs et que la solution s'écrit explicitement en fonction des seules données sur $z=0$.

b) Les données initiales pourront être fixées sur différentes parties de la surface limitrophe S. C'est ce qui se produit dans le cas d'une explosion sous-marine.

4.- Caractère des équations différentielles.

Il importe de se demander à quel type d'équation aux dérivées partielles on a affaire. La méthode la plus naturelle consiste à chercher les surfaces caractéristiques c.a.d.les surfaces porteuses des données initiales qui ne permettent pas de construire une solution univoque.

Nous supposons qu'il y a deux variables spatiales x et z. Soit la surface S_0 d'équation

$$t = F\,(x,z)$$

sur laquelle on se donne

(a) $$u = f(x,z) \quad \text{et} \quad \frac{\partial u}{\partial t} = g\,(x,z)$$

Peut-on calculer toutes les dérivées successives de u sachant que

(b) $$\frac{\partial^2 u}{\partial x^2} + \frac{\partial^2 u}{\partial z^2} = 0$$

de cette façon on pourra calculer "u" par un développement taylarien.

Sur la surface S_0 toute fonction ne dépend que de 2 variables indépendantes soit x et z. On a donc sur cette surface les opérateurs

$$\frac{D}{Dx} = \frac{\partial}{\partial x} + \frac{\partial F}{\partial x}\frac{\partial}{\partial t}$$

$$\frac{D}{Dz} = \frac{\partial}{\partial z} + \frac{\partial F}{\partial x}\frac{\partial}{\partial t}$$

Appliquons ces opérations à la fonction "u" en tenant compte de (a) il vient:

$$\frac{Df}{Dx} = \frac{\partial u}{\partial x} + \frac{\partial F}{\partial x} g$$

$$\frac{Df}{Dz} = \frac{\partial u}{\partial z} + \frac{\partial F}{\partial z} g$$

On connait donc $\frac{\partial u}{\partial x}$ et $\frac{\partial u}{\partial z}$ en tout point de S_0. Appliquons maintenant ces opérations à $\frac{\partial u}{\partial x}$, $\frac{\partial u}{\partial z}$ et $\frac{\partial u}{\partial t}$

(1) $$\frac{D}{Dx}\left(\frac{\partial u}{\partial x}\right) = \frac{\partial^2 u}{\partial x^2} + \frac{\partial F}{\partial x}\frac{\partial^2 u}{\partial t \partial x}$$

(2) $$\frac{D}{Dz}\left(\frac{\partial u}{\partial x}\right) = \frac{\partial^2 u}{\partial z \partial x} + \frac{\partial F}{\partial z}\frac{\partial^2 u}{\partial t \partial x}$$

(3) $$\frac{D}{Dx}\left(\frac{\partial u}{\partial z}\right) = \frac{\partial^2 u}{\partial x \partial z} + \frac{\partial F}{\partial x}\frac{\partial^2 u}{\partial t \partial z}$$

(4) $$\frac{D}{Dz}\left(\frac{\partial u}{\partial z}\right) = \frac{\partial^2 u}{\partial z^2} + \frac{\partial F}{\partial z}\frac{\partial^2 u}{\partial t \partial z}$$

(5) $$\frac{D}{Dx} g = \frac{\partial^2 u}{\partial x \partial t} + \frac{\partial F}{\partial x}\frac{\partial^2 u}{\partial t^2}$$

(6) $$\frac{D}{Dz} g = \frac{\partial^2 u}{\partial z \partial t} + \frac{\partial F}{\partial z}\frac{\partial^2 u}{\partial t^2}$$

On tire de (1) et (5):

$$\frac{\partial^2 u}{\partial x^2} = \frac{D}{Dx}\left(\frac{\partial u}{\partial x}\right) - \frac{\partial F}{\partial x}\left[\frac{Dq}{Dx} - \frac{\partial F}{\partial x}\frac{\partial^2 u}{\partial t^2}\right]$$

de (4) et (6)

$$\frac{\partial^2 u}{\partial z^2} = \frac{D}{Dz}\left(\frac{\partial u}{\partial z}\right) - \frac{\partial F}{\partial z}\left[\frac{Dq}{Dz} - \frac{\partial F}{\partial z}\frac{\partial^2 u}{\partial t^2}\right]$$

d'où en vertu de (2)

$$\text{(A)} \qquad \left[\left(\frac{\partial F}{\partial x}\right)^2 + \left(\frac{\partial F}{\partial z}\right)^2\right]\frac{\partial^2 u}{\partial t^2} = \frac{\partial F}{\partial x}\frac{Dq}{Dx} - \frac{D}{Dx}\left(\frac{\partial u}{\partial x}\right) + \frac{\partial F}{\partial z}\frac{Dq}{Dz} - \frac{D}{Dz}\left(\frac{\partial u}{\partial z}\right)$$

on connait donc $\frac{\partial^2 u}{\partial t^2}$ en tout point de S_0 si l'on n'a pas

$$\text{(B)} \qquad \left(\frac{\partial F}{\partial x}\right)^2 + \left(\frac{\partial F}{\partial z}\right)^2 = 0$$

Il y aura indétermination si le second membre de (A) est également nul.

Or la seule surface réelle satisfaisant (B) est:

$$t = F = C^{te}$$

et dans ce cas l'opérateur $\frac{D}{Dx}$ se réduit à $\frac{\partial}{\partial x}$ la condition de compatibilité exprime que le second membre de A est nul. Elle se réduit à

$$\frac{\partial^2 u}{\partial x^2} + \frac{\partial^2 u}{\partial z^2} = 0$$

Soit l'équation (b) elle-même.

Les surfaces caractéristiques étant le plan $t = C^{te}$ l'équation est du type parabolique. Le caractère parabolique peut être établi autrement par les deux théorèmes suivants:

<u>Théorème de Poisson.</u>

La rélation

$$\text{(E)} \qquad g\frac{\partial \varphi}{\partial z} + \frac{\partial^2 \varphi}{\partial t^2} = 0$$

établie pour z=o comme condition aux limites est vraie pour tout z < o; autrement dit cette relation est une équation indéfinie.

En effet si nous posons

$$\theta = g\frac{\partial \varphi}{\partial z} + \frac{\partial^2 \varphi}{\partial t^2}$$

il est immédiat que θ est une fonction harmonique

$$\Delta \theta = 0$$

telle que sur S

$$\frac{\partial \theta}{\partial n} = 0$$

et sur z=o $\theta = 0$

La fonction θ est donc identiquement nulle. Cela résulte immédiatement de l'identité

$$\iiint_V \theta \Delta \theta dV = \iint_S \theta \frac{\partial \theta}{\partial n} dS - \iiint_V \operatorname{grad}^2 \theta dV$$

à condition que θ soit de classe C_1

Corollaire.

En dérivant (E) par rapport à z on obtient

$$g\frac{\partial^2 \varphi}{\partial z^2} + \frac{\partial^2}{\partial t^2}\frac{\partial \varphi}{\partial z} = 0$$

ou bien

$$g^2\frac{\partial^2 \varphi}{\partial z^2} - \frac{\partial^4 \varphi}{\partial t^4} = 0$$

équivalent à

$$g^2\frac{\partial^2 \varphi}{\partial x^2} + \frac{\partial^4 \varphi}{\partial t^4} = 0$$

Suivant une remarque analogue de Hadamard[1] les équations (E) et (G) ne sont pas équivalentes puisque cette dernière est indépendante du signe de g.

Remarque. L'équation (E) a un sens physique simple. La pression

---

1) C.R. Acad.Sciences Paris . 7 mars 1910

en un point du fluide vaut: (Cfr.p.6)

$$p - p_a = \mu\left(gz + \frac{\partial\varphi}{\partial t}\right)$$

Suivons le point dans son mouvement, la dérivée de la pression $\dot{}$ est:

$$\frac{dp}{dt} = \mu\left(g\frac{dz}{dt} + \frac{d}{dt}\frac{\partial\varphi}{\partial t}\right) = \mu\left(g\frac{\partial\varphi}{\partial z} + \frac{\partial^2\varphi}{\partial t^2}\right)$$

en vertu des hypothèses de linéarisation. La pression en un point entrainé par le mouvement du fluide est donc $C^{\underline{te}}$.

Théorème de Levi-Civita.

Désignons un point du plan x,z par la coordonnée complexe

$$Z = x + iz \ .$$

Introduisons le potentiel complexe

$$\phi = \varphi + i\psi$$

où ψ est la fonction courant conjuguée au potentiel φ .

Le système: $\Delta\varphi = 0$

(1) $$g\frac{\partial\varphi}{\partial z} + \frac{\partial^2\varphi}{\partial t^2} = 0$$

est équivalent à l'unique équation complexe

(L) $$\frac{\partial^2\phi}{\partial t^2} - ig\frac{\partial\phi}{\partial Z} = 0$$

En effet soit Θ la valeur du premier membre. C'est une fonction analytique finie et continue dont la partie réelle est

$$\mathcal{R}_e(\Theta) = \frac{\partial^2\varphi}{\partial t^2} + g\frac{\partial\varphi}{\partial z}$$

est identiquement nulle dans tout le domaine étudié. Il s'en suit que Θ est nul. D'autrepart, la partie réelle de ϕ est harmonique et (1') est satisfait.

<u>Corollaire</u>: On a aussi

$$\mathcal{J}m(\Theta) = \frac{\partial^2 \psi}{\partial t^2} - g\frac{\partial \psi}{\partial z} = 0$$

équation adjointe à (1).

<u>Remarque:</u> L'équation (L) est bien du type parabolique

$$\frac{\partial^2 u}{\partial x^2} = K\frac{\partial u}{\partial t}$$

rencontré en théorie de la chaleur, mais les rôles de la variable spatiale et de la variable temporelle sont échangés. Tonalo a intégré (L) en utilisant la méthode de Volterra

5. <u>Intégration par les transformées intégrales.</u>

Soit pour q > o

$$\bar{\varphi} = \int_0^\infty e^{-qt}\varphi(x,z,t)\,dt$$

la transformée de Laplace du potentiel φ .

L'équation indéfinie

$$\Delta\varphi = 0 \qquad (K)$$

donne immédiatement

$$\Delta\bar{\varphi} = 0$$

La condition à la surface libre z=o:

$$g\frac{\partial\varphi}{\partial z} + \frac{\partial^2\varphi}{\partial t^2} = 0$$

donne

$$g\frac{\partial\bar{\varphi}}{\partial z} + \int_0^\infty e^{-qt}\frac{\partial^2\varphi}{\partial t^2}dt = 0$$

Ou en intégrant par parties:

$$g\frac{\partial\bar{\varphi}}{\partial z} - \left(\frac{\partial\varphi}{\partial t}\right)_{t=0} - q(\varphi)_{t=0} + q^2\bar{\varphi} = 0$$

Les données à la surface, z=o sont

$$(\varphi)_{t=0} = -\frac{(P)_{t=0}}{\mu} = f(x)$$

$$\left(\frac{\partial \varphi}{\partial t}\right)_{t=0} = -g(z)_{t=0} = -g\,h(x)$$

les fonctions g et h sont connues en vertu des conditions initiales. On a dès lors pour z=o

$$(1) \qquad g\frac{\partial \bar{\varphi}}{\partial z} + q^2\bar{\varphi} = q f(x) - g\,h(x)$$

En outre sur la surface S on a

$$(2) \qquad \frac{\partial \bar{\varphi}}{\partial n} = 0$$

Nous sommes donc ramenés à résoudre un problème "statique" de potentiel avec les conditions mixtes (1) et (2) au contour. Pour déterminer $\bar{\varphi}$ nous devons fixer la forme du domaine limité par S et z=o.

a) <u>Courbe rectangulaire</u> (fig.5)

Les conditions aux limites sont: sur z=o la condition (1) sur $x=\pm\ell$ $\frac{\partial \varphi}{\partial n}=0$; pour z=-h on a $\frac{\partial \varphi}{\partial z}=0$. Effectuons la transformée de Fourier

$$\bar{\bar{\varphi}} = \int_{-\ell}^{+\ell} \cos rx\, \bar{\varphi}(x,z)\,dx$$

On a en vertu de (K)

$$\frac{\partial^2 \bar{\bar{\varphi}}}{\partial z^2} + \int_{-\ell}^{+\ell} \cos rx\, \frac{\partial^2 \bar{\varphi}}{\partial x^2}\,dx = 0$$

on en intégrant par parties

$$\frac{\partial^2 \bar{\bar{\varphi}}}{\partial z^2} + \left(\cos rx\,\frac{\partial \varphi}{\partial x}\right)_{-\ell}^{+\ell} + r\left(\sin rx\,\varphi\right)_{-\ell}^{+\ell} - r^2\bar{\bar{\varphi}} = 0$$

le deuxième terme est nul en vertu des conditions aux limites. Pour $x=\pm\ell$ le troisième terme est nul si

$$\sin r\ell = 0 \qquad \text{ou} \qquad r\ell = K\pi$$

k entier (positif). A chaque valeur de "r", correspond une transformée que nous noterons $\bar{\bar{\varphi}}_k$. L'équation

$$\frac{d^2\bar{\bar{\varphi}}_k}{dz^2} = \left(\frac{k\pi}{\mu}\right)^2 \bar{\bar{\varphi}}_k$$

a pour intégrale générale

$$\bar{\bar{\varphi}}_z = A_k \,\mathrm{sh}\, \frac{k\pi}{l} z + B_k \,\mathrm{ch}\, \frac{k\pi}{l} z$$

dont les constantes A_k et B_k sont à déterminer par les conditions aux limites. Pour z=o la transformée de (1) donne

$$(3) \qquad g\frac{d\bar{\bar{\varphi}}_k}{dz} + q^2 \bar{\bar{\varphi}}_k = q F_k - g H_k$$

avec

$$F_k = \int_{-l}^{+l} \cos \frac{k\pi}{l} x \, f(x)\, dx$$

$$H_k = \int_{-l}^{+l} \cos \frac{k\pi}{l} x \, h(x)\, dx$$

alors que pour z=-h

$$\frac{d\bar{\bar{\varphi}}_k}{dz} = 0$$

Cette dernière condition permet d'écrire $\bar{\bar{\varphi}}_k$ sous la forme

$$\bar{\bar{\varphi}}_k = C_k \,\mathrm{ch}\, \frac{k\pi}{l}(z+h)$$

et en vertu de (3) on a

$$C_k = \frac{qF_k - gH_k}{\omega_k^2 + q^2} \frac{1}{\mathrm{ch}\frac{k\pi h}{l}}$$

en posant $\omega_k^2 = \frac{k\pi g}{l} \,\mathrm{th}\left(\frac{k\pi h}{l}\right)$.

La solution ainsi déterminée dépend des valeurs initiales f et h par les constantes F_k et H_k qui peuvent s'écrire

$$F_k = \int_0^l \cos \frac{k\pi}{l} x \left[f(x) + f(-x)\right] dx$$

$$H_k = \int_0^l \cos \frac{k\pi}{l} x \left[h(x) + h(-x)\right] dx$$

c.a.d. des parties paires de f et h. Elle est donc incomplète. La transformée

$$\overline{\overline{\varphi}}^{*} = \int_{-l}^{+l} \sin rx \, \overline{\varphi}(x,z)\, dx$$

donne

$$\frac{\partial^2 \overline{\overline{\varphi}}^{*}}{\partial z^2} + \left(\sin rx \frac{\partial x}{\partial r}\right)_{-l}^{+l} - r\left(\cos rx\, \varphi\right)_{-l}^{+l} - r^2 \overline{\overline{\varphi}}^{*} = 0$$

on doit avoir cette fois

$$\cos rl = 0 \qquad \text{ou} \quad rl = (2k'+1)\frac{\pi}{2}$$

k' entier (positif). Si l'on pose

$$F_{k'} = \int_{-l}^{+l} \sin \frac{2k'+1}{2}\pi \frac{x}{l} f(x)\, dx =$$

$$= \int_{0}^{l} \sin \frac{2k'+1}{2}\pi \frac{x}{l} \left[f(x) - f(-x)\right] dx$$

$$H_{k'} = \int_{-l}^{+l} \sin \frac{2k'+1}{2}\pi \frac{x}{l} h(x)\, dx =$$

$$= \int_{0}^{l} \sin \frac{2k'+1}{2}\pi \frac{x}{l} \left[h(x) - h(-x)\right] dx$$

on obtient $\overline{\overline{\varphi}}^{*}_{k'} = C_{k'} \operatorname{ch} \frac{2k+1}{2} \frac{\pi}{l} (z+h)$

avec $C_{k'} = \frac{qF_{k'} - gH_k}{\omega_{k'}^2 + q^2} \quad \frac{1}{\operatorname{ch}\left(\frac{2k'+1}{2}\pi \frac{h}{2}\right)}$ en posant

$$\omega_{k'}^2 = \frac{2k'+1}{2}\pi \frac{g}{l} \operatorname{th} \frac{2k'+1}{2}\pi \frac{h}{l}$$

termes qui dépendent des parties impaires de f et h. L'inversion de la fonction $\overline{\overline{\varphi}}$ est immédiate. On a:

$$K = 0 \quad \overline{\varphi}_0 = \frac{1}{2l} \overline{\overline{\varphi}}_0$$

$$K = 0 \quad \overline{\varphi}_k(x z) = \frac{1}{l} \sum_{0}^{\infty} \overline{\overline{\varphi}}_k \cos k\pi \frac{x}{l}$$ et de même

$$\bar{\varphi}_K(xz) = \frac{1}{\ell}\sum_{0\,K}^{\infty} \bar{\varphi}^*_K \sin\frac{2K+1}{2}\pi\frac{x}{\ell}$$

Enfin pour pepasser de $\bar{\varphi}$ à la solution φ , il suffit de se rappeler que

$$\frac{\omega}{\omega^2+c} \qquad \int_0^\infty e^{-qt}\sin\omega t\,dt$$

$$\frac{q}{\omega^2+q^2} = \int_0^\infty e^{-qt}\cos\omega t\,dt$$

en particulier
$$\frac{1}{q^2} = \int_0^\infty e^{-qt}\,t\,dt$$

$$\frac{1}{q} = \int_0^\infty e^{-qt}dt$$

On obtient dès lors

$$\varphi = \frac{1}{2\ell}(F_0 - gH_0t) + \frac{1}{\ell}\sum_{1\,K}^{\infty}\left(F_K\cos\omega_K t - \frac{g}{\omega_K}H_K\sin\omega_K t\right)\frac{ch\,K\pi\left(\frac{z+h}{\ell}\right)}{ch\,K\pi\frac{h}{\ell}}\cos K\pi\frac{x}{\ell} +$$

$$+\frac{1}{\ell}\sum_{1\,K}^{\infty}\left(F_K\cos\omega_{K'}t - \frac{g}{\omega_{K'}}H_K\sin\omega_{K'}t\right)\frac{ch\frac{2K+1}{2}\pi\left(\frac{z+h}{\ell}\right)}{ch\frac{2K+1}{2}\pi\frac{h}{\ell}}\sin\frac{2K+1}{2}\pi\frac{x}{\ell}$$

b) Courbe infinement longue.

Faisons tendre " ℓ " vers l'infini dans la solution précédente. Les transformées de Fourier deviennent

$$\bar{\bar{\varphi}} = \int_{-\infty}^{+\infty}\cos rx\,\bar{\varphi}(xz)dx \qquad \bar{\bar{\varphi}}^* = \int_{-\infty}^{+\infty}\sin rx\,\bar{\varphi}(xz)dx$$

Elles peuvent être traitées directement. On peut aussi considérer ce cas comme résultant du passage à la limite du cas précédent. Les valeurs de r dans le cas a) sont déserétes et également espacées jusque $\Delta r = \frac{\pi}{\ell}$ ($r\ell = k\pi$;p.14) lorsque k croit puisque k+1. On voit qu'à la limite on obtient une suite continue de valeurs de r entre 0 et l'∞ . On posera cette fois:

$$F = \int_{-\infty}^{+\infty} \cos rx\, dx\, f(x) \qquad F^* = \int_{-\infty}^{+\infty} \sin rx\, f(x)\, dx$$

$$H = \int_{-\infty}^{+\infty} \cos rx\, h(x)\, dx \qquad H^* = \int_{-\infty}^{+\infty} \sin rx\, h(x)\, dx$$

$$\bar{\bar{\varphi}} = \frac{qF - gH}{gr\, th\frac{rh}{l} + q^2} \cdot \frac{1}{ch\frac{rh}{l}} \qquad \bar{\bar{\varphi}}^* = \frac{qF^* - gH^*}{gr\, th\frac{rh}{l} + q^2} \cdot \frac{1}{ch\frac{rh}{l}}$$

L'inversion de $\bar{\bar{\varphi}}$ et $\bar{\bar{\varphi}}^*$ donne ici

$$\bar{\varphi} = \frac{1}{\pi}\int_0^{\infty} \bar{\bar{\varphi}} \cos rx\, dr \quad \text{et} \quad \bar{\varphi}^* = \frac{1}{\pi}\int_0^{\infty} \bar{\bar{\varphi}}^* \sin rx\, dr$$

On obtient ainsi:

$$\varphi = \frac{1}{\pi}\int_0^{\infty} \Big[\Big(F\cos\omega t - gH\frac{\sin\omega t}{\omega}\Big)\frac{ch\, r(z+h)}{ch\, rh}\cos rx + F^*\cos\omega t - gH^*\frac{\sin\omega t}{\omega}\,\frac{ch\, r(z+h)}{ch\, rh}\sin rx\Big]dr$$

avec $\omega = \sqrt{rg\, th\, rh}$

On arriverait directement à cette formule en utilisant la transformée complexe de Fourier.

$$\bar{\bar{\varphi}} = \int_{-\infty}^{+\infty} e^{irx}\,\bar{\varphi}(x,z)\,dx$$

Un calcul semblable est effectué dans la seconde partie au § 20.

c) Courbe infiniment longue et profonde.

Il suffit de faire tendre h vers l'infini dans le cas b).

La transformée $\bar{\bar{\varphi}}$ prend la forme

$$\bar{\bar{\varphi}} = D e^{rz}$$

avec $D = \dfrac{qF - gH}{gr - q^2}$

et l'on a donc

$$\varphi = \frac{1}{\pi}\int_0^{\infty} \Big\{\Big[F\cos\omega t - gH\frac{\sin\omega t}{\omega}\Big] e^{rz}\cos rx + \Big[F^*\cos\omega t - gH^*\frac{\sin\omega t}{\omega}\Big] e^{rz}\sin rx\Big\}dr$$

avec $\omega = \sqrt{rg}$.

Rappelons que si l'on fait H ≡ o on a la solution des ondes par émersion tandis que F ≡ o correspond aux ondes par impulsion.

Ces solution ne sont pas indépendantes comme le prouve le théorème suivant:

Théorème de Boussinesq.

Si dans l'expression du potentiel φ_1 des ondes par émersion, on remplace " - gh" par "f" et que l'on prend la dérivée $\frac{\partial \varphi_1}{\partial t}$ la fonction φ_2 ainsi obtenue est le potentiel correspondant aux ondes par impulsion produites par f.

Ce théorème qui se vérifie immédiatement sur les solutions précédentes peut être démontré directement grâce aux transformées de Laplace.

En effet la transformée $\bar{\varphi}_1$ du potentiel des ondes par émersion satisfait sur z=o á

$$g\frac{\partial \bar{\varphi}_1}{\partial z} - \left(\frac{\partial \varphi_1}{\partial t}\right)_{t=0} + q^2\bar{\varphi}_1 = 0$$

tandis que la transformée $\bar{\varphi}_2$ du potentiel des ondes par impulsion satisfait sur z = o á

$$g\frac{\partial \bar{\varphi}_2}{\partial z} - q(\varphi_2)_{t=0} + q^2\bar{\varphi}_2 = 0$$

Si l'on pose

$$\bar{\varphi}_2 = q\bar{\varphi}_1$$

et que l'on remplace

$$(\varphi_2)_0 \quad \text{par} \quad \left(\frac{\partial \varphi_1}{\partial t}\right)_0$$

les deux conditions sont identiques.

Mais comme

$$\int_0^\infty e^{-qt}\frac{\partial \varphi_1}{\partial t}\,dt = -(\varphi_1)_{t=0} + q\bar{\varphi}_1$$

et que (φ_1)$_{t=0}$ est nul dans le problème des ondes par émersion on voit que φ_2 n'est autre que $\frac{\partial \varphi_1}{\partial t}$.

Réciproque.

Si dans la fonction φ_2 potentiel des ondes par impulsion on remplace "f" par -gh et que l'on calcule $\int_0^t \varphi_2 dt$ la fonction φ_1 ainsi obtenue est le potentiel des ondes par émersion. On a en effet

$$\bar{\varphi}_1 = \frac{1}{q}\bar{\varphi}_2$$

et $\int_0^\infty e^{-qt}dt\int_0^t \varphi_2(t)dt = \frac{1}{q}\int_0^\infty e^{-qt}\varphi_1(t)dt$ à condition que

$\int_0^t \varphi_2(t')dt'$ reste borné quand t tend ver l'∞.

§ 6. Cas simples d'ondes par émersion (Cauchy).

Imaginons que la fonction h est nulle pour $x \neq o$ et que l'on a

$$\lim_{t\to 0}\int_{-\varepsilon}^{+\varepsilon} h(x)dx = A$$

si A vant l'unité h(x) est donc ce que les physiciens appellent la "fonctions" de Dirac. C'est une distribution (au sens de Schwartz) que Cauchy a considéré plus d'un siècle avant Dirac!

Tous les F sont nuls; il en est de même des H_k, et tous les H_k sont égaux à l'unité.

On a pour la cuve* rectangulaire

$$\varphi = -\frac{Agt}{2l} - \frac{Ag}{l}\sum_1^\infty \frac{1}{\sqrt{\frac{k\pi g}{l}th\frac{k\pi h}{l}}}\sin\left(\sqrt{\frac{k\pi g}{l}th\frac{k\pi h}{l}}\,t\right)\frac{ch\frac{k\pi}{l}(z+h)\cos\frac{k\pi x}{l}}{ch\frac{k\pi z}{l}}$$

Pour la cuve infinement longue

$$\varphi = -\frac{Ag}{\pi}\int_0^\infty \frac{\sin\sqrt{rg\,th\,rh}\,t}{\sqrt{rg\,th\,rh}}\,\frac{ch\,r(z+h)}{ch\,rh}\cos rx\,dr$$

Pour la cuve infiniment longue et profonde

$$\varphi = -\frac{Ag}{\pi}\int_0^\infty \frac{\sin\sqrt{gr}\,t}{\sqrt{gr}}\,e^{rz}\cos rx\,dr$$

N.d.l.R.

* Une erreur de frappe est récurrente dans ce texte. Le mot "cuve" est à remplacer, par "courbe", partout.

Nous allons examiner en détail cette solution. A la surface libre:

(1) $$(\varphi)_{z=0} = -\frac{Ag}{\pi}\int_0^\infty \frac{\sin\sqrt{gr}\,t}{\sqrt{gr}}\cos rx\,dr$$

l'élévation de la surface libre est donc[1]

(2) $$\xi = \frac{1}{g}\left(\frac{\partial\varphi}{\partial t}\right)_0 = \frac{A}{\pi}\int_0^\infty \cos\sqrt{gr}\,t\,\cos rx\,dr$$

On doit à Lamb une transformation de l'intégrale (1) qui permet de l'évaluer en fonction de transcendantes connues tout en évitant la non convergence pour la limite supérieure. Si l'on remplace le produit des deux lignes trigonométriques sous le signe intégral par la demi somme de deux sinus et si l'on effectue le changement de variable "r" ⟶ " τ ",

$$\tau = \sqrt{\frac{x}{g}}\left(\sqrt{gr} \pm \frac{gt}{2x}\right)$$ on obtient

$$(\varphi)_{z=0} = -\frac{2A\sqrt{g}}{\pi\sqrt{x}}\int_0^\omega \sin(\tau^2-\omega^2)\,d\tau \quad \text{avec} \quad \omega = \sqrt{\frac{gt^2}{4x}}$$

Dès lors par dérivation:

$$\xi = \frac{A\sqrt{g}\,t}{\pi\, x^{3/2}}\left[\cos\omega^2\int_0^\omega \cos\tau^2\,d\tau + \sin\omega^2\int_0^\omega \sin\tau^2\,d\tau\right]$$

les intégrales du second membre sont à 1 constante près les deux intégrales de Fresnel. On a

$$\int_0^\infty \cos\tau^2\,d\tau = \int_0^\infty \sin\tau^2\,d\tau = \frac{1}{2}\sqrt{\frac{\pi}{2}}$$

----

1) Dans le cas où la profondeur h est finie on remplace de la formule (2) le "gr" qui est sous le radical par "gr th (rh)."

On a donc asymptotiquement

$$\xi_a = \frac{\sqrt{g}\, t}{\sqrt{8\pi x^3}} A \left(\cos \frac{g t^2}{4x} + \sin \frac{g t^2}{4x} \right) \qquad (3)$$

Poisson et Cauchy qui ont obtenu les premiers cette formule en ont déjà évalué l'erreur.

Les zéros de ξ_a se produisent pour les abscisses

$$x_z = \frac{1}{2} K_z g t^2$$

les maxima et minima ont pour abscisses

$$x_s = \frac{1}{2} K_s g t^2$$

et pour amplitudes

$$\xi_s = A K_s \frac{2}{g t^2}$$

les nombres k_z, k_s et K_s sont donnés par Cauchy dans le tableau suivant:

k_s	K_s	k_z
0,325	+ 1,379	0,205
0,120	- 8,880	0,910
0,069	+19,800	0,580
0,048	-35,000	0,420
0,037	-52,000	0,340
0,030	-72,000	0,340

k_s tend asymptotiquement vers

$$\frac{2}{(4n-1)\pi} \qquad \text{avec n entier.}$$

Les sommets et les zeros se déplacent avec une accélération constante. Il s'en suit que la longueur des "ondes" comprises entre deux zéros sucessifs croit aussi avec une accélération constante.

La fig.6 montre comment les trois premiers sommets se déforment et se déplacent en fonction du temps.

Il est clair qu'à partir de la solution traitée dans ce cas on peut par intégration obtenir l'effet d'une élévation initiale quelconque.

Nous nous bornerons ci après au cas d'une élévation initiale rectangulaire.

Mais nous allons au paravant examiner la cinématique de l'onde ξ_a.

Si x est constant ξ_a reprend la même valeur si

$$\frac{gt_1^2}{4x} = \frac{t_2^2}{4x} + 2\pi$$

d'où approximativement pour $t_1 = t + T_a$

$$T_a = \frac{4\pi x}{gt}$$

Tandis que si t est constant ξ_a reprend la même valeur si

$$\frac{gt^2}{4x_1} = \frac{gt^2}{4x} + 2\pi$$

d'où approximativement pour $x_1 = x + \lambda_a$

$$\lambda_a = \frac{4\pi x^2}{gt^2}$$

La vitesse de phase se déduit de

$$g\frac{(t+\Delta t)^2}{4(x+\Delta x)} = \frac{gt^2}{4x}$$

d'où

$$v_p = \frac{\Delta x}{\Delta t} = \frac{2x}{t} = \sqrt{\frac{g\lambda}{2\pi}}$$

Cette vitesse de phase dépend de la longueur d'onde. Il y a donc dispersion et il existe une vitesse de groupe v_g différente de v_p. La formule classique[1)]

$$v_g = v_p - \lambda \frac{dv_p}{d\lambda}$$

donne $v_g = \frac{1}{2} v_p$

Nous reviendrons, au § 10 sur la signification de cette vitesse de groupe.

Remarques.

1) Si dans (2) page 21 on développe $\cos\sqrt{grt}$ en série on a la formule suivante utilisable pour $\frac{gt^2}{2x}$ assez petit

$$\xi = \frac{A}{\pi x}\left(\frac{gt^2}{2x} - \frac{1}{3.5}\left(\frac{gt^2}{2x}\right)^3 + \frac{1}{3.5.7.9}\left(\frac{gt^2}{2x}\right)^5 + \dots\right)$$

2) On peut d'autre part justifier la formule asymptotique (3) page 22 en utilisant la méthode suggérée par Stokes[1)] et développée par Kelvin[2)]. L'intégrale:

$$I = \int_{x_1}^{x_2} f(x) e^{i\varphi(x)} dx$$

où f(x) varie peu pendant que $\varphi(x)$ augmente de 2π, a une valeur à peu près nulle si x_1 et x_2 sont suffisamment différents. Si pour une valeur x' la fonction φ est stationaire, l'intégrale a une valeur qui peut se calculer aisément d'une façon approchèe. On a:

(1) $$\varphi(x) = \varphi(x') \pm \frac{1}{2}(x-x')^2 M$$

1) Soit une onde: sin(ωt-rx). La vitesse de phase est $v_p = \frac{\omega}{r}$. La vitesse de groupe est $v_g = \frac{d\omega}{dr} = \frac{dv_p}{dr}$. Comme $\lambda = \frac{2\pi}{r}$ on a $\frac{dr}{r} = -\frac{d\lambda}{\lambda}$ d'où la formule de plus haut.

1) Stokes: Paper II p.341 note

2) Kelvin: Papers IV p.303

où $M = \varphi''(x')$

Si l'on remplace alors x_1 et x_2 par $\pm\infty$ sans erreur appréciable on trouve

$$I = \frac{\sqrt{\pi}\, f(x')}{\sqrt{\frac{1}{2}M}} \exp i \left[\varphi(x') \pm \frac{\pi}{4} \right]$$

dont les parties réelles ou imaginaires donnent les formules cherchées. Comme Lamb l'a fait remarquer ceci n'est valable que si dans le développement (1) le terme suivant est négligeable, c.a.d. si le produit

$$\varphi'''(x') \left[\varphi''(x') \right]^{-3/2}$$

est négligeable. Cette méthode dite "de la phase stationnaire, a été utilisée au début des intégrales complexes sous le nom de méthode du col.

Supposons la fonction h constante de -a à +a et nulle en dehors de ce segment. La solution est fournie par la syperposition de solutions du cas A.

Si la distribution en A est appliqueé non pas en l'origine mais en l'abscisse x_1 la solution du cas A s'obtient en remplaçant x par $x-x_1$; si l'on pose alors $A=hdx_1$ et que l'on intègre x_1 entre -a et +a on obtient la solution cherchée. Par exemple pour la cuve infinement longue il vient:

$$\varphi = -\frac{2hg}{\pi} \int_0^\infty \frac{\sin\sqrt{2g\, \mathrm{th}\, rh}\, t}{\sqrt{2g\, \mathrm{th}\, rh}} \cdot \frac{\mathrm{ch}.\,(z+h)}{\mathrm{ch}\, rh} \cdot \frac{\sin ra \cos rx}{r}\, dr$$

on en déduit pour la cuve infiniment longue et profonde à la surface:

$$\xi = \frac{2h}{\pi} \int_0^\infty \cos\sqrt{rg}\, t \;\frac{\sin ra \cos rx}{r}\, dr$$

Si "a" tend vers zéro de façon que lim 2ha = A on retrouve bien les formules de la page 21.

On n'a pas encore pu exprimer ξ en fonction de transcendants dont on possède les tables.

Mais on a asymptotiquement:

$$\xi = \sqrt{8}\,\frac{h}{t}\sqrt{\frac{x}{\pi g}}\,\sin\left(\frac{gt^2}{4x}\frac{a}{x}\right)\left[\cos\frac{gt^2}{4x} + \sin\frac{gt^2}{4x}\right]$$

Comme $\frac{a}{x}$ est petit si l'on se place assez loin de l'origine le premier sinus s'annule bien moins sauvent que le crochet qui n'est autre que la cosinusoïde

$$\sqrt{2}\cos\left(\frac{gt^2}{4x} - \frac{\pi}{4}\right).$$

Si l'on pose:

$$f = \frac{\sin\frac{gt^2}{4x}\frac{a}{x}}{\frac{gt^2}{4x}\frac{a}{x}}$$

en utilisant la fonction ξ_a (page 22) il vient:

$$\xi = \xi_a f$$

Lorsqu'on se place loin de l'origine, le rapport $\frac{a}{x}$ est petit et la fonction f a pour période

$$T = T_a \frac{a}{x}$$

où T_a est la période de ξ_a

$$T_a = \frac{4\pi x}{gt}$$

De même la longueur d'onde de f est

$$\lambda = \lambda_a \frac{a}{x}$$

où λ_a est la longueur d'onde de ξ_a

$$\lambda_a = \frac{8\pi x^2}{gt^2}$$

Le produit $\xi_a f$ se présente sous la forme d'une courbe sinusoïdale dont l'amplitude est modulée. On trouvera dans le premier travail de Unoki et Nakano des diagrammes qui montrent qu'il en résulte pour ξ une courbe semblable à celle des battements. (Cfr. le § 7 pour une courbe analogue fig. 7).

La forme de la surface du fluide correspond donc à des ondes qui sont causées par des sillons très rapprochés. Ces sillons se déplacent en changeant d'amplitude. Ils glissent dans leur enveloppe qui se déplace également mais avec une vitesse constante, précisément la vitesse de groupe. Elle correspond à la vitesse de phase des sillons voisins des noeuds ou des ventres de l'enveloppe. On doit à Cauchy la table suivante qui donne les abscisses des sommets et des noeuds de l'enveloppe des sillons suivant la forme de la dénivellation initiale.

	K_{x_3}	K_{s_3}	K_{x_2}	K_{s_2}	K_{x_1}	K_{s_1}
rectangle 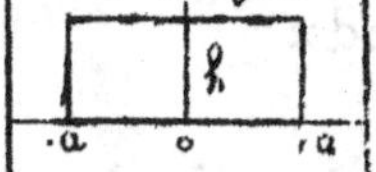	0,163 (0)	0,179 (0,954)	0,199 (0)	0,232 (1,085)	0,282 (0)	0,424 (1,446)
parabole 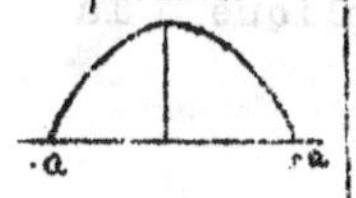	0,151 (0)	0,165 (0,199)	0,180 (0)	0,206 (0,344)	0,236 (0)	0,369 (1,173)
triangle 	0,115 (0)	0,127 (0,133)	0,141 (0)	0,1653 (0,197)	0,199 (0)	0,350 (0,953)
2 demis paraboles 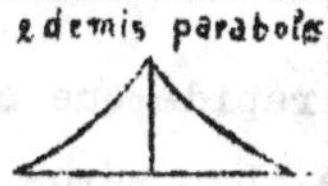	une	seule	onde de	sommet	⟶	0,303 0,776

Les nombres entre parenthèses se rapportent à l'amplitude K correspondante à l'enveloppe. On a posé

$$x_s = K_s t \sqrt{ga}$$
$$x_x = K_x t \sqrt{ga}$$

$$\xi_s = Kh\left(a/gt^2\right)^{1/4}.$$

§ 7. Cas simples d'ondes par impulsion.

A. Imaginons que la fonction f est nulle pour $x \neq 0$ et que l'on a

$$\lim_{\varepsilon \to 0} \int_{-\varepsilon}^{+\varepsilon} f(x)\,dx = B .$$

On a par application du théorème de Boussinesq à (p. 19 au bas) dans le cas de la cuve infiniment longue

$$\varphi = \frac{B}{\pi}\int_0^\infty \cos\sqrt{rg\,\mathrm{th}\,rh}\;t\;\frac{\mathrm{ch}\,r(z+h)}{\mathrm{ch}\,rh}\cos rx\,dx$$

d'où pour la dénivellation à la surface libre

$$\xi = \frac{B}{g\pi}\int_0^\infty \sqrt{rg\,\mathrm{th}\,rh}\;\sin\sqrt{rg\,\mathrm{th}\,rh}\;t\;\cos rx\,dx$$

La transformation de Lamb n'est pas directement applicable à ces intégrales. Mais le théorème de Boussinesq appliqué à la formule simple (3 p. 22) donne

$$\xi = \frac{\sqrt{g}\,t^2 B}{2^{5/2}\pi^{1/2}x^{5/2}}\left(\cos\frac{gt^2}{4x} - \sin\frac{gt^2}{4x}\right)$$

où

$$\xi = \frac{B}{\sqrt{\pi}\,g^2t^3}\left(\frac{gt^2}{2x}\right)^{5/2}\left(\cos\frac{gt^2}{4x} + \sin\frac{gt^2}{4x}\right)$$

La croissance de ξ vers l'origine est plus rapide que celle de ξ_a (p. 25) mais l'allure générale est la même. Les zéros de ξ se produisent pour

$$x_z = \frac{1}{2}K_z g t^2$$

de même les maxima et minima ont pour abscisses:

$$x_s = \frac{1}{2}K_s g t^2$$

Le tableau suivant donne les plus grandes valeurs de k_s et

k_S ainsi que K_S qui permet de calculer l'amplitude du sommet

$$\xi_s = K_s B \frac{2}{g^2 t^2}$$

k_s	K_S	k_z
0,598	?	
0,157	126	0,204
0,084	740	....θ,124
0,056	2.160	0,070
0,041	4.230	0,049
0,033	7.700	0,037

(Les valeurs de K_S ne sont pas calculées avec grande précision; la première valeur est très faible).

B. Dans le cas où l'impulsion est constante de -a à +a on est conduit à représenter asymptotiquement ξ par

$$\xi = \frac{\sqrt{2}\,P}{\sqrt{\pi g^2}} \sin\left(\frac{gt^2}{4x}\cdot\frac{a}{x}\right)\left[\cos\frac{gt^2}{4x} - \sin\frac{gt^2}{4x}\right]$$

l'allure de la surface est la même que pour des ondes par emérsion, mais la décroissance est moins rapide.

Voici un exemple numérique:

Pour us rendre compte de la forme des ondes, choisissons la fonction

$$\sin\left(\frac{gt^2}{4x}\frac{a}{x}\right)\sin\left(\frac{gt^2}{4x} - \frac{\pi}{4}\right)$$

en négligeant la lente variation de l'amplitude en fonction de x. Nous choisissons les valeurs suivantes:

$$g = 9{,}81 \text{ m.Sec}^{-2}; \quad a = 0{,}2 \text{ m} \;; \quad t = 30 \text{ sec.}$$

L'onde enveloppe $\sin\left(\frac{gt^2}{4x}\ \frac{a}{x}\right)$ a son premier zéro pour

$$x_1 = 11{,}82 \text{ m.}$$

son 2e sommet $x^{11} = 9{,}65$ m

son 2e zéro $x_2 = 8{,}32$ m

Cette onde est modulée en amplitude par $\sin\left(\frac{gt^2}{4x} - \frac{\pi}{4}\right)$ dont les zéros correspondent à

$$\frac{gt^2}{4x} = \pi\,(1+4k) \qquad \text{et (k entier)}$$

Pour	$k = 54$	on a	$x = 11,82\ldots$ m
	$k = 84$		$x = 8,32\ldots$, m

Il y a donc presque exactement 25 alternances entre x_1 et x_2. Le sommet x^{11} correspond à peu près à k=72,5. Les vitesses de phases des sillons sont:

pour	$k = 59$	$v_p = 0,792$ m $\sec^{-1}$
	..	..
	72	0,667
	73	0,640
	..	..
	84	0,556

La valeur de $\omega = \sqrt{\frac{gt^2}{4x}}$ pour ces ondes est $\sqrt{\pi(1+4k)} \sim 30$.

Cette valeur élevée justifie l'emploi des formules asymptotiques pour évaluer ξ .

Le sommet de l'onde enveloppé se déplace avec la vitesse de 0,322 m. $\sec^{-1}$.

Le premier zéro se déplace avec la vitesse de 0,394 m. $\sec^{-1}$,
le second zéro " " " " " " 0,277 " "

Ces vitesses sont pratiquement la moitié des vitesses de phase comme l'exige la valeur théorique de la vitesse de groupe. (Cfr. § 9). La fig. 7 indique la position des ondes enveloppes et de leurs sillons à trois instants successifs $29,^s5$ 30^s et $30,^s5$. On voit que l'onde anveloppe s'allonge lentement, le noeud de droite avançant plus vit que le noeud de gauche. Pendant ce temps les sillons glissent à l'intérieur de l'enveloppe Le sillon A apparaissant à gauche en une seconde tandis que le sillon M disparait de l'onde représentée : il est clair qu'à l'instant $29,^s5$ le sillon A existe à gauche du noeud N_2 et qu'à l'instant

$30^s,5$ le sillon M existe à droite du noeud N_1.

Théorème de Rossby.

Etablissons d'abord une relation due à Lamb. Les ondes se présentent comme ayant une longueur d'onde variable dans le temps et l'espace:

$$\lambda = \lambda(x,t)$$

Sur la distance "a" il y a $\frac{a}{\lambda}$ ondes à l'instant "t"; le nombre de les ondes varie en fonction du temps: leur acroissement par unité de temps est:

$$\frac{\partial(a/\lambda)}{\partial t}$$

Soient x_1 et x_2 les abscisses distantes de a ($x_2=x_1+a$). Le nombre d'ondes qui frauchissent x_1 entre t et $t+\theta$ est

$$v_p\,\theta/\lambda$$

v_p étant la vitesse de phase.

Le nombre total d'ondes sorties du segment "a" en x_2 et entrées en x_1 de t à $t+\theta$ est donc si "a" est assez petit

$$\frac{\partial(v_p\theta/\lambda)}{\partial x}.a$$

On a donc en passant à la limite, θ et a tendant vers zéro:

$$\frac{\partial\lambda^{-1}}{\partial t}+\frac{\partial v_p\lambda^{-1}}{\partial x}=0$$

Comme $v_p = v_p(\lambda)$ il vient enfin:

$$\frac{\partial\lambda^{-1}}{\partial t}+\left(-\lambda\frac{dv_p}{d\lambda}+v_p\right)\frac{\partial\lambda^{-1}}{\partial x}=0$$

C'est la formule de Lamb. Rossby a remarqué qu'elle peut s'interpréter comme suit: si l'observateur se déplace avec la vitesse de groupe:

$$v_g = v_p-\lambda\frac{dv_p}{d\lambda}$$

la longueur d'onde qu'il observe est constante puisqu'on a

$$\left(\frac{d\lambda^{-1}}{dt}\right)_{observ.} = \frac{\partial\lambda^{-1}}{\partial t} + v_g \frac{\partial\lambda^{-1}}{\partial x} = 0$$

Corollaire:

Il s'ensuit que les sillons ont tous la même longueur d'onde quand ils passent par le sommet d'une onde enveloppe. Il en serait de même au noeud si le phénomène était visible!

Ceci est possible parce qu'à l'instant t les sillons ont une longueur d'onde d'autant plus petite qu'ils sont plus près de la source et que chaque sillon a une longueur d'onde qui croit en fonction du temps.

§ 8. Autres cas d'ondes de Cauchy - Poisson.

Nous avons résolu le problème dans le cas où le fond est parallèle à la surface libre. (équat. du fond: $z=-h$). Lorsque le fond est formé par une courbe quelconque l'intégration est bien plus compliquée et en général impossible même sous forme de séries.

Tout ce qu'il est possible de faire c'est d'appliquer la transformation de Laplace et donc d'obtenir le système suivant

$$\Delta\bar{\varphi} = 0$$

à la surface z=o:

$$g\frac{\partial\bar{\varphi}}{\partial z} + q^2\bar{\varphi} = qf(x) + (-g)h(x)$$

sur la surface S:

$$\frac{\partial\bar{\varphi}}{\partial n} = 0$$

Si l'on peut déterminer $\bar{\varphi}$ en fonction du paramètre q, on pourra par inversion calculer φ .

En partant de cette remarque Melle Huleux s'est proposée de mesurer $\bar{\varphi}$ par une méthode analogique. Elle a choisi l'emploi d'une cuve éléctrolytique. Nous ne pouvons songer ici à exposer le détail de son étude qui n'est d'ailleurs pas encore terminée. Nous nous contenterons d'en exposer les principes.

La cuve ayant une surface horizontale semblable à la section verticale du fluide dans le plan xz, il convient d'examiner d'abord la similitude des ondes étudiées.

La similitude des ondes de Cauchy-Poisson:

Comparons les ondes dans deux domaines géométriquement semblables rempli d'un même fluide d'émersion soumis à la même pesanteur.

Soit $\lambda = \frac{\tilde{x}}{x} = \frac{\tilde{z}}{z}$ le rapport de similitude géométrique. Comme $g = \tilde{g}$ le rapport $\theta = \frac{\tilde{t}}{t}$ doit être tel que

$$\lambda = \theta^2.$$

C'est la loi de Fronde.

Les équations étant linéaires le potentiel est proportionnel au maximum de l'intumescence initiale; nous pouvons nous fixer celle-ci arbitrairement. Nous ferons simplement

$$\xi_M = \tilde{\xi}_M$$

A l'équation $\Delta\varphi = o$ correspond $\Delta\tilde{\varphi} = o$.

Sur S et $\tilde{S}$ à $\frac{\partial \varphi}{\partial n} = o$ correspond $\frac{\partial \tilde{\varphi}}{\partial \tilde{n}} = o$

Pour $z = o$ à correspond pour $\tilde{z} = o$

$$\frac{\partial^2 \varphi}{\partial t^2} + g\frac{\partial \varphi}{\partial z} = 0 \qquad \frac{\partial^2 \tilde{\varphi}}{\partial \tilde{t}^2} + g\frac{\partial \tilde{\varphi}}{\partial \tilde{z}} = 0$$

sans qu'il n'y ai de relation entre φ et $\tilde{\varphi}$. Mais pour t=o on a

pour $z = o$ et pour $z=o$

$$\frac{\partial \varphi}{\partial t} = -g\xi \qquad \frac{\partial \tilde{\varphi}}{\partial \tilde{t}} = -g\xi$$

On a donc $\theta = \frac{\tilde{q}}{q}$

Calculons les transformées de Laplace

$$\bar{\varphi} = \int_0^{\infty} e^{-q} \varphi dt$$

et

$$\bar{\tilde{\varphi}} = \int_0^{\infty} e^{\tilde{q}\tilde{t}} \tilde{\varphi} d\tilde{t}$$

A la condition (1) p.13 sur z=o:

$$g\frac{\partial\bar{\varphi}}{\partial z} + q^2\bar{\varphi} = - g\, h(x)$$

correspond:

$$g\frac{\partial\bar{\tilde{\varphi}}}{\partial \tilde{z}} + \tilde{q}^2\bar{\tilde{\varphi}} = - g\, h(x)$$

Il faut que:

(1) $$\frac{\bar{\tilde{\varphi}}}{\bar{\varphi}} = \frac{\tilde{z}}{z} = \frac{q^2}{\tilde{q}^2} = \lambda = \theta^2$$

par exemple:

(2) $$\frac{\tilde{q}}{q} = \theta$$

de sorte que

$$qt = \tilde{q}\tilde{t}$$

ce qui est nécessaire puisque qt est un nombre sans dimensions.

La cuve électrolytique.

Dans un fluide de resistivité ρ_e on réalise un champ électrique plan de potentiel V c.a.d. dépendant seulement de deux variables spatiales $\tilde{x}$ et $\tilde{z}$. Le courant dans l'électrolyte est:

$$I = - \frac{\rho}{\rho_e}\, grad\, V$$

au travers de la surface S normale au champ E=grad V. La conservation du courant exige que $div I = 0$

on, si la masse fluide est uniforme

$$\Delta V = 0$$

Le fluide est limité sur S par des parois non conductrices telles que: (Cfr. fig. 8 pour ce qui suit)

$$i_N = 0 \quad \text{ou} \quad \frac{\partial V}{\partial \tilde{x}} = 0$$

sauf suivant l'axe $\tilde{x} = 0$ sur lequel on réalise une chute de potentiel de V_1 à V au moyen d'une résistance R que traverse le courant i, S étant l'aire des lames métalliques au potentiel V. On a donc

$$V_1 - V = \frac{SR}{\varrho_e}\frac{\partial V}{\partial \tilde{z}} \tag{3}$$

V_0 étant un potentiel de référence on réalise V_1 de façon que

$$V_1 = \frac{h(x)}{h_1} V_0$$

l'équation (3) est l'analogue de l'équation

$$\frac{\partial \bar{\tilde{\varphi}}}{\partial \tilde{z}} + \tilde{q}^2 \bar{\tilde{\varphi}} = -g\, h(x) \tag{4}$$

si l'on pose:

$$\bar{\tilde{\varphi}} = -\xi_m \frac{V}{V_0} \frac{q}{\tilde{q}^2}$$

à condition que l'on ait

$$\tilde{q}^2 = \frac{g \varrho_e}{SR}$$

La mesure du potentiel en un point quelconque (x,z) permet donc de calculer $\bar{\varphi}$ en ce point.

La cuve n'ayant pas les dimensions du lac dans lequel les ondes se propagent, la surface S est construite à l'échelle λ il résulte de (4) que la valeur de $\tilde{q}^2$ dans la cuve vaut $\frac{1}{\lambda} q^2$ pour le lac. On a donc:

$$q^2 = \frac{g \rho_e \lambda}{SR}$$ et de (3) que

(5) $$\bar{\varphi} = - \xi_m \frac{V}{V_0} \frac{g}{q^2}$$

Par conséquent la mesure de V en un point de la cuve permet de connaître $\bar{\varphi}$ en fonction de q^2.

Melle Huleux obtient de cette façon pour une forme de cuve déterminée des courbes dont l'allure est la suivante: (Cfr. fig.9).

La valeur de V pour $q^2 = o$ appelle quelques commentaires: La fonction $\bar{\varphi}$ pour $q^2 = o$ doit satisfaire aux équations:

$$\Delta \bar{\varphi} = 0$$

sur S, $$\frac{\partial \bar{\varphi}}{\partial n} = 0$$ sur z=o $$\frac{\partial \bar{\varphi}}{\partial z} = - g\, h(x)$$

Il s'agit d'un problème de Neumann qui n'admet de solution que si

$$\oint \frac{\partial \bar{\varphi}}{\partial n} ds = 0$$

ou dans le cas étudiée

$$- g \int_{AB} h(x) dx \neq 0$$

AB étant le segment de l'axe des x baigné par le fluide.

Il est clair que la plus part des données initiales ne satisfont pas à cette condition. Il n'y a donc pas de fonctions $\bar{\varphi}$ correspondant à ce problème.

Il est facile de voir que la fonction $\bar{\varphi}$ tend vers l'∞ quand q^2 tend vers zéro, suivant la loi

$$\bar{\varphi} = \frac{N_0}{q^2}$$

N_0 étant une constante facile à déterminer au moyen de (4):

$$N_0 = -\frac{q}{AB}\int_{AB} h(x)\,dx$$

Il résulte alors de (5) que

$$\lim\,(V)_{q^2=0} = V_0\,\frac{\int_{AB} h(x)\,dx}{h_m\,AB}$$

est indépendant des coordonnées $(\bar{x},\bar{z})$.

Le point K est donc le même pour toutes les courbes.

La forme des courbes (fig.9) s'explique aisément.

Nous avons vu que pour une section rectangulaire le potentiel des vitesses a pour transformée une série de la forme:

$$\bar{\varphi} = \frac{N_0}{q^2} + \sum_1^{\infty} N_k(x,z)\,\frac{1}{p^2+\omega_k^2}$$

On a donc pour le potentiel électrique dans la cuve $\mathcal{C}h(5)$:

$$V = -\frac{V_0}{\xi_m q}\left[N_0 + \sum_1^{\infty} N_k(x,z)\,\frac{p^2}{p^2+\omega_k^2}\right]$$

Dans le cas d'une section quelconque le terme N_o a bien la même valeur comme nous venons de le montrer, mais les facteurs N_k $(k > o)$ sont inconnus ainsi que les constants w_k pulsation des différents partiels des mouvements propres.

Le problème est donc de déduire des courbes de Melle Huleux la suite des facteurs N_k et celle des nombres w_k. On notera que l'asymptote horizontale a pour équation

$$V = -\frac{V_0}{\xi_m q}\sum N_k$$

Le détail de cette analyse sera publié ultérieurement dans la thèse de doctorat de Melle Huleux.

§ 9. Ondes élémentaires.

Retournons à la formule (2) p.21. Elle représente l'élévation de la surface comme une somme de Fourier d'indices ayant un spectre continu; chaque onde a pour expression à un facteur près

$$\xi = 2\cos\sqrt{rg}\,t\cos rx$$

C'est une onde stationnaire de pulsation

$$\omega = \sqrt{rg}$$

et de longueur d'onde

$$\lambda = \frac{2\pi}{r}$$

On peut évidemment décomposer cette onde stationnaire en une onde progressive et une onde rétrograde

$$\xi = \cos(\sqrt{rg}\,t + rx) + \cos(\sqrt{rg}\,t - rx)$$

dont la vitesse de phase est

$$v_p = \sqrt{\frac{g}{r}} = \frac{g}{\omega}$$

on en fonction de la longueur d'onde

$$v_p = \sqrt{\frac{g\lambda}{2\pi}}$$

La vitesse de groupe d'une telle onde est

$$v_g = v_p + r\,\frac{dv_p}{dr}$$

$$= v_p - \lambda\,\frac{dv_p}{d\lambda} = \frac{1}{2}\,v_p$$

Dans le cas d'une profondeur finie on a

(1) $$\xi = 2\cos\sqrt{gr\,\mathrm{th}\,hr}\;t\cos rx$$

On a donc cette fois

$$\omega = \sqrt{g r \,\mathrm{th}\, hr}$$

d'où $v_p = \frac{\omega}{r} = \sqrt{\frac{g\,\mathrm{th}\,hr}{r}}$ et la vitesse de groupe

$$v_g = \frac{1}{2} v_p \left[1 + \frac{2\pi h/\lambda}{\mathrm{sh}\,\frac{2\pi h}{\lambda}\,\mathrm{ch}\,\frac{2\pi h}{\lambda}} \right] \qquad \text{ou}$$

(2) $$v_g = \frac{1}{2} v_p \left[1 + \frac{2hr}{\mathrm{sh}\,2hr} \right]$$

On voit que v_g qui vaut $\frac{v_p}{2}$ quand h est infini croit et tend vers v_g si h tend vers zéro. c.a.d. que si la profondeur est très faible, on a asymptotiquement

$$v_g = v_p = \sqrt{gh}$$

Dans ce sas on voit qu'il n'y a plus de dispersion. Nous retrouverons ce résultat dans la deuxième partie.

Le potentiel correspondant à une onde progressive

$$\xi = \xi_o \cos(\omega t - rx) \qquad \text{est}$$

(3) $$\varphi = -g\,\xi_o \frac{\sin(\omega t - rx)}{\omega} \cdot \frac{\mathrm{ch}\, r(z+h)}{\mathrm{ch}\, rh}$$

avec $\omega = \sqrt{gr\,\mathrm{th}\,hr}$

on en déduit que le point du fluide de coordonnées $x_1 z_1$ a pour composants de vitesse, si on pose $K = \frac{g\,\xi_o r}{\omega}$,

$$\left(\frac{dx}{dt}\right)_1 = \left(\frac{\partial \varphi}{\partial x}\right)_1 = + K \cos(\omega t - rx) \frac{\mathrm{ch}\, r(z_1+h)}{\mathrm{ch}\, rh}$$

$$\left(\frac{dz}{dt}\right)_1 = \left(\frac{\partial \varphi}{\partial z}\right)_1 = + K \sin(\omega t - rx) \frac{\mathrm{sh}\, r(z_1+h)}{\mathrm{ch}\, rh}$$

Pour obtenir la trajectoire d'un point il faut intégrer ces relations. Comme nous supposons les déplacements petits us allons en première approximation laisser x_1 et z_1 constants dans le second membre de façon à n'effectuer que des quadratures.
Il vient alors

$$x-x_1=-K\frac{\sin(\omega t-rx)}{\omega}\cdot\frac{\text{ch } r(z_1+h)}{\text{ch } rh}$$

$$z-z_1=-K\frac{\cos(\omega t-rx)}{\omega}\cdot\frac{\text{sh } r(z_1+h)}{\text{ch } rh}$$

x_1 et z_1 étant la position moyenne. En éliminant t il vient:

$$\frac{(x-x_1)^2}{a^2}+\frac{(z-z_1)^2}{b^2}=1$$

avec

$$a=K\frac{\text{ch } r(z_1+h)}{\omega\,\text{ch } rh} \quad \text{et} \quad b=\frac{K}{\omega}\,\frac{\text{sh}r(z_1+h)}{\text{ch } rh}$$

La trajectoire est donc une ellisse si b n'est pas nul, ce qui se produit au fond, pour $z_1=-h$. Le rapport des axes est

$$\frac{b}{a}=\text{th } r\,(z_1+h)$$

il varie de zéro - valeur au fond - à une valeur maximum th rh - valeur en surface . Le grand axe de l'ellisse est horizontal, il vaut K/ω à la surface et décroit en fonction de la profondeur pour atteindre K/ω ch rh au fond.

Lorsque la profondeur est ∞ , le rapport b/a vaut constamment l'unité et toutes les trajectoires sont des circonférences dont le rayon décroit en fonction de la profondeur comme ch rz.

Notons enfin que lorsque le point passe au sommet de l'ellisse, z étant maximum, cos $(\omega t-rx)$ vaut -1; il s'en suit que la vitesse dx/dt est positive, c.a.d. que le point passe au sommet dans le sens de propagation de l'onde.

Conservation de l'énergie.

L'énergie cinétique dans le volume parallélipipédique est:

$$T = B\int_{x_0}^{x_1} dx \int_h^0 \frac{1}{2}\mu_0 \,\mathrm{grad}^2\varphi \, dz$$

$$= \frac{1}{2}\iiint_V \mu_0 \,\mathrm{grad}^2\varphi \, dV$$

l'énergie potentielle:

$$V = V_0 + B\mu g\int_{x_0}^{x_1} \frac{1}{2}\xi^2 dx$$

On peut encore écrire T de la façon suivante:

$$T = \frac{\mu_0}{2}\iint_S \varphi \frac{\partial\varphi}{\partial n} dS - \frac{\mu_0}{2}\iiint_V \varphi\Delta\varphi \, dV$$

le dernier temme est nul puisque φ est harmonique. On a de même pour la dérivée par rapport au temp de T:

$$\frac{\partial T}{\partial t} = \mu_0\int_S \frac{\partial\varphi}{\partial t}\frac{\partial\varphi}{\partial n} dS - \mu_0\iiint_V \frac{\partial\varphi}{\partial t}\Delta\varphi \, dt$$

le dernier terme est nul.

Décomposons S en les surfaces S_1 et S_2 perpendiculaires à x, S_3 et S_4 perpendiculaires à y et S_5 S_6 horizontales. (Cfr. fig.10). Pour les mouvements parallèles au plan xz il reste:

$$\frac{\partial T}{\partial t} = \mu_0\left[\int_{S_1} \frac{\partial\varphi}{\partial t}\frac{\partial\varphi}{\partial x} dS - \int_{S_2} \frac{\partial\varphi}{\partial t}\frac{\partial\varphi}{\partial x} dS + \int_{S_6} \frac{\partial\varphi}{\partial t}\frac{\partial\varphi}{\partial z} dS\right]$$

On a d'autre part:

$$\frac{\partial V}{\partial t} = B\mu g\int_{x_0}^{x_1} \xi \frac{\partial\xi}{\partial t} dS$$

Comme dans le plan xy, sur S_6 on a:

$$\frac{\partial\xi}{\partial t} = \frac{\partial\varphi}{\partial z} \quad , \quad \xi = -\frac{1}{g}\frac{\partial\varphi}{\partial t}$$

il vient (Cfr A p.8)

$$\frac{\partial(T+V)}{\partial t} = -\mu_0 g \int_{S_1} p v_x dS + \mu_0 \int_{S_2} p v_x dS$$

C'est la loi de conservation de l'énergie; le second membre réprésente les pressions transmisses à travers les surfaces S_1 et S_2 par l'effet de la pression sur le fluide en mouvement. Si l'on suppose $x_1 = x_0 + dx$ on a:

$$\frac{\partial}{\partial t} \quad \frac{B}{2}\int_{-h}^{0} \mu_0 \operatorname{grad}^2 \varphi \, dz + \frac{B}{2}\mu g \xi^2 + B\mu_0 \frac{\partial}{\partial x}\int_{-h}^{0} p v_x dz$$

Cette équation a la forme d'une équation de conservation d'un fluide se mouvant parallélement à l'axe des x et de masse spécifique (densité d'énergie)

$$\mu^* = \frac{B}{2}\int_{-h}^{0} \mu_0 \operatorname{grad}^2 \varphi \, dz + \frac{B}{2}\mu g \xi^2$$

et de quantité de mouvement (flux d'énergie)

$$\mu^* v^* = B\mu_0 \int_{-h}^{0} p v_x dz$$

la vitesse v^* est la vitesse de transfert de l'énergie. Dans le cas de l'onde progressive

$$\varphi = -g\frac{\xi_0}{\omega} \sin(\omega t - r x) \frac{\operatorname{ch} r(z+h)}{\operatorname{ch} r h}$$

où $\omega = \sqrt{gr \operatorname{th} rh}$

on obtient la valeur suivante:

$$\mu^* = \frac{B}{2}\mu_0 g \xi_0^2 + \frac{B}{4}\mu_0 g \xi_0^2 \left(1 + \frac{2rh}{\operatorname{sh} 2rh}\right)\cos 2(\omega t - rx)$$

dont la moyenne par période $T = 2\pi\omega^{-1}$ est

$$\bar{\mu}^* = \frac{B}{2}\mu_0 g \xi_0^2$$

La partie de μ^* due à l'énergie potentielle était

$$\frac{B}{2}\mu_0 q \xi_0^2 \cos^2(\omega t - rx)$$

dont la moyenne est $\bar{\mu}^*/2$; on voit qu'il y a équipartition des valeurs moyennes des énergies cinétiques et potentielles. D'autre part on a:

$$\mu^* v^* = 2\bar{\mu}^* v_g \cos^2(\omega t - rx)$$

où nous avons introduit la vitesse de groupe v_g (Cfr.p.39). La moyenne par période est

$$\overline{\mu^* v^*} = \bar{\mu}^* v_g$$

La vitesse de groupe est donc la vitesse de transfert de l'énergie moyenne, mais ce n'est pas la moyenne de la vitesse

$$v^* = v_p \left[1 - \frac{v_p - v_g}{v_p + v_g \cos 2(\omega t - rx)}\right]$$

comme on le dit parfois erronément. On a en effet puisque $v_p > v_g$

$$\bar{v}^* = v_p\left[1 - \frac{4}{\pi}\frac{v_p - v_g}{\sqrt{v_p^2 - v_g^2}} \operatorname{arg\,tg}\sqrt{\frac{v_p - v_g}{v_p + v_g}}\right]$$

on en déduit le tableau suivant:

$v_g = 0,5\ v_p$	$\bar{v}^* = 1,232\ v_g$	$= 0,616\ v_p$
0,6	1,176	0,706
0,7	1,123	0,786
0,8	1,080	0,864
0,9	1,037	0,934
1,0	1,000	1,000

On ne peut donc avoir $\bar{v}^* = v_g$ que si l'on a en même temps $v_p = v_g$ c.a.d. dans le cas des eaux superficielles.

§ 10. Variants intégraux.

Lorsqu'on produit des ondes par émersion, il est évident en vertu de la conservation de la masse du fluide incompressible que le volume de l'intumescence initiale

$$I_0 = \int_{-\infty}^{+\infty} \xi(x,0)\,dx = \int_{-\infty}^{+\infty} h(x)\,dx$$

doit se conserver c.a.d. qu'à tout instant

$$I_0 = \int_{-\infty}^{+\infty} \xi(x,t)\,dx.$$

Il y a quelque intérêt à rechercher si d'autres intégrales se conservent au varient en fonction du temps suivant des lois connues à priori, et cela non seulement pour les ondes par émersion mais aussi pour les ondes par impulsion.

En nous plaçant dans le cas d'un milieu de profondeur h mais infiniment long ($-\infty < x < +\infty$) retournons à la transformée de Fourier.

$$\bar{\bar{\varphi}} = \int_{-\infty}^{+\infty} \cos rx\, \bar{\varphi}(x,z)\,dx$$

d'où

$$\bar{\varphi} = \int_{0}^{\infty} e^{-qt} \varphi(x,z,t)\,dt$$

On sait que

$$\bar{\bar{\varphi}} = \frac{qF - gH}{\omega^2 + q^2} \cdot \frac{\operatorname{ch} r(z+h)}{\operatorname{ch} rh}$$

où

$$\omega = \sqrt{gr\operatorname{th} rh}$$

$$F = \int_{-\infty}^{+\infty} f \cos rx\,dx$$

et

$$H = \int_{-\infty}^{+\infty} \cos rx\, h(x)\,dx.$$

Mais on a:

$$\bar{\bar{\varphi}} = \int_{0}^{\infty} e^{-qt}\,dt \int_{-\infty}^{+\infty} \cos rx\, \varphi(x,z,t)\,dx$$

d'où par inversion:

(1) $$\int_{-\infty}^{+\infty} \cos rx\, \varphi(x,z,t)\,dx = \frac{\operatorname{ch} r(z+h)}{\operatorname{ch} rh}\left(F\cos\omega t - \frac{g}{\omega} H \sin\omega t\right)$$

En se souvenant que:

$$\xi = -\frac{1}{g}\frac{\partial \varphi}{\partial t}$$

on a
$$\int_{-\infty}^{+\infty} \cos rx\, \xi(x,z,t)\,dx = \frac{\operatorname{ch} r(z+h)}{\operatorname{ch} rh}\left(\frac{\omega}{g} F\sin\omega t + H\cos\omega t\right)$$

et à la surface:

$$\int_{-\infty}^{+\infty} \cos rx\, \xi(x,0,t)\,dx = \frac{\omega}{g} F\sin\omega t + H\cos\omega t .$$

Si l'on fait r= ω =o, il vient:

$$\int_{-\infty}^{+\infty} \xi(x,0,t)\,dx = (H)_{r=0} = \int_{-\infty}^{+\infty} f(x)\,dx$$

Nous retrouvons ainsi la conservation du volume.

En développant cos rx en série sous l'intégrale, le coefficient de r^{2n} est:

$$\frac{(-1)^n}{2n!}\int_{-\infty}^{+\infty} x^{2n}\, \xi(x,0,t)\,dx$$

il est proportionnel au moment d'ordre $2n$. On a :

$$H\cos\omega t = \int_{-\infty}^{+\infty}\left(1 - \frac{r^2x^2}{2!} + \cdots\right) h(x)\,dx \left[1 - \frac{t^2}{2} g r \operatorname{th} rh + \cdots\right]$$

dont le coefficient de r^2 est:

$$-\frac{1}{2!}\int_{-\infty}^{+\infty} x^2 h(x)\,dx + \frac{t^2}{2} g h \int_{-\infty}^{+\infty} h(x)\,dx$$

on a donc:

$$\int_{-\infty}^{+\infty} x^2 \xi(x,o,t)dx = \int_{-\infty}^{+\infty} x^2 h(x)dx - qht^2 \int_{-\infty}^{+\infty} h(x)dx$$

et ainsi de suite si f(x) est nul.

Si nous avions utilisé la transformé

$$\bar{\bar{\varphi}}' = \int_{-\infty}^{+\infty} \sin 2x \, \bar{\varphi}(x,z)dx$$

nous aurions obtenu de même

$$\int_{-\infty}^{+\infty} \sin rx \, \xi(x,o,t)dx = \frac{\omega}{q} F^* \sin \omega t + H^* \cos \omega t$$

Lorsque f(x) est nul, on trouve ainsi

$$\int_{-\infty}^{+\infty} x \, \xi(x,o,t)dx = \int_{-\infty}^{+\infty} x \, h(x)dx$$

$$\int_{-\infty}^{+\infty} x^3 \xi(x,o,t)dx = \int_{-\infty}^{+\infty} x^3 h(x)dx - 3qht^2 \int_{-\infty}^{+\infty} x \, h(x)dx$$

et ainsi de suite. Si l'intumescence initiale est paire, tous les moments d'ordre impair sont nuls, c.a.d. que l'intumescence reste paire. (ou symétrique par rapport à x=o).

Dans le cas des ondes par impulsion on a obtenu par un calcul semblable:

$$\int_{-\infty}^{+\infty} \xi(x,o,t)dx = 0$$

$$\int_{-\infty}^{+\infty} x \, \xi(x,o,t)dx = 0$$

$$\int_{-\infty}^{+\infty} x^2 \xi(x,o,t)dx = -\frac{2t}{g} \int_{-\infty}^{+\infty} f(x)dx$$

$$\int_{-\infty}^{+\infty} x^3 \xi(x,o,t)dx = -\frac{6t}{g} \int_{-\infty}^{+\infty} x f(x)dx$$

et ainsi de suite.

On peut aussi calculer ces moments de proche en proche par récurrence. Commençons par appliquer à φ la transformée de Fourier:

(A) $$\bar{F}(z,t) = \int_{-\infty}^{+\infty} \cos rx \, \varphi(x,z,t) \, dx$$

φ étant fonction harmonique, on trouve que

(B) $$\frac{\partial^2 \bar{F}}{\partial z^2} - r^2 \bar{F} = 0$$

d'où $$\bar{F} = A(t) \operatorname{ch} rz + B(t) \operatorname{sh} rz$$

Mais pour z = - h:

(C) $$\frac{\partial \bar{F}}{\partial z} = \int_{-\infty}^{+\infty} \cos rx \frac{\partial \varphi}{\partial z} dx = 0$$

donc $$\bar{F} = \mathcal{C}(t) \operatorname{ch} r(z+h)$$

Or pour z=o on doit avoir

(D) $$\frac{\partial^2 \bar{F}}{\partial t^2} + g \frac{\partial \bar{F}}{\partial z} = 0$$

ou $$\frac{\partial^2 \varphi}{\partial t^2} + g \frac{\partial \varphi}{\partial z} = 0$$

et donc: $$\frac{d^2 \mathcal{C}}{dt^2} \operatorname{ch} rh + gr \operatorname{sh} rh \, \mathcal{C} = 0$$

ou $\mathcal{C} = \mathcal{C}_1 \cos \omega t + \mathcal{C}_2 \sin \omega t$

avec $\omega = \sqrt{gr \operatorname{th} rh}$

Les constants $\mathcal{C}_1$ et $\mathcal{C}_2$ sont à déterminer par les conditions initiales: pour z=o on a, à l'instant t=o

$$\varphi = f(x) = \varphi_0$$

$$\frac{\partial \varphi}{\partial t} = -g h(x) = -g \xi$$

d'où $$\bar{F}(0,0) = \int_{-\infty}^{+\infty} \cos rx \, f(x) \, dx$$

et

$$\frac{\partial \bar{F}(0,0)}{\partial t} = -g \int_{-\infty}^{+\infty} h \cos rx \, dx$$

On a donc:

$$\bar{F}(0,0) = \varphi_1 \operatorname{ch} rh$$

et
$$\frac{\partial \bar{F}(0,0)}{\partial t} = \varphi_2 \omega \operatorname{ch} rh$$

On retrouve ainsi (1) de la page 45 .

Si on développe le cos. en série dans (A) on peut écrire:

$$\bar{F}(z,t) = (-1)^n \frac{r^{2n}}{2n!} V_{2n}(z,t)$$

où V_{2n} est le moment d'ordre 2n

$$V_{2n} = \int_{-\infty}^{+\infty} x^{2n} \varphi \, dx$$

qui satisfait, en vertu de (B) p. 47

(E)
$$\frac{\partial^2 V_{2n}}{\partial z^2} + 2n(2n-1) V_{2n-2} = 0$$

Il résulte de (φ) que l'on doit avoir pour

(F) $z = -h$
$$\frac{\partial V_{2n}}{\partial z} = 0$$

et pour $z = o$
$$\frac{\partial^2 V_{2n}}{\partial t^2} + g \frac{\partial V_{2n}}{\partial z} = 0 \qquad \text{(G)}$$

avec les valeurs initiales pour t=o.

(H)
$$V_{2n}(0,0) = \int_{-\infty}^{+\infty} x^{2n} f(x) \, dx$$

$$\frac{\partial V_{2n}(0,0)}{\partial t} = -g \int_{-\infty}^{+\infty} x^{2n} h(x) \, dx$$

Calculons d'abord V_o. Suivant E on doit avoir:

$$V_o(z,t) = \varphi_o(t)$$

de façon à satisfaire à (E). Mais (G) se réduit à

$$\frac{d^2 \varphi_o}{dt^2} = 0$$

ou
$$\varphi_o = \varphi_o' + \varphi_o'' t$$

où φ'_0 n'est autre que $V_0(0,0)$ et φ''_0 $\frac{\partial V_{zn}(0,0)}{\partial t}$ (Cfr. (H)).

On a donc:

$$V(zt) = \int_{-\infty}^{+\infty} f(x)\,dx - gt \int_{-\infty}^{+\infty} h(x)\,dx$$

On en déduit par dérivation

$$\int_{-\infty}^{+\infty} \xi(x,0,t)\,dx = \int_{-\infty}^{+\infty} h(x)\,dx$$

les autres moments pairs se calculant de proche en proche à partir du premier. En partant de la trasnformée:

$$\int_{-\infty}^{+\infty} \sin rx\, \varphi(x,z,t)\,dx$$

on obtient les moments impairs.

Dans le cas d'une cuve rectangulaire (p.14) les valeurs de r forment une suite discontinue. Il n'est pas possible d'obtenir les moments d'ordre n par identification des coefficients du développement en série.

Les variants que l'on peut former dans ce cas ont pour expression

$$V_k = \int_{-l}^{+l} \cos\frac{k\pi x}{l}\, \varphi(x,z,t)\,dx$$

et

$$V_{k'} = \int_{-l}^{+l} \cos\frac{2k'+1}{2}\pi\frac{x}{l}\, \varphi(x,z,t)\,dx \qquad \text{(k et k' entier)}$$

d'où l'on déduit à la surface les expressions:

$$W_k = \int_{-l}^{+l} \cos\frac{k\pi x}{l}\, \xi(x,t)\,dx$$

$$W_{k'} = \int_{-l}^{+l} \cos\frac{2k'+1}{2}\pi\frac{x}{l}\, \xi(x,t)\,dx$$

Ces variants sont aussi des fonctions connues du temps: ce sont ici des fonctions sinusoidales de pulsation ω_k et $\omega_{k'}$. On peut établir ces propriétés en suivant l'une ou l'autre des deux méthodes qui ont été exposées pour la cuve infimiment longue.

On peut aussi les vérifier à partir de la formule p. 17. On a par exemple:

$$W_k = \frac{1}{g} F_k \omega_k \sin\omega_k t + H_k \cos\omega_k t$$

$$W_{k'} = \frac{1}{g} F_{k'} \omega_{k'} \sin\omega_{k'} t + H_{k'} \cos\omega_{k'} t$$

en particulier $W_o = H_o$ on $\int_{-l}^{+l} \xi(x,t)\, dx = \int_{-l}^{+l} h(x)\, dx$

De même $V_o = F_o - g H_o t$ etc...

$$V_k = (F_k \cos\omega_k t - \frac{g}{\omega_k} H_k \sin\omega_k t) \frac{ch\, k\pi(z+h)/l}{ch\, k\pi h/l}$$

On peut aussi écrire au lieu de (20)

$$\varphi = \frac{1}{2l} V_o + \frac{1}{l} \sum_{1}^{\infty}{}_k V_k \cos\frac{k\pi x}{l} + \frac{1}{l} \sum_{0}^{\infty}{}_{k'} V_{k'} \cos\frac{2k'+1}{2}\pi\frac{x}{l}$$

et pour la surface libre

$$\xi = \frac{1}{2l} H_o + \frac{1}{l} \sum_{1}^{\infty}{}_k W_k \cos\frac{k\pi x}{l} + \frac{1}{l} \sum_{0}^{\infty}{}_{k'} W_{k'} \cos\frac{2k'+1}{2}\pi\frac{x}{l}.$$

Les variants intégraux dans ce cas ne sont autres que les "paramètres normaux" de la théorie des vibrations.

§ 11. Effet de la capillarité.

Nous avons supposé jusqu'ici que la pression du fluide à la surface libre est la pression atmosphérique. Il n'est plus de même s'il règne à l'intersurface une tension superficielle.

En un point de la surface libre considérons un élément rectangulaire curviligne dont les axes de symétrie sont les lignes de courbure principales de la surface en ce point. Si T est la tension superficielle au point considéré, l'équilibre des forces projetées sur la normale exige que (fig; 11)

$$p \cdot \hbar a b = p_a \cdot \hbar a b + \hbar b T \frac{a}{R_1} + \hbar a T \frac{b}{R_2}$$

a et b étant petits les cos des angles que les forces dues à la tension font avec la normale n, ont pour valeur a/R_1 et b/R_1. On a donc:

$$p = p_o + T\left(\frac{1}{R_1} + \frac{1}{R_2}\right)$$

On vérifie que cette formule est générale c.a.d. indépendante de la forme de l'élement de surface considéré. La condition à la surface libre peut dès lors s'écrire quand on suppose cette surface cylindrique de génératrices parallèles à l'axe des y

$$\frac{\partial \varphi}{\partial t} + g\xi - \frac{T}{\mu}\frac{\partial^2 \xi}{\partial x^2} = 0$$

Parce que l'on peut à nouveau supposer " p_a ", nul en modifiant la valeur de φ.

Par dérivation par rapport au temp il vient

$$\frac{\partial^2 \varphi}{\partial t^2} + g\frac{\partial \varphi}{\partial z} - \frac{T}{\mu}\frac{\partial^3 \varphi}{\partial x^2 \partial z} = 0$$

La transformation de Laplace donne:

$$q^2 \bar{\varphi} + g\frac{\partial \bar{\varphi}}{\partial z} - \frac{T}{\mu}\frac{\partial^3 \bar{\varphi}}{\partial x^2 \partial z} + g\,h(x) = 0$$

dans le cas des ondes par émersion. La transformée de Fourier donne alors:

$$q^2 \bar{\bar{\varphi}}_k + \left(g + \frac{T}{\mu}\tau_k^2\right)\frac{d\bar{\bar{\varphi}}_k}{dz} + F_k = 0$$

avec

$$\tau_k = \frac{k\pi}{\ell} \quad \text{ou} \quad \tau_k = \frac{2k'+1}{2}\frac{\pi}{\ell}$$

On voit que l'on est aussi conduit à des calculs semblables à ceux de plus haut, à condition d'ajouter à g le terme $T\mu^{-1}r_k^2$.
Une onde élémentaire est de la forme:

$$\sin(\omega t - rx)\ \mathrm{ch}\ r(z+h)$$

avec

$$\omega = \sqrt{gr + \frac{T}{\mu} r^3\ \mathrm{th}\ rh}$$

La vitesse de phase est donc:

$$v_p = \frac{\omega}{r} = \sqrt{\frac{g}{r} + \frac{T}{\mu} r\ \mathrm{th}\ rh}$$

Pour les petits longueurs d'onde, comme

$$\lambda = \frac{2\pi}{r}$$

le terme en T l'emporte; pour les grandes longueurs d'ondes c'est le terme g/r qui est prépondérant.
La vitesse de groupe:

$$v_g = \frac{d\omega}{dr} = \frac{1}{2} v_p \ \frac{2rh}{\mathrm{sh}\, 2rh} + \frac{g + \frac{3Tr^2}{\mu}}{g + \frac{Tr^2}{\mu}}$$

Dans le cas où la profondeur h est infinie:

$$v_p = \sqrt{\frac{g}{r} + \frac{T}{\mu} r}$$

La vitesse de phase est ∞ pour r nul ou ∞. Elle passe par un minimum pour

$$v_{p_m} = \left(\frac{4Tg}{\mu}\right)^{1/4} \qquad r_m = \sqrt{\frac{g\mu}{T}}$$

La vitesse de groupe est:

$$v_g = \frac{1}{2} v_p \frac{g + \frac{3T}{\mu} r^2}{g + \frac{T}{\mu} r^2}$$

elle varie de $\frac{1}{2} v_p$ à $\frac{3}{2} v_p$ quand "r" croît de zéro à l'∞, elle vant exactement v_p quand $r = r_m$.

Nous avons représenté sur la fig. 12

$$v_p = \sqrt{\frac{r_m}{g}} = \sqrt{\frac{r}{r_m} + \frac{r_m}{r}}$$

ainsi que (Cfr. fig. 13)

$$\frac{v_g}{v_p} = \frac{1 + 3\left(\frac{r}{r_m}\right)^2}{2 + 2\left(\frac{r}{r_m}\right)^2}$$

Quand la profondeur est finie, la vitesse de phase varie de $\sqrt{gh}$ à l'∞ quand r varie de zéro à l'∞. Elle a sa valeur minimum pour "r" nul si $h < \sqrt{\frac{3T}{g\mu}}$

La vitesse de groupe dans ce cas varie de v_p à $\frac{3}{2}$ v_p. Mais si $h > \sqrt{\frac{3T}{g\mu}}$ la vitesse de phase passe par un minimum pour une valeur positive de r_m, la racine > o de l'équation

$$\frac{2rh}{\operatorname{sh} 2rh} = \frac{1 - Tr^2/g\mu}{1 + Tr^2/g\mu}$$

Dans ce cas la vitesse de groupe décroit à partir de v_p pour passer par un minimum et revenir à v_p pendant que r croit de zéro à r_m. Puis la vitesse de groupe augmente jusqu'à $\frac{3}{2}$ v_p pendant que r croit à l'infini. En prenant comme paranche le nombre $\alpha = 2rh$ et en posant

$$\frac{4gh^2\mu}{T} = \beta \qquad \text{on a}$$

$$\frac{\alpha}{\operatorname{sh}\alpha} = \frac{\beta - \alpha^2}{\beta + \alpha^2}$$

La courbe des valeurs de α en fonction de $\sqrt{\beta}$ est reproduite ci-contre (Cfr. fig. 14). Pour β =12 on a α =o. Puis les valeurs de α croissent asymptotiquement vers $\sqrt{\beta}$.

Pour étudier les variations de la vitesse de groupe prenons β =14 et faisons varier α de zéro à la valeur 2. La vitesse de groupe varie de v_p à v_p en passant par un minimum qui vaut à peu près 0,967 v_p pour α =1,6. On voit que la variation de v_g est faible et lente.

Soit maintenant la valeur β =100. Le minimum de la vitesse de groupe est 0,662 v_p et est atteint pour α =4. Lorsque β tend vers l'infini, le minimum est atteint pour α infini et vaut 1/2 v_p mais pratiquement cette valeur est déjà atteinte pour $\alpha > 10$, à moins d'un millième près. La fig. 15 donne la valeur de $v_p/\sqrt{gh}$ en fonction de α pour β =10 et β =14; on voit le minimum de cette dernière atteint pour α =0,92 et égale à 0,98. Nous n'avons pas tracé la courbe β =12 comprise entre les deux autres; elle présente une tangente horizontale pour α =o. Dans le cas de l'eau surmonté d'air on a

$$T = 75 \text{ dn} cm^{-1}$$

dès lors pour $h = \infty$

$$r_m = \sqrt{\frac{981}{72}} = 3,7 \, cm^{-1}$$

ce qui donne comme longueur d'onde

$$\lambda_m = \frac{2\pi}{r_m} = 1,73 \, cm$$

la vitesse de phase correspondante ainsi que la vitesse de groupe est

$$v_{p_m} = v_g = 23 \, cm \, sec^{-1}$$

Quand la profondeur est finie la valeur critique β =12 correspond à la profondeur

$$h = \sqrt{\frac{12\,T}{4 g \mu}} = 0,47 \, cm$$

On déduit des valeurs numériques qu'en fait les cas pratiques correspondent à $\lambda > \lambda_m$ ou $r < r_m$ et que par conséquent

$$v_g < v_p$$

Les ondes de gravité sont dues aux ondes dont la vitesse de phase croit en fonction de la longueur d'onde; elle sont caracterisées par une dispersion "normale" au sens de l'optique . Les ondes de capillarité qui correspondent à $\lambda < \lambda_m$ sont "anormals" du point de vue de la dispersion. Kelvin leur a reservé le nom de rides. ("ripples"en anglais).

§ 12. Ondes cylindriques.

Nous avons étudié jusqu'ici des ondes qui ne dépendent que d'une variable horizontale x. Nous allons maintenant tenir compte des deux dimensions du plan horizontale. Le potentiel des vitesses φ est fonction de x,y,z,t et doit satisfaire à

$$\Delta\varphi = \frac{\partial^2\varphi}{\partial x^2} + \frac{\partial^2\varphi}{\partial y^2} + \frac{\partial^2\varphi}{\partial z^2} = 0$$

Les conditions aux limites sont les mêmes que précédemment. La transformée de Laplace

$$\bar{\varphi} = \int_0^\infty e^{-qt}\varphi\, dt$$

doit satisfaire à l'équation

$$\Delta\bar{\varphi} = 0$$

aux conditions aux limites:

sur S $\qquad \frac{\partial\bar{\varphi}}{\partial n} = 0$

sur z=o $\qquad g\frac{\partial\bar{\varphi}}{\partial z} + q^2\bar{\varphi} = qf(x,y) - gh(x,y) \qquad (1)$

Nous traiterons le cas des ondes par émersion (f=o) en supposant que la dénivellation initiale est symétrique autour de l'origine, ce qui nous conduit à utiliser les coordonnées cylindriques ρ, α et z.

Si le fluide sétend à l'inffni dans toute direction autour de z, nous sommes conduits à dire que le phénomène ne dépend que des variables ρ et z (effet de symétrie). Cfr. fig. 16.

On a dès lors

$$\Delta\bar{\varphi} = \frac{\partial^2\bar{\varphi}}{\partial\rho^2} + \frac{1}{\rho}\frac{\partial\bar{\varphi}}{\partial\rho} + \frac{\partial^2\bar{\varphi}}{\partial z^2} = 0$$

Effectuons la transformée de Hankel ($r > o$)

$$\bar{\bar{\varphi}} = \int_0^\infty \bar{\varphi}(\rho,z)\rho J_0(r\rho)d\rho$$

Nous obtenons en tenant compte des propriétés de la fonction de Bessel

$$\int_0^\infty \left(\frac{\partial^2\bar{\varphi}}{\partial\rho^2} + \frac{1}{\rho}\frac{\partial\bar{\varphi}}{\partial\rho}\right)\rho J_0(r\rho)d\rho = -r^2\bar{\bar{\varphi}}$$

et dès lors $\bar{\bar{\varphi}}$ doit satisfaire à

$$\frac{d^2\bar{\bar{\varphi}}}{dz^2} = r^2\bar{\bar{\varphi}}$$

Lorsque le fluide s'étend à l'infini dans le sens des z négatifs on a

$$\bar{\bar{\varphi}} = C \exp (rz)$$

la constante C se détermine pour z=o parce que de (1) on voit que

$$g\frac{d\bar{\bar{\varphi}}}{dz} + q^2\bar{\bar{\varphi}} = -gH$$

avec $$H = \int_0^\infty h(\rho)\rho J_0(r\rho)d\rho \qquad (2)$$

d'où $$C = -\frac{gH}{q^2+q^2}$$

L'inversion de $\bar{\bar{\varphi}}$ résulte de ce que

$$\bar{\varphi} = \int_0^\infty \bar{\bar{\varphi}} r J_0(r\rho)dr$$

Celle de $\bar{\varphi}$ est la même que celle effectuée plus haut p.17.

Pour ne pas compliquer l'écriture nous allons nous limiter

au cas où $h(\rho)$ est partout nul, sauf à l'origine où il est ∞, de façon que le volume de l'intumescence initiale soit =A et

(A) $$A = \lim_{\varepsilon \to 0} \int_0^{\varepsilon} h(\rho) 2\pi \rho \, d\rho$$

Dans ce cas (1) se réduit à

$$H = \frac{A}{2\pi}$$

On obtient ainsi:

(B) $$\varphi = -\frac{gA}{2\pi} \int_0^{\infty} \frac{1}{\sqrt{gr}} \sin\sqrt{gr}\, t \exp(rz)\, r\, J_0(r\rho)\, dr$$

Dans le cas où la profondeur est finie, il faut remplacer $\exp(zr)$ par $\frac{\operatorname{ch} r(z+h)}{\operatorname{ch} rh}$. Lorsque l'intumescence initiale dépend de l'angle α on doit commencer par faire la transformée: (n entier)

$$\tilde{\varphi} = \int_0^{2\pi} \bar{\varphi} \sin(n\theta + C^{te})\, d\theta$$

ce qui conduit à la transformée

$$\bar{\bar{\varphi}} = \int_0^{\infty} \tilde{\varphi}\, \rho\, J_n(r\rho)\, d\rho$$

qui introduit la fonction de Bessel d'ordre n.

Nous nous bornerons à examiner le cas de la formule (B). Cahchy a résolu ce problème sans introduire de coordonées cylindriques. Nous pouvons retrouver ses résultats en effectuant une double transformée de Fourier en posant:

$$\bar{\varphi}^* = \int_{-\infty}^{+\infty}\int_{-\infty}^{+\infty} e^{i(s_1 x + s_2 y)}\, \bar{\varphi}\, dx\, dy \qquad (s_1 \text{ et } s_2 \geqslant 0)$$

L'équation $\Delta\bar{\varphi} = 0$ donne ici:

$$(s_1^2+s_2^2)\tilde{\varphi}^* + \frac{d^2\tilde{\varphi}^*}{dz^2} = 0$$

d'où pour la profondeur infinie:

$$\tilde{\varphi}^* = C \exp\left(\sqrt{s_1^2+s_2^2}\, z\right)$$

la constante C se déduit de la relation pour z=o

$$g\frac{d\tilde{\varphi}^*}{dz} + q^2\tilde{\varphi}^* = -gA$$

dans le cas des ondes par émersion (formule (A)) elle vaut:

$$C = -\frac{gA}{g\sqrt{s_1^2+s_2^2}+q^2}$$

On a par inversion

$$\bar{\varphi} = -gA\int_0^\infty\int_0^\infty \frac{e^{-i(s_1x+s_2y)}}{g\sqrt{s_1^2+s_2^2}+q^2}\exp\left(\sqrt{s_1^2+s_2^2}\, z\right)ds_1 ds_2$$

et enfin

$$\varphi = \frac{\sqrt{g}A}{\pi^2}\int_0^\infty\int_0^\infty \cos s_1x\cos s_2y \exp\sqrt{s_1^2+s_2^2}\,\sin g^{1/2}(s_1^2+s_2^2)^{1/4}t\,\frac{ds_1 ds_2}{(s_1^2+s_2^2)^{1/4}}$$

Au lieu d'utiliser les variables s_1 et s_2 variant de 0 à ∞ effectuons le changement de variables

$$s_1 = r\cos\omega \qquad (0 < r < \infty)$$

$$s_2 = r\sin\omega \qquad (0 < \omega < \frac{\pi}{2})$$

il vient:

$$\varphi = -\frac{gA}{\pi^2}\int_0^\infty \exp(rz)\frac{\sin\sqrt{gr}t}{\sqrt{gr}}r\,dr\int_0^{\pi/2}\exp i(xr\cos\omega + yr\sin\omega)d\omega$$

Pour simplifier choisissons l'axe de x de façon que

$$y = o \quad x = \rho = \sqrt{x^2 + y^2}$$

la deuxième intégrale s'écrit (Hansen)

$$\int_0^{\frac{\pi}{2}} \exp i\rho r d\omega = \frac{\pi}{2} J_0(\rho r)$$

de sorte que

$$\varphi = -\frac{gA}{2\pi} \int_0^{\infty} \exp(rz) J_0(\rho r) \frac{\sin\sqrt{gr}\,t}{\sqrt{gr}} r dr$$

On retrouve bien la formule (B) p.57.

Cauchy et Poisson ont donné des formules asymptotiques:

$$\varphi = \frac{Agt}{\sqrt{8\pi}\rho^3} \sin\frac{gt^2}{4\rho}$$

$$\xi = \frac{Agt^2}{\sqrt{32}\,\pi\rho^3} \cos\frac{gt^2}{4\rho}$$

Dans le cas de l'impulsion concentrée à l'origine:

$$\varphi = \frac{Bgt^2}{\sqrt{32}\pi\rho^3} \cos\frac{gt^2}{4\rho}$$

$$\xi = \frac{Bgt^2}{\sqrt{128}\pi\rho^4} \sin\frac{gt^2}{4\rho}$$

Il s'agit de nouveau d'ondes qui se propagent avec une accélération constante. On notera que la décroissance des amplitudes est plus rapide que dans le cas à deux dimensions. Cauchy, a aussi examiné le problème d'ondes produites par l'émersion d'une surface finie. Il se produit à nouveau des ondes modulées par des sillons. Les sommets et les noeuds des ondes enveloppes se meuvent à vitesse constante (vitesse de groupe) alors que les sillons ont un mouvement accéléré.

Le tableau suivant donne les rayons est amplitudes correspodantes pour les premières ondes. (Cfr. page 67).

Cauchy a aussi examiné brièvement le cas où l'onde d'émersion à l'instant initial, a la forme d'un parallélipipède de section carrée. On trouve alors que la surface présente des lignes nodales de forme, presque carrée tournées de 45° comme Bidone l'avait observé!

<u>Trois dimensions: Cas de révolution autour de z.</u>

Figure	K_s	K_z	K_s
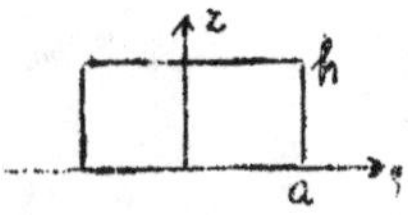	0,2146 (2,270)	0,2554	0,3397 (2,330)
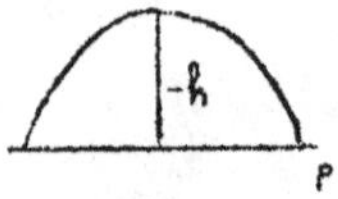	0,1942 (0,687)	0,2206	0,3026 (1,616)
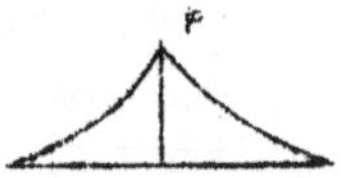	0,1515 (0,185)	0,1674	0,2588 (0,824)
	0,1903 (0,176)	0,2061	0,2923 (1,181)

Les valeurs entre parenthèses sont celles de K.

$$\rho \begin{cases} 1 \\ 2 \end{cases} = \begin{cases} K_1 \\ K_2 \end{cases} t\sqrt{ga} \quad .$$

$$\xi_5 = Kh\left(\frac{a}{gt^2}\right)^{1/2}$$

Application d'un théorème de Tait et Thomson.

Lorsque le phénomène présente la symétrie cylindrique, le calcul du potentiel en un point quelconque est souvent facilité par ce théorème. (Natural Philosophy § 546) qui permet de déterminer la fonction harmonique φ connaissant sa valeur sur l'axe de symétrie z' . En effet si l'on a ~~en~~ P_0 ($R=z'$ $\gamma=0$): Cfr. fig. 17

$$\varphi_{P_0} = a_0 + \frac{b_0}{z'} + a_1 z' + \frac{b_1}{z'^2} + \cdots$$ on a an point P (R, γ):

$$\varphi_P = a_0 + \frac{b_0}{R} + \left(a_1 R + \frac{b_1}{R^2}\right)\cos\gamma + \cdots$$

en introduisant les polynomes de Lègendre $P_0=1$, $P_1=\cos\gamma$, etc.
La forme (B) p.57 donne pour $\rho=0$

$$\varphi_{P_0} = -\frac{gA}{2\pi}\int_0^\infty \frac{1}{\sqrt{gr}} \sin\sqrt{gr}\,t \exp(rz) r\,dr$$

en en développant le sin. en série:

$$\varphi_{P_0} = -\frac{gA}{2\pi}\int_0^\infty \left(t - \frac{g^2r^2t^3}{3!} - \frac{g^4r^4t^5}{5!}\cdots\right)\exp(-rz') r\,dr =$$

$$= \frac{gA}{2\pi}\left[\frac{t}{z'^2} - \frac{g^2t^3}{z'^4} + \cdots\right]$$

on a donc:

$$\varphi_P = -\frac{gA}{2\pi}\left[\frac{t}{R^2}P_2(\cos\gamma) - \frac{g^2t^3}{R^4}P_4(\cos\gamma) + \cdots\right]$$

Le même calcul peut être fait pour $\frac{\partial \varphi}{\partial t}$; si on fait $\gamma = \frac{\pi}{2}$ on obtient les valeurs de φ et de ξ à la surface libre.

§ 13. Réalité des ondes de Cauchy-Poisson.

Bidone le premier a montré dans d'ingénieuses expériences la réalité des ondes par émersion[1] en 1819. Mais on a cependant pendant longtemps nié leur existence dans la nature, où la houle, produite par les vents correspond aux ondes de Gerstner qui sont tourbillonnaires.

Ce n'est que récemment que l'on a pu montrer que les "tsunami" produits par l'éruption de volcans sous-marins de l'Océan Pacifique sont des Ondes de Cauchy-Poisson.

Unoki et Nakano ont procédé à l'analyse des ondes produites les 16, 24 et 26 septembre 1952 par l'explosion d'un volcan sous-marin à Myojinsho. Ils les ont enregistrées à l'île de Hachiyo, distante d'environ 130 km du lieu de l'explosion, au moyen de manographes nouvellement installées. L'avant dernière éruption eut pour effet la perte complète du navire hydrographe Kaiyo-Maru n°5.

L'analyse des ondes observées montre que les "tsunami" sont très probablement des ondes de Cauchy-Poisson, provoquées soit par émersion (le 16) soit par impulsion (le 24) et enfin par les deux (le 26).

L'élévation initiale est estimée à environ 10 m de haut et 1 km de rayon.

L'impulsion initiale correspondant au même rayon est de 10^7 dyn.sec. cm^{-1} soit 10 kgp. sec. cm^{-2}.

----

1) Mémoires de l'Académie de Paris (1820).

L'énergie totale des "tsunami" émis est de l'ordre de 10^{19} ergs.

Des "tsunami" observés ont bien l'allure de battements.

Leur longueur d'onde propre, comme celle des ondes enveloppes croit bien en fonction de la distance.

Munk (1947) et Rossby avaient déjà remarqué (1945) que les "tsunami" observés sur la côte américaine baignée par l'Océan Pacifique, et produits par des éruptions sous-marines au voisinage des îles Aléontiennes avaient bien l'allure d'ondes des Cauchy-Poisson.

En particulier, leur longueur d'onde croissait bien avec la distance comme le vent la théorie.

Il est peut-être superflu de noter que si l'on ne savait pas que les ondes de Cauchy-Poisson poussent de cette propriété, on aurait pu chercher l'explication dans un phénomène de Doppler; l'on serait tenté de dire que les "tsunami" d'origine la plus lointaine, proviennent de sources qui s'écartent de l'observateur avec le mouvement propre le plus rapide. C'est l'explication qu'on a donnée pour le rayonnement provenant des nébuleuses, le théorème électromagnétique du <u>vide</u>, conduisant à des ondes sans dispersion.

<u>Observation</u>:

En eau profonde existent d'autres ondes que celles de Cauchy-Poisson: houles etc... (ondes tourbillonnaires de Gerstner produites par le vent). Nous ne pouvons songer à les traiter ici.

PARTIE IIe

E A U X S U P E R F I C I E L L E S

§ 14. Historique.

Laplace en 1776 a le premier étudiée la propagation des ondes dans un canal rectiligne de section rectangulaire. Il supposait la surface libre déformée en 1 surface cylindrique de directrice sinusoidale dans le plan longitudinal du canal. Les équations de Laplace sont basées sur la linéarisation des vitesses.

En 1785, Lagrange traite le même problème en supposant la profondeur du canal très petite; il montre que dans ce cas la propagation des ondes est semblable à celle du son dans l'air avec une célérité proportionnelle à la racine carrée de la profondeur.

Le fait que le mouvement produit à la surface décroit rapidement en profondeur, l'a conduit à admettre que cette représentation du mouvement est valable quelle que soit la profondeur. C'est en vue de corriger cette assertion que l'Académie de Paris a posé la question dont on parle au début de la première partie de ces leçons.

Le problème des eaux superficielles a fait l'object d'un grand nombre d'études; il ne peut être question de les résumer ici: on les trouve exposées dans les grands traités d'hydraulique; leurs équations de départ s'écrivent facilement quand on raisonne suivant les méthodes approchées de l'hydraulique.

Pendant la dernière guerre mondiale, un renouveau d'intérêt s'est manifesté pour ces questions : il s'agissait par exemple de rémédier aux innondations des eaux du Rhin, suite à la destruction projectée du barrage de Krembs au Nord de Bâle.

Courte Bibliographie

Laplace: Recherches sur plusieurs joints du système du monde (note finale) (Mémoires Acad.Sc. de Paris 1776-79)

Lagrange: Mécanique analytique (1785; 2e partie chap. XI).

Boussinesq: Mém. des savants étrangers Ac. Sc. Paris 1877

B. de Saint Venant: C.R.Ac. Sc. de Paris (73 p.147: 1871)

Massau: Annales Ingénieurs. Gand 1889.

Preiswerk: Thèse. Zurich 1938.

Ré: La houille blanche. Mai 1946.

Riabouchinsky: C.R. Ac.Sc.Paris 198 p.998 (1932)

Stokes: Comm. Appl. Math. I p.1 (1945)

Scott Russel: British Ass. Report 1844.

Dans un appendice du mémoire de J.J.Stokes "The formation of Breakers and Bores" Comm. Appl.Math. I 1948, K.O.Friedichs a obtenu une mise en équation du mouvement des eaux superficielles en utilisant des développements en série combinés avec l'emploi de variables sans dimensions qui cachent quelque peu la signification des calculs. La paramètre utilisé est:

$$\sigma = \frac{h}{R}$$

où R est le rayon de courbure maximum de la surface libre à l'instant initial, bien que dans la suite de l'exposé il ne soit pas fait explicitement usage de cette définition de R.

Nous avons préféré effectuer le développement en fonction d'un paramètre numérique " ε " utilisé pour rendre sensible la faible épaisseur de la couche liquide. Un tel changement de variable n'est pas nouveau; on l'utilise depuis longtemps pour résoudre les problèmes de couche limite où on le combine précisément avec l'introduction de variables sans dimensions, bien que ce ne soit pas indispensable.

La même méthode nous permet de déduire les équations du ressant des équations du mouvement continu.

§ 15. Equations générales.

L'épaisseur de la couche fluide est relativement petite, dès lors la cote z, mesurée à partir du Thalweg jusqu'à la ligne d'eau z= h(x,t) reste petite. Effectuons le changement de variable

(1) $$z = \varepsilon' \tilde{z}$$

où ε est un nombre très petit par exemple 10^{-2} ou 10^{-3}. De cette façon les valeurs numériques de x et $\tilde{z}$ sont comparables: à une distance horizontale Δx=100 m ou 1km correspond une dénivellation de la surface libre de 1 m et l'on aura $\Delta\tilde{z}$ = 100 ou 1000 m.

Posons puisque h est la valeur maximum de z

(a) $$h(x,t) = \varepsilon \tilde{h}(x,t)$$

La vitesse v_z nulle pour z=o vaut à la surface libre

(b) $$(v_z)_h = \varepsilon \left(\frac{\partial \tilde{h}}{\partial t} + \frac{\partial \tilde{h}}{\partial x}\frac{dx}{dt}\right)$$

Nous poserons pour toute valeur de z de 0 à h

$$v_z = \varepsilon v_{1z} + \varepsilon^2 v_{2z} + \dots$$

La pression à la surface libre vaut p_a ; us poserons dès lors:

$$p(x,z,t) = p_a + \varepsilon p_1 + \varepsilon^2 p_2 + \cdots$$

Quant à la composante horizontale de la vitesse, elle comporte, si le fluide est en mouvement une partie finie v_{o_x} et:

$$v_x(x,z,t) = v_{ox} + \varepsilon v_{1x} + \varepsilon^2 v_{2x} + \dots$$

Les équations s'écrivent dand les variables x, z,t:

(2) $$\frac{\partial v_x}{\partial x} + \frac{1}{\varepsilon}\frac{\partial v_z}{\partial \tilde{z}} = 0$$

(3) $$\frac{1}{\varepsilon}\frac{\partial v_x}{\partial \tilde{z}} - \frac{\partial v_z}{\partial x} = 0$$

(4) $$\frac{\partial v_x}{\partial t} + \frac{\partial v_x}{\partial x}v_x + \frac{1}{\varepsilon}\frac{\partial v_x}{\partial \tilde{z}}v_z = -\frac{1}{\mu}\frac{\partial p}{\partial x}$$

(5) $$\frac{\partial v_z}{\partial t} + \frac{\partial v_z}{\partial x}v_x + \frac{1}{\varepsilon}\frac{\partial v_z}{\partial \tilde{z}}v_z = -\frac{1}{\mu\varepsilon}\frac{\partial t}{\partial \tilde{z}} - g$$

Introduisons les développements en série de ε. Les plus faibles puissances donne

(2) $$\frac{\partial v_{ox}}{\partial x} + \frac{\partial v_{1z}}{\partial \tilde{z}} = 0$$

(3) $$\frac{\partial v_{ox}}{\partial \tilde{z}} = \frac{\partial v_{1x}}{\partial \tilde{z}} = 0$$

(4) $$\frac{\partial v_{ox}}{\partial t} + \frac{\partial v_{ox}}{\partial x}v_{ox} = 0$$

$$\frac{\partial v_{1x}}{\partial t} + \frac{\partial v_{1x}}{\partial x}v_{ox} + \frac{\partial v_{1x}}{\partial x}v_{1x} + \frac{\partial v_{1x}}{\partial \tilde{z}}v_{1x} = -\frac{1}{\mu}\frac{\partial p_1}{\partial x}$$

(5) $$-\frac{1}{\mu}\frac{\partial p_1}{\partial \tilde{z}} - g = 0$$

$$\frac{\partial v_{1z}}{\partial t} + \frac{\partial v_{1z}}{\partial x}v_{ox} + \frac{\partial v_{1z}}{\partial \tilde{z}}v_{1z} = -\frac{1}{\mu}\frac{\partial p_1}{\partial \tilde{z}}$$

On voit que v_{ox} et v_{1x} ne sont fonctions que de x et t. Dès lors

$$v_{1z} = -\frac{\partial v_{ox}}{\partial x}\tilde{z}$$

la constante étant nulle puisque v_{1z} est nul pour $\tilde{z} = o$ Enfin:

$$p_1 = -g\mu\tilde{z} + F(x,t)$$

et comme il faut que p_1 soit nul pour $\tilde{z} = \tilde{h}$

$$p_1 = g\,\mu\,(\tilde{h} - \tilde{z})$$

et par conséquent en se limitant aux termes en ε^2

$$p = g\,\mu\,(h - z)$$

on retrouve la loi hydrostatique des pressions.

Si l'on pose:

$$\mu = v_{ox} + \varepsilon v_{1x}$$

les deux équations déduites de (4) donnent:

$$\text{(A)} \qquad \frac{\partial u}{\partial t} + \frac{\partial}{\partial x}\frac{u^2}{2} = -g\frac{\partial h}{\partial x}$$

où nous avons ajouté au premier membre le terme $\varepsilon^2 \frac{\partial v_{1x}^2}{\partial x}$ du second ordre en ε^2. De cette façon (A) n'est autre que l'équation de l'hydraulique obtenue par projection sur l'axe ox du théorème de la quantité de mouvement, lorsqu'on suppose que u est la vitesse d'une tranche parallèle à z. Il résulte de (b), p. 66 qu'à la surface libre on doit avoir:

$$(v_{1z})_h = \frac{\partial \tilde{h}}{\partial t} + \frac{\partial h}{\partial x} v_{ox}$$

Or pour $\tilde{z} = \tilde{h}$ on a

$$(v_z)_h = -\frac{\partial v_{ox}}{\partial x}\tilde{h}$$

d'où $$\frac{\partial \tilde{h}}{\partial t} + \frac{\partial (v_{ox}\tilde{h})}{\partial x} = 0$$

Cette équation peut s'écrire

$$\text{(B)} \qquad \frac{\partial h}{\partial t} + \frac{\partial u h}{\partial x} = 0$$

en ajoutant au premier membre le terme du second ordre

$$\varepsilon^2 \frac{\partial v_{1x}\tilde{h}}{\partial x}.$$

L'équation (B) est l'équation de continuité de l'hydraulique.

Remarque.

1. Lorsqu'on se trouve dans le cas du mouvement permanent les équations (A) et (B) se résuisent à

$$\frac{d}{dx}\frac{u^2}{2} = -g\frac{dh}{dx}$$

$$\frac{d}{dx}uh = 0$$

Si l'on introduit la notion de débit en volume

$$uh = Q$$

on obtient pour déterminer h:

$$\frac{Q^2}{h^3}\frac{dh}{dx} - g\frac{dh}{du} = 0$$

et h doit donc être constant.

En hydraulique cette équation comporte deux termes complémentaires, le premier tenant compte de l'éventuelle inclinaison du Halweg sur l'horizontale; nous l'aurions obtenu également si nous avions supposé que l'axe Ox n'était pas horizontale Le second terme correspond à l'effet de la viscosité qui suppose au mouvement le long des parois du canal baignées par le fluide. On sait que l'on utilise dans ce but un terme dont la forme première et la plus simple est due à Chézy: bu^2.

Notre mise en équation néglige manifestement l'effet de la couche limite correspondante qui produit ce terme.

2. Nous aurions pu obtenir les équations (A) et (B) un peu plus rapidement en supposant que le développement de v_x est

$$v_x = u + \varepsilon^2 v_{2x} + \dots\dots$$

u comportant les termes en ε^0 et ε^1 .

La multiplication qui a eu pour effet d'introduire des termes en ε^2 ne serait pas alors apparue <u>explicitement</u> alors que les termes uh ou u^2 vàntiennent <u>en fait</u> un terme en ε^2. Il n'y a aucun inconvénient à introduire de tels termes à condition de les retrancher dans l'écriture des expressions en ε^2 que nous utiliserons dans le § suivant.

H. Poincaré[1] a le premier montré ceci dans un calcul des perturbations. On peut procéder de cette façon à propos du développement de la fonction Hamiltonienne:

$$H = H_0 + \varepsilon H_1 + \varepsilon^2 H_2 + \ldots.$$

que l'on peut remplacer par

$$H = H_0 + \varepsilon (H_1 + \varepsilon H_2^1) + \varepsilon^2 (H_2 - H_2^1) + \ldots.$$

comme on le fait dans la méthode de Lindstedt.

§ 16. Troisième approximation.

Les nouvelles équations que l'on déduit des équations (2) à (5) sont

$$\frac{\partial v_{x1}}{\partial x} + \frac{\partial v_{z2}}{\partial \tilde{z}} = 0 \quad \text{ou} \quad v_{z2} = -\frac{\partial v_{x1}}{\partial x} \cdot \tilde{z}$$

$$\frac{\partial v_{x2}}{\partial \tilde{z}} - \frac{\partial v_{z1}}{\partial x} = 0 \quad \text{ou} \quad v_{x2} = -\frac{\partial^2 v_{z1}}{\partial x^2} \frac{\tilde{z}^2}{2} + f(x,t)$$

$$\frac{\partial v_{x1}}{\partial t} + \frac{\partial v_{x1}}{\partial x} v_{0x} + \frac{\partial v_{0x}}{\partial x} v_{x1} + \frac{\partial v_{0x}}{\partial \tilde{z}} v_{z1} = -\frac{1}{\mu} \frac{\partial p_1}{\partial x} \qquad (C)$$

où nous avons omis $\frac{\partial v_{x1}}{\partial x} v_{x1}$ déjà utilisé

$$\frac{\partial v_{z2}}{\partial t} + \frac{\partial v_{z1}}{\partial x} v_{0x} + \frac{\partial v_{z1}}{\partial x} v_{0x} + \frac{\partial}{\partial z_1}(v_{z1} v_{z1}) = \frac{1}{\mu} \frac{\partial p_2}{\partial \tilde{z}} \qquad (D)$$

---

1) H. Poincaré: Méthodes nouvelles T.

A la surface on doit avoir

$$(v_{z_2})_h = \frac{\partial \tilde{h}}{\partial x} v_{2x}$$

comme

$$(v_{z_2})_h = -\frac{\partial v_{ix}}{\partial x} \tilde{h}$$

il vient

$$0 = \frac{\partial \tilde{h} v_{ix}}{\partial x}$$

mais comme nous avons déjà utilisé ce terme en (B) il convient de le remplacer ici par zéro.

L'intégration de l'équation (B) donne:

$$p_2 = \mu \frac{\tilde{h}^2 - \tilde{z}^2}{2} N$$

avec

$$N = \frac{1}{2}\left(\frac{\partial v_{ox}}{\partial x}\right)^2 - \frac{\partial^2 v_{ox}}{\partial x \partial t} - u_{ox}\frac{\partial^2 v_{ox}}{\partial x^2}$$

La pression totale est donc

$$p = p_a + g\mu (h-z) + \frac{1}{2}\mu N (h^2 - z^2)$$

dont le dernier terme est une correction à la loi hydrostatique.

Dans le cas du mouvement permanent, on a

$$h\,u = Q \qquad \text{(E)}$$

Q étant le débit constant par unité de longueur du canal.

D'où

$$\frac{\partial h}{\partial x} u + h\frac{\partial u}{\partial x} = 0$$

$$\frac{\partial^2 h}{\partial x^2} u + 2\frac{\partial h}{\partial x}\frac{\partial u}{\partial x} + h\frac{\partial^2 u}{\partial x^2} = 0$$

Si l'inclinaison de la ligne d'eau sur l'horizontale est faible c.a.d. si $\frac{\partial h}{\partial x}$ est négligeable, il en est de même de $\frac{\partial u}{\partial x}$ et N se réduit approximativement à

$$N = +\frac{u^2}{h}\frac{\partial^2 h}{\partial x^2} \qquad \text{(K)}$$

l'effet total de la correction de pression est alors

$$\frac{1}{2}\int_0^h \mu N (h^2 - z^2)\,dz = \frac{1}{3}\mu Q^2 \frac{\partial^2 h}{\partial x^2}$$

C'est la correction due à la courbure de Boussinesq, que von Mises a utilisée dans sa théorie linéaire des remous[1].

Si l'on ne néglige pas la pente $\frac{dh}{dx}$ de la ligne d'eau, on a en fonction de la courbure ρ

$$N = \frac{u^2}{h}\frac{1}{\rho} - \frac{3}{2}\left(\frac{dh}{dx}\frac{u}{h}\right)^2\left(1-\frac{h}{\rho}\right)$$

l'approximation de N (formule (K)) est bien de l'ordre du carré de dh/dx.

La composante de la vitesse suivant ox est

$$v_x = u - \frac{\partial^2 v_{ox}}{\partial x^2}\frac{z^2}{2} + f(x,t)$$

Si u est calculé de façon à satisfaire à (E) il faut que

$$\int_0^h v_{x_2}\, dz = 0$$

d'où $$v_x = u + \frac{\partial^2 v_{ox}}{\partial x^2}\frac{h^2 - 3z^2}{6}$$

dans le cas du mouvement permanent, on a donc

$$u_x = u - \frac{1}{6}\frac{\partial^2 h}{\partial x^2} Q\left[1 - 3\left(\frac{z}{h}\right)^2\right]$$

Cette formule ne nous permet pas d'expliquer pourquoi l'expérience montre que v_x est maximum à peu de distance de la surface libre.

Mais il convient de se demander si les termes du troisième ordre ne sont pas du même ordre de grandeur que ceux qui proviennent de la viscosité du fluide, en particulier de ceux qui existent dans la couche limite et dont nous avons négligé l'effet de façon systématique.

---

(1) von Mises: Hydraulik (Teubner 1913)

Boussinesq: Mémoire sur les eaux courantes.

§ 17. Caractère des équations différentielles.

Donnons nous dans le plan x,t une courbe C

$$x = F(t)$$

en chaque point de laquelle nous connaissons la valeur de v_o et de u. Le long de C on a l'opérateur

$$\frac{D}{Dt} = \frac{\partial}{\partial t} + F'\frac{\partial}{\partial x}$$

F' étant la dérivée de F par rapport à t au point considérée de C. Par calculer en chaque point de C les quatre dérivées

$$\frac{\partial u}{\partial x} \quad \frac{\partial u}{\partial t} \quad \frac{\partial h}{\partial x} \quad \frac{\partial h}{\partial t}$$

on dispose des quatre équations

$$\begin{array}{llll} F'\frac{\partial u}{\partial x} + \frac{\partial u}{\partial t} + \ldots & & & = \frac{Du}{Dx} \\ \ldots & \ldots & F'\frac{\partial h}{\partial x} + \frac{\partial F}{\partial t} & = \frac{Dh}{Dx} \\ h\frac{\partial u}{\partial x} & \ldots & + u\frac{\partial h}{\partial x} + \frac{\partial h}{\partial t} & = 0 \\ u\frac{\partial u}{\partial x} + \frac{\partial u}{\partial t} & + g\frac{\partial h}{\partial x} & \ldots & = 0 \end{array}$$

Le calcul des quatre dérivées ne peut être fait si

$$\begin{vmatrix} F' & 1 & . & . \\ . & . & F' & 1 \\ h & . & u & 1 \\ u & 1 & g & . \end{vmatrix} = 0$$

ou $\quad F'^2 - 2uF' + (u^2 - gh) = 0$

qui admet deux racines réelles distinctes

(1) $$\frac{dx}{dt} = F' = u \pm \sqrt{gh}$$

Ce sont les équations différentielles des deux familles de courbes caractéristiques.

Le système différentiel est donc du type hyperbolique. Il est remarquable que les approximation du problème des eaux superficielles conduisent à un type différent de celui des eaux profondes (I § 4).

Les conditions de compatibilité exigeant que le déterminant de 16 éléments de la matrice

$$\left\| \begin{matrix} F' & 1 \dots & & & \frac{Du}{Dx} \\ 0 & . & F' & 1 & \frac{Dh}{Dx} \\ h & . & u & 1 & . \\ u & 1 & g & . & . \end{matrix} \right\|$$

soient nuls. Elles se réduisent à

$$\frac{Du}{Dx} \pm \sqrt{\frac{g}{h}} \frac{Dh}{Dx}$$

Les signes ± correspondent à ceux de la caractéristique (1). Supposons que l'axe des x soit dirigé de l'amont vers l'aval dans le sens de u. Si $u < \sqrt{gh}$ la caractéristique d'équations:

$$\frac{dx}{dt} = u + \sqrt{gh}$$

s'étend de l'amont vers l'aval quand le temp croît (u positif comme t) alors que l'autre caractéristique

$$\frac{du}{dt} = u - \sqrt{gh}$$

remonte de l'aval vers l'amont.

On dit que le courant est celui d'une rivière.

Si $u > \sqrt{gh}$, les deux caractéristiques s'étendent de l'amont vers l'aval; on dit que le régime est <u>torrentiel</u>.

Ce problème est classique. Nous n'allons pas nous étendre à en discuter tous les détails. Nous nous bornerons à en souligner certains points.

§ 18. Ressant et barre.

Imaginons que dans la partie étudièe du courant, près d'une vanne d'amont, ce soient les caractéristiques d'amont qui fournissent la solution. Si la hauteur "h" en x=o croit en fonction du temps, les caractéristiques sont inclinées de monis en monis sur l'axe des x. Il se peut alors qu'elles admettent une enveloppe E à partir de C_0 (Cfr.fig.18).

Les caractéristiques dans le plan (x,t) sont les projections sur ce plan des caractéristiques tracées sur les surfaces u(x,t) et h(x,t) quand les premières caractéristiques admettent un enveloppe, cela veut dire que ces surfaces se relèvent perpendiculairement au plan x,t. Il se produit donc un relèvement brusque de la surface du fluide et une modification instantanée de la vitesse . Il s'ensuit que sur une distance infinement petite il y a une variation sensible de h et u. L'analyse qui nous a conduit aux équations du mouvement des eaux superficielles n'est certe plus applicable dans ee domaine de variation rapide. Pour étudier les phénomènes dans la couche superficielle nous avons dilaté l'axe vertical en passant de z à $\tilde{z}$. Il nous faut cette fois dilater z et x pour étudier le nouveau phénomène; la distance suivant laquelle le niveau change étant du même ordre que le relévement de ce niveau.

Le changement de variables: $z = \varepsilon\,\tilde{z}$ nous a conduit aux 2 équations:

(1) $$\frac{\partial h}{\partial t} + \frac{\partial hu}{\partial x} = 0$$

(2) $$\frac{\partial u}{\partial t} + u\frac{\partial u}{\partial x} + g\frac{\partial h}{\partial x} = 0$$

Effectuons maintenant le changement de variables: (fig.19)

$$x = \lambda\, x^2$$

où λ est un autre paramètre très petit qui a pour effet de dilater la discontinuité qui se produit en la section d'abscisse ξ. Nous supposerons ξ fixe dans le temps. Comme nous le verrons à la page suivante, on peut toujours se placer dans ce cas introduisant la vitesse relative w.

L'equation (1) donne en première approximation

$$\frac{\partial hu}{\partial \bar{x}} = 0$$

la seconde, après multiplication par h

$$hu\frac{\partial u}{\partial \bar{x}} + gh\frac{\partial h}{\partial \bar{x}} = 0$$

ou

$$\frac{\partial}{\partial \bar{x}}\left(hu^2 + \frac{gh^2}{2}\right) = 0$$

A travers la discontinuité 2 grandeurs se conservent donc

$$h\,u = C^{te}$$

$$h\,u^2 + \frac{gh^2}{2} = C^{te}$$

leur interprétation est immédiaté, comme il ressort du raisonnement classique en Hydraulique, que voici (Cfr.fig.20).

Si u_1 et h_1 se rapportent au fluide immédiatement avant la discontinuité, u_2 et h_2 immédiatement après, la conservation du volume du fluide incompressible exige que:

$$h_1\,u_1 = h_2\,u_2$$

Lorsque la discontinuité est fixe. Or nous pouvons toujours faire cette hypothèses en utilisant des axes en traslation animés de la célérité c' de la discontinuité ξ à l'instant considéré.

Soit $w_1 = u_1 - c'$ et x $w_2 = u_2 - c'$

les vitesses relatives du fluide par rapport à la discontinuité.

On a dès lors en général

(3) $$h_1 w_1 = h_2 w_2$$

L'accroissement de la quantité de mouvement (relative) projetée sur l'axe x donne de meme:

$$\mu\left(h_2 w_2^2 - h_1 w_1^2\right) = \int_0^{h_1} p_1\,dz - \int_0^{h_2} p_2\,dz + \int_{h_1}^{h_2} p_a\,dz$$

d'où en tenant compte de la loi hydrostatique des pressions

(4) $$h_2 w_2^2 - h_1 w_1^2 = g\frac{h_1^2 - h_2^2}{2}$$

On déduit immédiatement de (1) et (3) (4):

$$w_1^2 = g\frac{h_2}{h_1}\frac{h_1+h_2}{2} \qquad w_2^2 = g\frac{h_1}{h_2}\frac{h_1+h_2}{2}.$$

d'où

$$C' = u_1 \pm \sqrt{g\frac{h_2}{h_1}\frac{h_1+h_2}{2}} = u_2 \pm \sqrt{g\frac{h_1}{h_2}\frac{h_1+h_2}{2}}$$

et

(5) $$u_2 - u_1 = \pm\sqrt{g\left(\frac{1}{h_1} - \frac{1}{h_2}\right)\frac{h_2^2 - h_1^2}{2}}$$

La discontinuité est fixe si C' =o. On dit alors qu'il s'agit d'un <u>ressant</u> qui n'est possible que si h_1 et h_2 dépendent de u_1 ou u_2 suivant (1) ou (2).

Si c'est différent de zéro il s'agit d'une barre dont la célérité n'est égale à $e = \sqrt{gh}$ que si la discontinuité est évanouissante.

La discussion des formules (1) à (3) est assez longue. On se reportera par exemple à Stoker (p.40 et 41).

Massau a fait à propos de ces formules les remarques suivantes :

a) Il ne faut pas s'étonner que les deux vitesses u_1 et u_2 soient liées par (3), c.a.d. qu'on ne peut se donner arbitrairement u_2, u_1, h_2, h_1 à l'instant initial. En effet la non observance de (3) a pour effet de mettre en défaut l'équation de continuité, c.a.d. qu'après l'instant initial, ou avant celui-ci les points du fluide en contact de part et d'autre de la surface de discontinuité seraient séparés. Cette cavitation n'est pas traitée dans la présente théorie.

b) Un seul des signes + ou - convient dans les formules de (1) à (3). On peut montrer que non seulement pour le lit rectangulaire étudié ici, mais aussi pour les lits qui ne sont pas très évasés la célérité relative de la discontinuité, $c'-u_1$ $c'-u_2$ est toujours dans le sens de la partie la plus haute vers la plus basse.

Remarquons enfin que Massau a montré que les indéterminations qui apparaissent dans la théorie du ressant, en utilisant les équations du mouvement permanent sont levées quand on étudie la stabilité des phénomènes ou leur instabilité au moyen des équations du mouvement varié.

§ 18. Analogie aérodynamique.

Soit L une longueur constante. Posons

$$\rho_f = \rho_0 \frac{h}{L}$$

$$p_f = \frac{\rho_0 g}{2} \frac{h^2}{L}$$

ρ_f a les dimensions d'une masse spécifique, p_f d'une pression. Les équations (A) et (B) peuvent s'écrire

$$\frac{\partial \rho_f}{\partial t} + \frac{\partial \rho_f u}{\partial x} = 0$$

$$\rho_f\left(\frac{\partial u}{\partial t} + u\frac{\partial u}{\partial x}\right) + \frac{\partial p_f}{\partial x} = 0$$

Ce sont les équations du mouvement à une dimension d'un fluide compressible de pression p_f et de masse spécifique ρ_f . Comme en éliminant ξ on a:

$$p_f = K \rho_f^2$$

avec $K = \frac{gL}{\rho_0}$

le fluide subit une formation adiabatique d'éxposant:

$$\gamma = \frac{c_p}{c_v} = 2$$

Si le fluide analogique obéit à la loi de Boyle-Mariotte

$$p_f = R_f \rho_f T_f$$

on voit qu'il faut que

$$T_f = K_1 \rho_f .$$

Cette analogie a permis à Preiswerk d'appliquer à l'écoulement des fluides incompressible à surface libre les méthodes de Prandtl et Busemann en aérodynamique.

Mais comme il l'a montré l'analogie ne se poursuit pas de façon parfaite quand un ressant se produit en ce sens que les relations qui régissent le choc des fluides incompressibles sont différentes des relations d'Hugoniot. La raison en est qu'un choc s'accompagne d'une perte d'énergie mécanique qui produit de la chaleur. En aérodynamique cette chaleur modifie l'état du gaz. En hydrodynamique cette chaleur n'est pas réeupérable puisqu'on suppose le fluide incompressible, il n'y a pas à l'euvre d'adiabatiques d'Hugoniot ou lieu d'adiabatiques de Laplace dans le cas du choc(1).

Ainsi l'analogie n'est pas parfaite, mais cependant on peut tous poser en hydrodynamique la théorie de la polaire de choc, comme Preiswerk l'a montré.

Nous renvoyons le lecteur à son mémoire pour le détail de l'étude. Ce n'est que dans le cas d'une discontinuité infinement petite que l'adiabatique dynamique tend vers l'adiabatique classique.

---

1) L'énergie totale (cinéatique et potentielle) avant le ressant vaut pour une largeur B du canal de section rectangulaire

$$B \frac{\mu}{2} \left[h_1 u_1^3 + g h_1^2 u_1 \right]$$

après le ressant, la même expression en h_2 et u_2. Ou en déduit facilement la perte d'énergie en fonction des variables choisies pour calculer le ressant.

§ 20. Linéarisation des équations.

Bien qu'il soit possible de résoudre approximativement les équations A et B pour la méthode des caractéristiques comme Massau l'a montré le premier, on se borne sauvent à les résoudre après les avoir rendues linéaires.

Nous supposons que u et h restent voisins de valeurs constantes u_o et h_o et nous poserons

$$u = u_o + \nu$$

$$h = h_o + \eta$$

les variables ν et η étant supposées petites.(*)

Les équations linéaires sont alors:

$$(1) \quad \begin{aligned} &\frac{\partial \eta}{\partial t} + h_o \frac{\partial \nu}{\partial x} + u_o \frac{\partial \eta}{\partial x} = 0 \\ &\frac{\partial \nu}{\partial t} + g \frac{\partial \eta}{\partial t} = 0 \end{aligned}$$

dans le cas d'un lit rectangulaife, non résistant et horizontal. Les caractéristiques sont cette fois des droites d'équation

$$\frac{x}{t} = u_o \pm \sqrt{g\, h_o}$$

Effectuons les transformées de Laplace (y > 0)

$$\bar{\eta} = \int_0^{\infty} e^{-qt} \eta \, dt$$

$$\bar{\nu} = \int_0^{\infty} e^{-qt} \nu \, dt$$

Le système (1) devient, en posant les conditions initiales

$$\nu\ (x,0) = f(x)$$

$$\eta\ (x,0) = h(x)$$

(*) Nous utilisons et non de manière à éviter toute confusion avec le cas des eaux profondes.

$$u_0 \frac{d\bar{\nu}}{dx} + u \frac{d\bar{\eta}}{dx} + q\bar{\eta} = h$$

$$g \frac{d\bar{\eta}}{dx} + q\bar{\nu} = f$$

On voudra bien ne pas confondre la fonction h, valeur initiale de η avec la hauteur qui a été préalablement remplacée par $h_o + \eta$, autrement dit nous placerons désormais l'origine de l'axe des hauteurs au niveau h_o.

Dans le cas où x varie de $-\infty$ à $+\infty$, effectuons les transformées de Fourier

$$\bar{\bar{\nu}} = \int_{-\infty}^{+\infty} e^{i\tau x} \bar{\nu}\, dx$$

$$\bar{\bar{\eta}} = \int_{-\infty}^{+\infty} e^{i\tau x} \bar{\eta}\, dx$$

il vient:

$$(q - i\tau u_o)\bar{\bar{\eta}} - i\tau h_o \bar{\bar{\nu}} = H$$

$$q\bar{\bar{\nu}} - i\tau q\bar{\bar{\eta}} = F$$

avec

$$F = \int_{-\infty}^{+\infty} e^{i\tau x} f(x)\, dx$$

$$H = \int_{-\infty}^{+\infty} e^{i\tau x} g(x)\, dx$$

On a dès lors

$$\bar{\bar{\eta}} = \frac{Hq + i\tau h_o F}{q^2 - ipqu_o + \tau^2 h_o g} \qquad \bar{\bar{\nu}} = \frac{F(q - i\tau u_o) + i\tau_o g H}{q^2 - ipqu_o + \tau^2 h_o g}$$

Pour ne pas compliquer l'écriture, nous allons nous borner à étudier l'inversion dans le cas où $u_o = o$. Ce problème nous fournit d'ailleurs une solution qui doit être comparée à celle obtenue pour la curve infiniment longue dans la première partie. Notons d'abord que dans ce cas le système

$$\frac{\partial \eta}{\partial t} + h_0 \frac{\partial v}{\partial x} = 0 \qquad \frac{\partial v}{\partial t} + g \frac{\partial \eta}{\partial x} = 0$$

devient: $\frac{\partial^2 \eta}{\partial t^2} = c^2 \frac{\partial^2 \eta}{\partial x^2}$

avec $c^2 = \sqrt{h_0 g}$. C'est l'équation des cordes vibrantes. On a immédiatement

$$\bar{\eta} = \frac{1}{2\pi} \int^{+\infty} e^{-irx} \frac{Hq + irh_0 F}{q^2 + i^2 h_0 g} dr \qquad \bar{v}_i = \cdots$$

et

$$\left. \begin{aligned} \bar{\eta} &= \frac{1}{2\pi} \int_{-\infty}^{+\infty} e^{-irx} H \cos r\sqrt{h_0 g}\, t\, dr \\ &+ \frac{1}{2\pi} \sqrt{\frac{h_0}{g}} \int_{-\infty}^{+\infty} e^{-irx} i F \sin r\sqrt{h_0 g}\, t\, dr \end{aligned} \right\} v = \cdots$$

ou en trasformant pour supprimer les parties imaginaires:

$$\eta = \frac{1}{2\pi} \int_{-\infty}^{+\infty} (H' \cos rx + H'' \sin rx) \cos \pi \sqrt{g h_0}\, r\, dr$$

$$+ \frac{1}{2\pi} \sqrt{\frac{h}{g}} \int_{-\infty}^{+\infty} (F' \sin rx - F'' \cos rx) \sin \pi \sqrt{g h_0}\, r\, dr$$

où

$$H' = \int_{-\infty}^{+\infty} \cos rx\, h(x)\, dx \qquad F' = \int_{-\infty}^{+\infty} \cos rx\, f(x)\, dx$$

$$H'' = \int_{-\infty}^{+\infty} \sin rx\, h(x)\, dx \qquad F'' = \int_{-\infty}^{+\infty} \sin rx\, f(x)\, dx$$

Dans le cas où $f(x) \equiv 0$ et où $h(x) \neq 0$ il s'agit d'ondes superficielles par émersion. Si $h(x)$ est nul partout sauf en $x=0$ avec $\lim_{\varepsilon \to 0} \int_{-\varepsilon}^{+\varepsilon} h(x)\, dx = A$ la solution devient:

(1) $$\eta = \frac{A}{\pi} \int_0^{\infty} \cos rx \cos r \sqrt{g h_0}\, t\, dr \qquad v = \cdots$$

Ou compare avec la solution des eaux profondes (Cfr.p.20)

(2) $$\xi = \frac{A}{\pi} \int_0^{\infty} \cos rx \cos \sqrt{rg\, \mathrm{th}\, rh}\, t\, dr$$

Si h se réduit à h_0 (nombre petit) on peut remplacer th (r h) par r h_0 et l'on retombe bien sur la valeur de η .

Nous retrouvons ainsi pour la solution la propriété établie pour les équations différentielles: le cas des eaux-superficielles est bien la limite du cas des eaux profondes.

Si la théorie des eaux superficielles a fait l'object d'un grand nombre d'études, c'est que la résolution d'équations du type hyperbolique est bien plus simple que celle d'équations du type parabolique. Sans doute physiquement, il semble qu'il y a une différence essentielle, les ondes élémentaires correspondant à (2)- que nous avons étudiées au § 9, se meuvent avec dispersion alors qu'il n'en est pas de même de celles correspondant à (1); Soit cos r ($x t \sqrt{g h_0}\, t$), de célérité $\sqrt{g h_0}$; si l'intumescence initiale n'existe qu'à l'origine il faudra une durée t = x/c pour que la surface initiale soit atteinte par l'onde à distance x de l'origine, alors que dans le cas des eaux profondes, l'effet de l'intumescence initiale se fait immédiatement sentir jusqu'à l'infini, mais cet effet ne peut être mesuré parce que la valeur de ξ reste relativement longtemps insensible.

La solution ainsi obtenue se présente sous la forme d'une intégrale de Fourier. On conçoit que si le domaine en x avait été limité (- 1 à +1) la solution aurait eu la forme d'une série trigonométrique parce que le paramètre "r" aurait eu un spectre discret.

Cette solution qui est obtenue par la superposition d'ondes élémentaires est une solution à la Bernoulli. On sait que l'équation des cordes vibrantes admet une autre forme de solution, celle de d'Alembert qui met mieux en évidence les lois de la propagation des ondes dans le cas des équations du type hyperbolique.

L'équation:

$$\frac{\partial^2 \eta}{\partial t^2} = c^2 \frac{\partial^2 \eta}{\partial x^2}$$

admet la solution

$$\eta = \Omega_1(x - ct) + \Omega_2(x + ct)$$

à conditions que les fonctions "arbitraires" Ω_1 et Ω_2 admettent des dérivées secondes. A l'instant t=o on a

$$\Omega_1(x) + \Omega_2(x) = h(x)$$

et d'autre part

$$\frac{\partial \eta}{\partial t} = -h_0 \frac{\partial \nu}{\partial x} = -h_0 f'$$

d'où
$$-c\Omega_1'(x) + c\Omega_2'(x) = -h_0 f'$$

(l'accent représente la dérivée par rapport à x). On arrive ainsi à la solution

$$\eta = \frac{1}{2}\left[h(x-ct)+h(x+ct)\right] + \frac{1}{2}\frac{h_0}{c}\left[f(x-ct)-f(x+ct)\right]$$

(3)

$$\nu = \frac{1}{2}\left[f(x-ct)+f(x+ct)\right] + \frac{1}{2}\frac{g}{c}\left[h(x-ct)-h(x+ct)\right]$$

Ne peut-on arriver à cette solution par les transformées intégrales?

Les transformées de Laplace satisfont à

$$h_0 \frac{d\bar{\nu}}{dx} + q\bar{\eta} = h$$

$$g \frac{d\bar{\eta}}{dx} + q\bar{\nu} = f$$

Résolvons ce système sans appliquer la trasnformation de Fourier. La solution des équations sans second membre est:

$$\bar{\nu} = \nu_1 \exp\left(q\frac{x}{c}\right) + \nu_2 \exp\left(-q\frac{x}{c}\right)$$

$$\bar{\eta} = -\frac{h_0}{c}\left[U_1 \exp(q\frac{x}{c}) - U_2 \exp(-q\frac{x}{c})\right]$$

où $c = +\sqrt{gh_0}$

La solution générale des équations avec second membre est dès lors

$$\bar{V} = \frac{1}{2}\exp(q\frac{x}{c})\left[a + \int_0^\infty \exp(q\frac{x}{c})\left(\frac{h}{h_0} + \frac{f}{c}\right)dx\right] + \frac{1}{2}\exp(-q\frac{x}{c}) \cdot$$

$$\cdot\left[b + \int_0^\infty \exp(q\frac{x}{c})\left(\frac{h}{h_0} - \frac{f}{c}\right)dx\right]$$ de même $\bar{\eta} = ..$

Il faut que cette solution reste finie pour x tendanr vers $+\infty$ le crochet de la première ligne doit dès lors tendre vers zéro d'où

$$a + \int_0^\infty \exp(-q\frac{v}{c})\left(\frac{h}{h_0} + \frac{f}{c}\right)dx = 0$$

de même le crochet de la seconde ligne doit tendre vers zéro si "x" tend vers $-\infty$. Dès lors

$$\bar{V} = \frac{1}{2}\int_x^\infty \exp q\,\frac{x-\xi}{c}\left(\frac{h(\xi)}{h_0} - \frac{f(\xi)}{c}\right)d\xi$$

$$+\frac{1}{2}\int_{-\infty}^{x} \exp q\,\frac{\xi - x}{c}\left(\frac{h(\xi)}{h_0} - \frac{f(\xi)}{c}\right)d\xi$$

Transformons la première intégrale en posant

$$\xi - x = c\ t$$

et la deuxième en posant

$$x - \xi = ct$$

il vient

$$\bar{V} = -\frac{1}{2}\frac{c}{h_0}\int_0^\infty e^{-qt}\left[h(x+ct) - h(x-ct)\right]dt$$

$$+\frac{1}{2}\int_0^\infty e^{-qt}\left[f(x+ct) + f(x-ct)\right]dt$$

comme $\bar{\nu} = \int_0^\infty e^{-qt} \nu dt$

l'inversion est immédiate et donne bien (3)

Remarques:

1) Il est évident que les sommes infinies comme (1) p.82 ne sont pas convergentes. On ne peut obtenir directement la valeur numérique de solutions écrites sous la forme d'intégrales de Fourier semblables à (1) alors que les solutions (3) p.83 donnent immédiatement la valeur désirée.

2) Les équations des discontinuités se semplifient lorsqu'on suppose les équations linéaires, c.a.d. ν et η petits avant et après le choc. On trouve aisément les relations suivantes:

$$c' = u_0 + \nu_2 \pm \sqrt{gh_0}\left(1 - \frac{3}{4}\frac{\eta_1}{h_0} - \frac{1}{4}\frac{\eta_2}{h_0}\right)$$

(4)

$$\nu_2 - \nu_1 = \pm\sqrt{gh_0}\,\frac{\eta_2 - \eta_1}{h_0}$$

Comme ν et η sont infiniment petits $c = \sqrt{gh_0}$ comme nous l'avions énoncé, si u_0 est nul.

Le signe du radical doit être choisi par la règle de Massau (p.77).

§ 21. Variants intégraux.

La conservation du volume du fluide incompressible a pour conséquence que, à tout instant

$$\int_{-\infty}^{+\infty} \eta(x,t)\,dx = \int_{-\infty}^{+\infty} h(x)\,dx$$

dans le cas où le domaine x s'étend de $-\infty$ à $+\infty$.

A coté de cet invariant intégral, il existe une infinité d'autres intégrales qui varient en fonction du temps suivant des lois connues à priori.

Effectuons les transformées de Fourier

$$V = \int_{-\infty}^{+\infty} e^{ipx} \nu \, dx$$

$$W = \int_{-\infty}^{+\infty} e^{ipx} dx$$

Les équations (p.86) donnent dans le cas où $u_0 = 0$

$$(I) \qquad \begin{aligned} &\frac{dW}{dt} + h_0 \left(e^{ipx} \nu \right)_{-\infty}^{+\infty} - ip h_0 V = 0 \\ &\frac{dV}{dt} + g \left(e^{ipx} \eta \right)_{-\infty}^{+\infty} - ipg W = 0 \end{aligned}$$

les termes tout intégrés sont nuls par hypothèse. On en déduit immédiatement que

$$W = \int_{-\infty}^{+\infty} e^{ipx} h \, dx \cos pct + \frac{i h_0}{c} \int_{-\infty}^{+\infty} e^{ipx} f \, dx \sin pct$$

et

$$V = \frac{ic}{h_0} \int_{-\infty}^{+\infty} e^{ipx} h \, dx \sin pct + \int_{-\infty}^{+\infty} e^{ipx} f \, dx \cos pct$$

On obtient les divers variants en développant en série de puissances de p les différentes fonctions et en égalant les coefficients des mêmes puissances. Posons:

$$V = \sum \frac{(ip)^n}{n!} V_n$$

$$W = \sum \frac{(ip)^n}{n!} W_n$$

où

$$V_n = \int_{-\infty}^{+\infty} x^n \nu \, dx$$

$$W_n = \int_{-\infty}^{+\infty} x^n \eta \, dx$$

On a

$$V_n = \frac{c}{h_0} \left[(n-1)ct \int_{-\infty}^{+\infty} x^{n-1} h \, dx - \frac{n!(ct)^3}{3!(n-3)!} \int_{-\infty}^{+\infty} x^{n-3} h \, dx + \cdots \right] +$$

$$+\int_{-\infty}^{+\infty} x^n f\,dx + \frac{n!(ct)^2}{2!(n-2)!}\int_{-\infty}^{+\infty} x^{n-2} f\,dx + \cdots$$

et
$$W_n = \int_{-\infty}^{+\infty} x^n h\,dx + \frac{n!(ct)^2}{2!(n-2)!}\int_{-\infty}^{+\infty} x^{n-2} h\,dx + \cdots$$

$$+\frac{h_0}{c}\left[(n-1)ct\int_{-\infty}^{+\infty} x^{n-1} f\,dx + \frac{n!(ct)^3}{3!(n-3)!}\int_{-\infty}^{+\infty} x^{n-3} f\,dx + \cdots\right]$$

On a donc

(1)
$$\int_{-\infty}^{+\infty}\eta\,dx = \int_{-\infty}^{+\infty} h\,dx$$

(2)
$$\int_{-\infty}^{+\infty} x\eta\,dx = \int_{-\infty}^{+\infty} x h\,dx$$

(3)
$$\int_{-\infty}^{+\infty} x^2\eta\,dx = \int_{-\infty}^{+\infty} x^2 h\,dx + (ct)^2\int_{-\infty}^{+\infty} h\,dx + h_0 t\int_{-\infty}^{+\infty} x f\,dx$$

et de même:

(4)
$$\int_{-\infty}^{+\infty}\nu\,dx = \int_{-\infty}^{+\infty} f\,dx$$
$$\int_{-\infty}^{+\infty} x\nu\,dx = \int_{-\infty}^{+\infty} x f\,dx \qquad \text{etc...}$$

On peut ainsi calculer de poche en poche. Il résulte de (III) que

$$\frac{dW_n}{dt} - n h_0 V_{n-1} = 0$$

$$\frac{dV_n}{dt} - n g W_{n-1} = 0$$

d'où
$$\frac{d^2 W_n}{dt^2} - n(n-1)\frac{g}{h_0} W_{n-2} = 0 \quad \ldots.$$

La relation (1) traduit comme nous l'avons déjà dit la conservation du volume. Les autres relations peuvent aussi recevoir une interprétation; ainsi (2) qui correspond au moment statique par rapport à l'origine des η indique que le centre de masse reste immobile, ce qui pouvait être prévu par raison de symétrie.

La rélation (3) montre que le moment d'inertie de l'intumescence par rapport à l'origine est une forme quadratique du temps.

La relation (4) exprime la conservation de la quantité de mouvement suivant l'axe x. Les autres relations qui font intervenir des variants d'ordre supérieur correspondent à des moments que l'on n'a pas contume de considérer.

Il n'en est pas moins vrai que la suite complète des variants permet de calculer V et W et par inversion ν et η . Leur connaissance revient donc à celle de la solution du problème.

On pouvait s'en douter puisque dans le cas d'un domaine fini ($-1 \leq x \leq +1$) les variants intégraux ne sont pas les moments mais les paramètres normaux du problème (Cfr. p.58)

Nous ferons enfin remarquer que l'on peut vérifier immédiatement les lois de variation en fonction du temps.

Démontrons par exemple que

$$W_1 = \int_{-\infty}^{+\infty} \eta\, dx$$

est constante dans un problème où à l'instant initial il y a une surélévation η uniquement de a_0 à b_0. A l'instant t les discontinuités seront en $b > b_0$ et $a < a_0$. Le variant W_1 vaut donc

$$W_1 = \int_a^b \eta \, dx$$

On a

$$\frac{dW_1}{dt} = \int_a^b \frac{\partial \eta}{\partial t} dx + \frac{db}{dt}\eta_b - \frac{da}{dt}\eta_a$$

Mais en vertu de l'équation

$$\frac{\partial \eta}{\partial t} + h_o \frac{\partial v}{\partial x} = 0$$

l'intégrale du second membre est égale à

$$-h_o \int_a^b \frac{\partial v}{\partial x} dx = -h_o v_b + h_o v_a$$

Le variant W_1 est bien constant parce que

$$\frac{db}{dt} = h_o \frac{v_b}{\eta_b} \qquad \frac{da}{dt} = h_o \frac{v_a}{\eta_a}$$

déduit des équations p.86

On vérifie ainsi, et l'on généraliserait sans peine, que les discontinuités ne modifient pas les propriétés des variants.

Observation: Il n'est pas question dans cet exposé d'épuiser le problème des eaux superficielles.

Stokes a montré comment par approximations successives on peut chercher à améliorer la solution obtenue par linéarisation.

U. Reynolds a observé la célèbre phénomène de l'onde solitaire auquel de nombreux mémoires ont été consacrés sans épuiser la question.

TABLE DES MATIERES

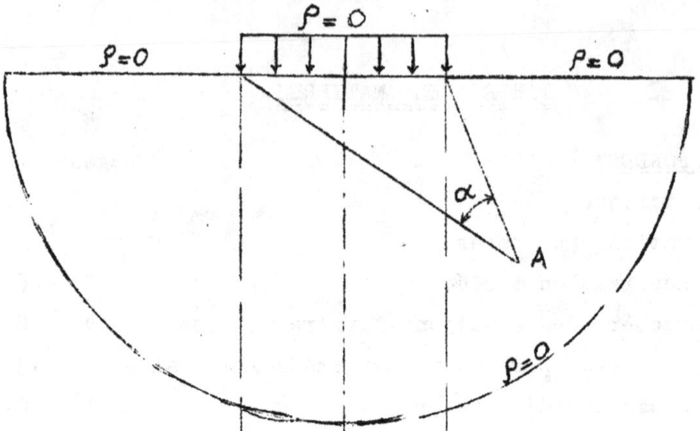

Fig. 1

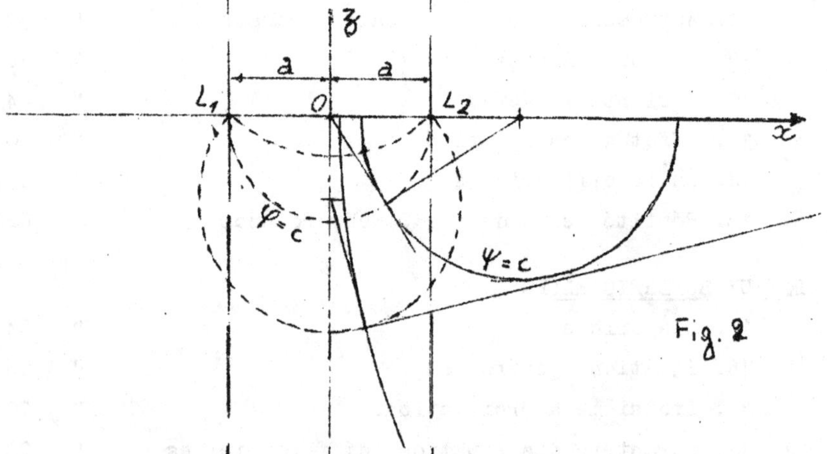

Fig. 2

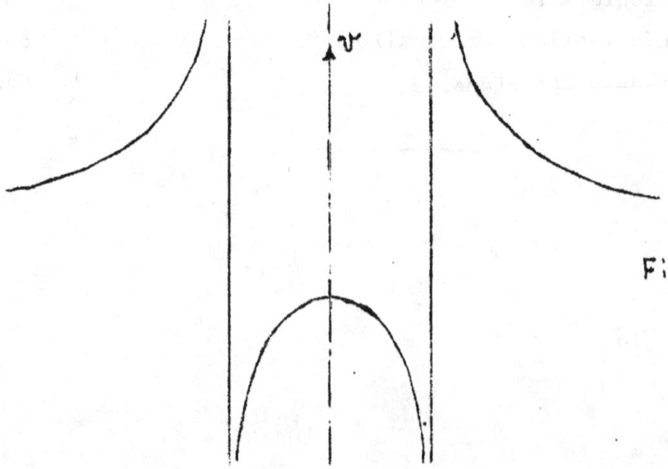

Fig. 3

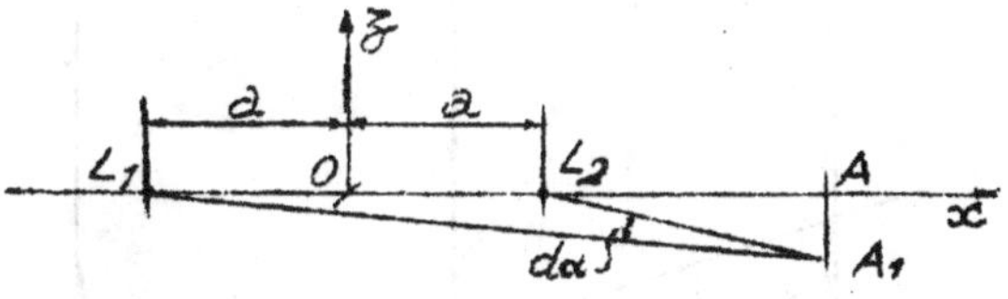

Fig. 4

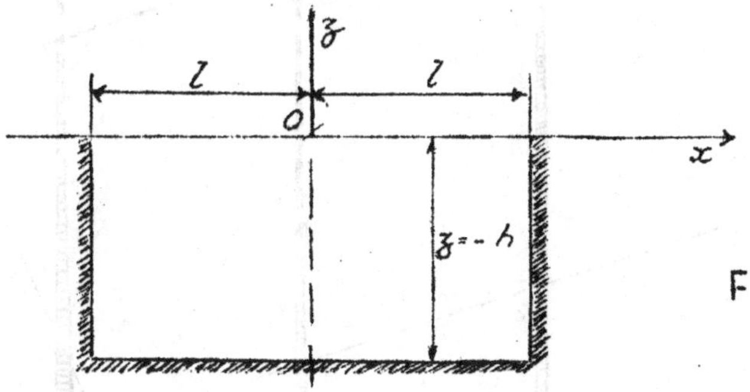

Fig. 5

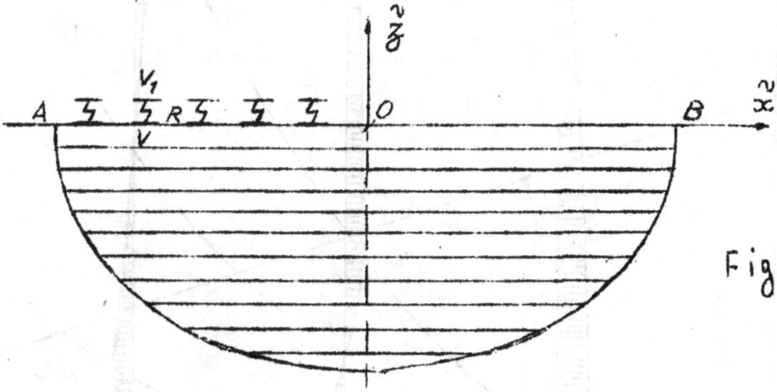

Fig. 8

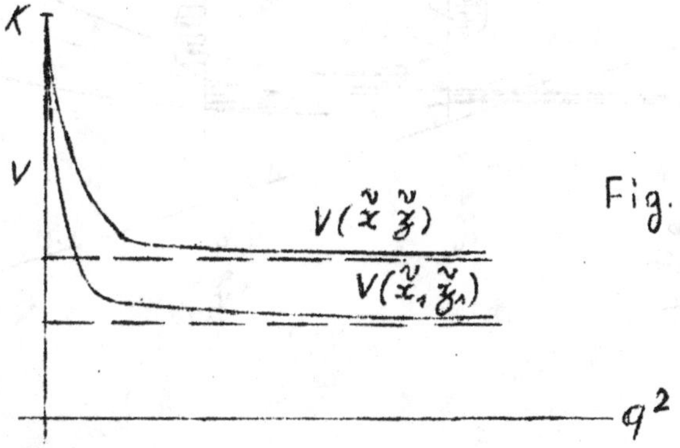

Fig. 9

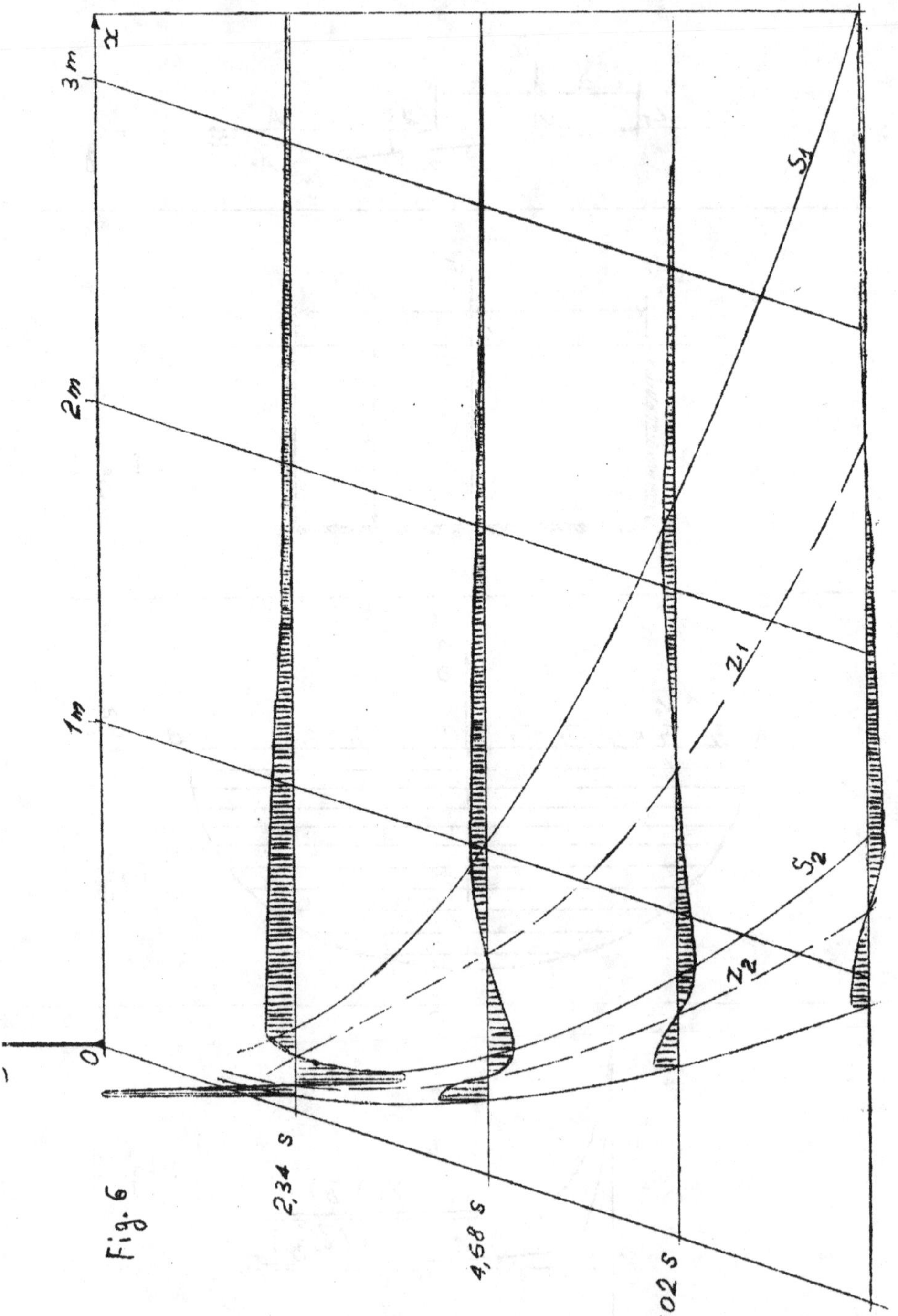

Fig. 6

Fig. 10

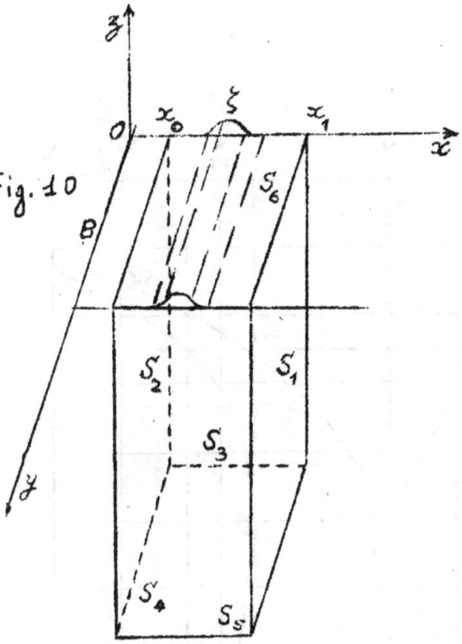

Fig. 11

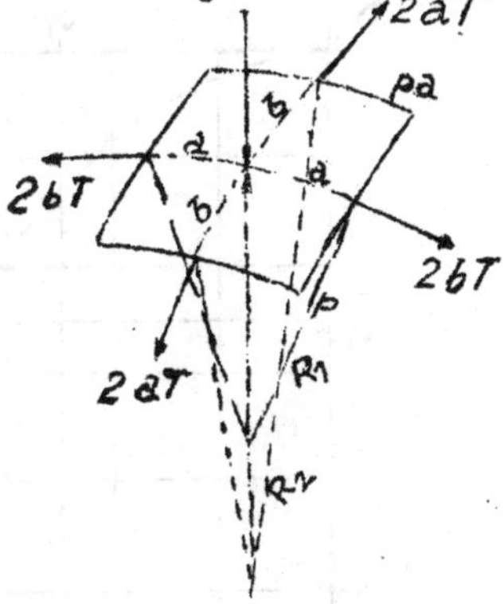

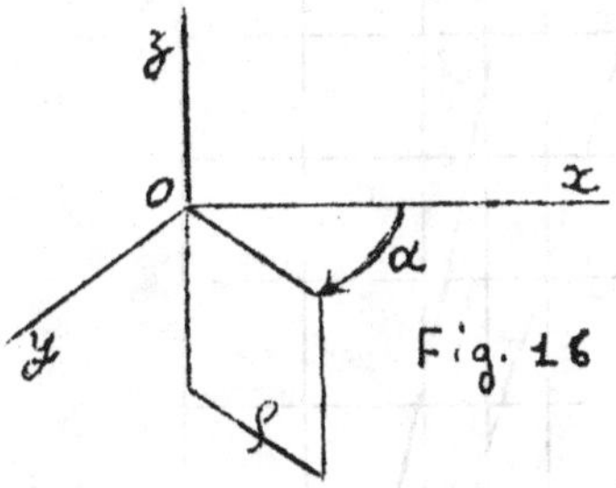

Fig. 16

Fig. 17

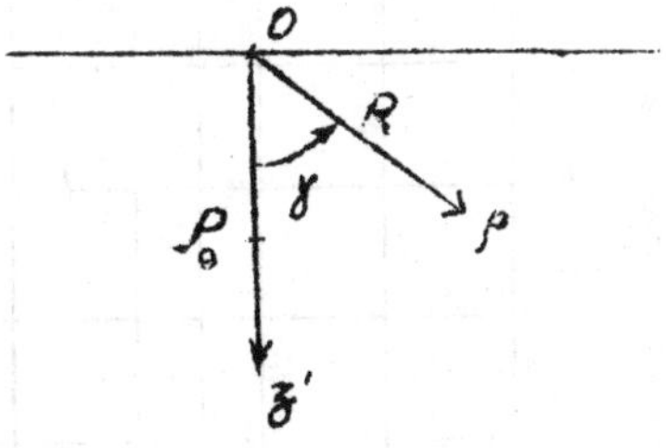

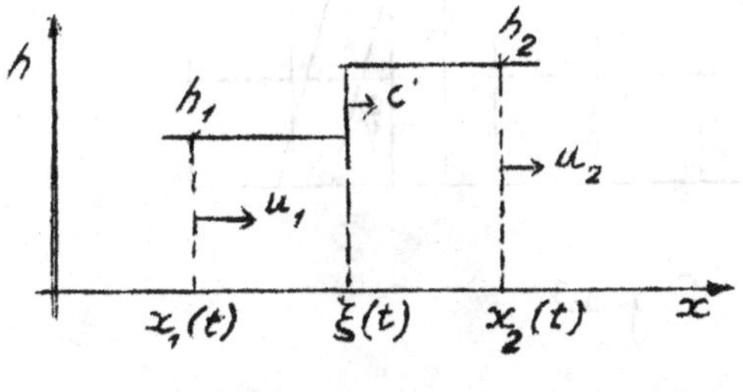

Fig. 20

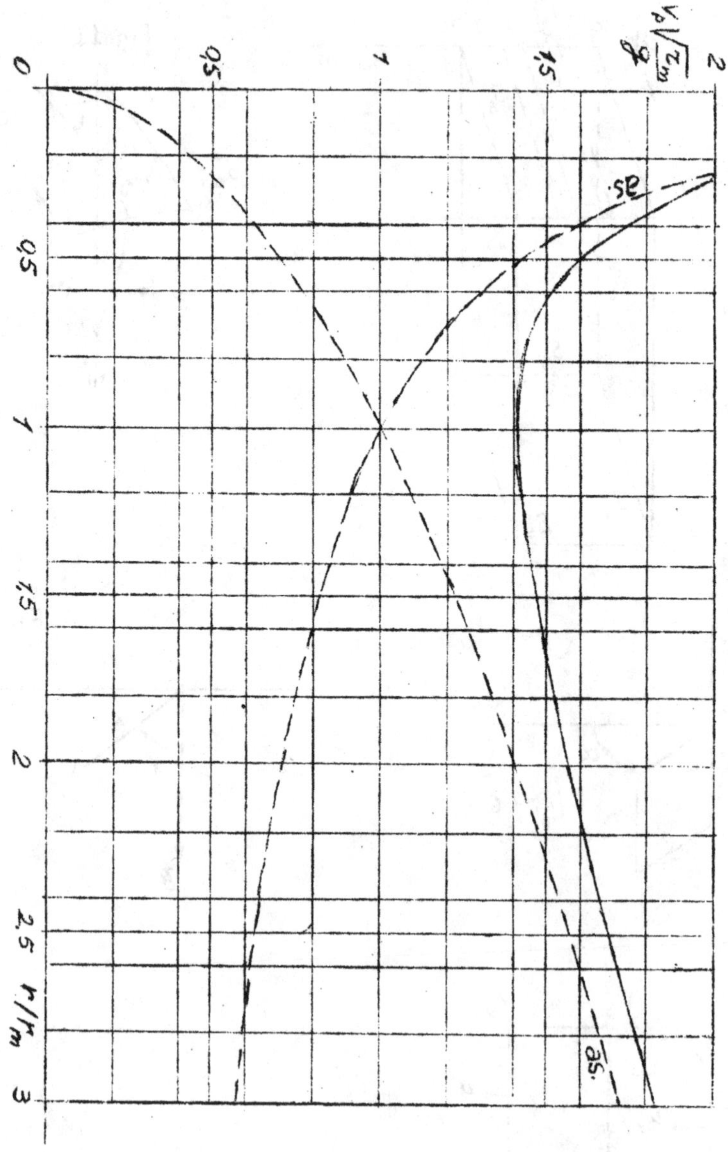

Fig. 12

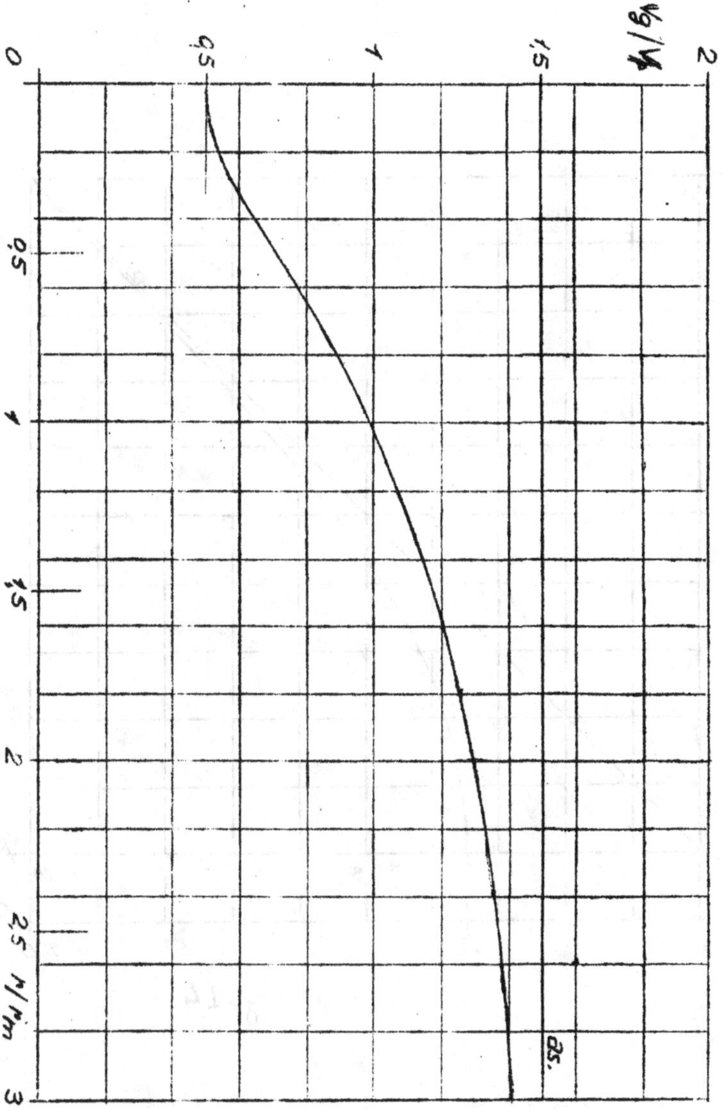

Fig. 13

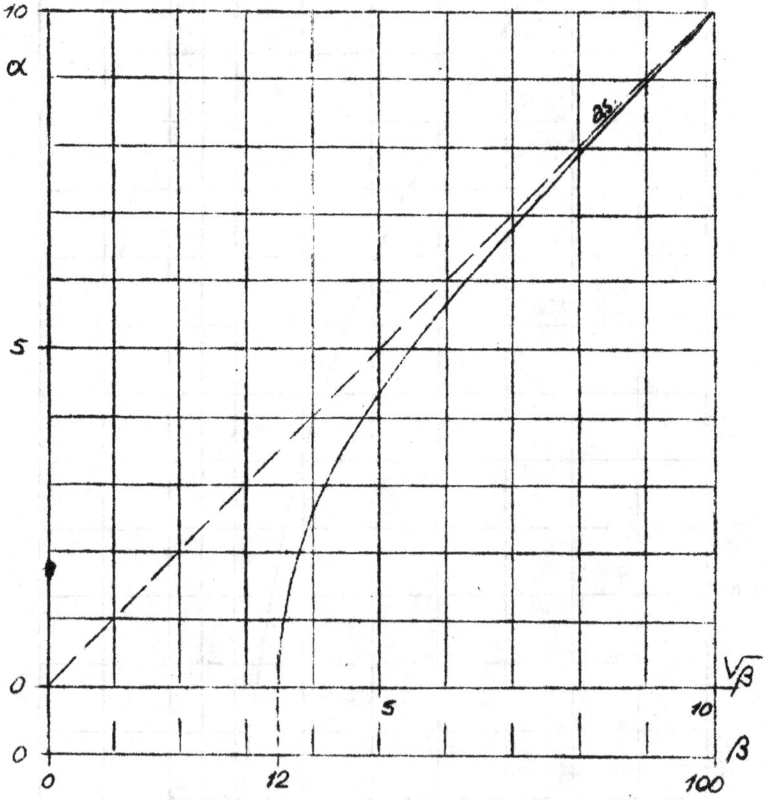

Fig. 14

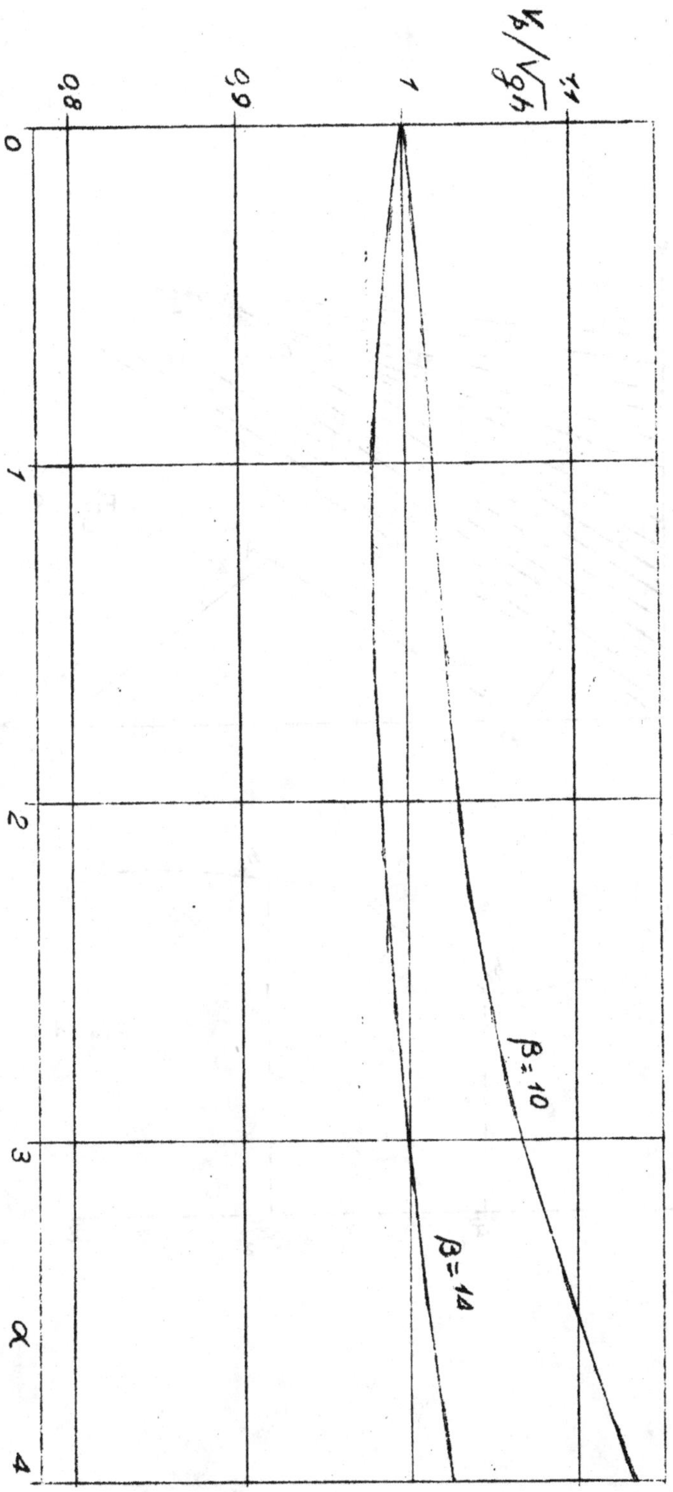

Fig. 15

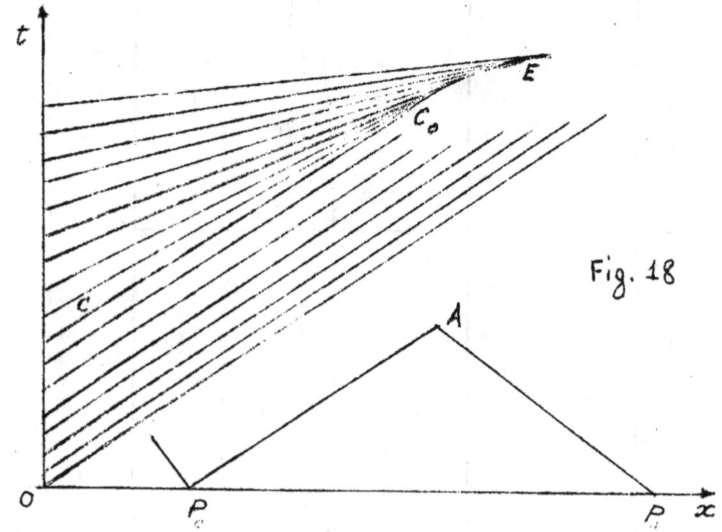

Fig. 18

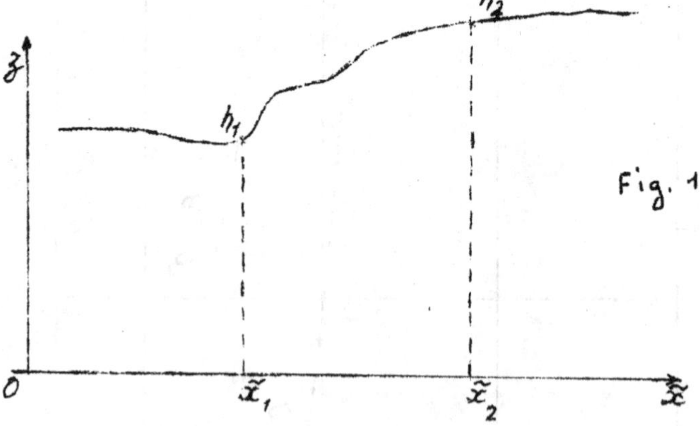

Fig. 19

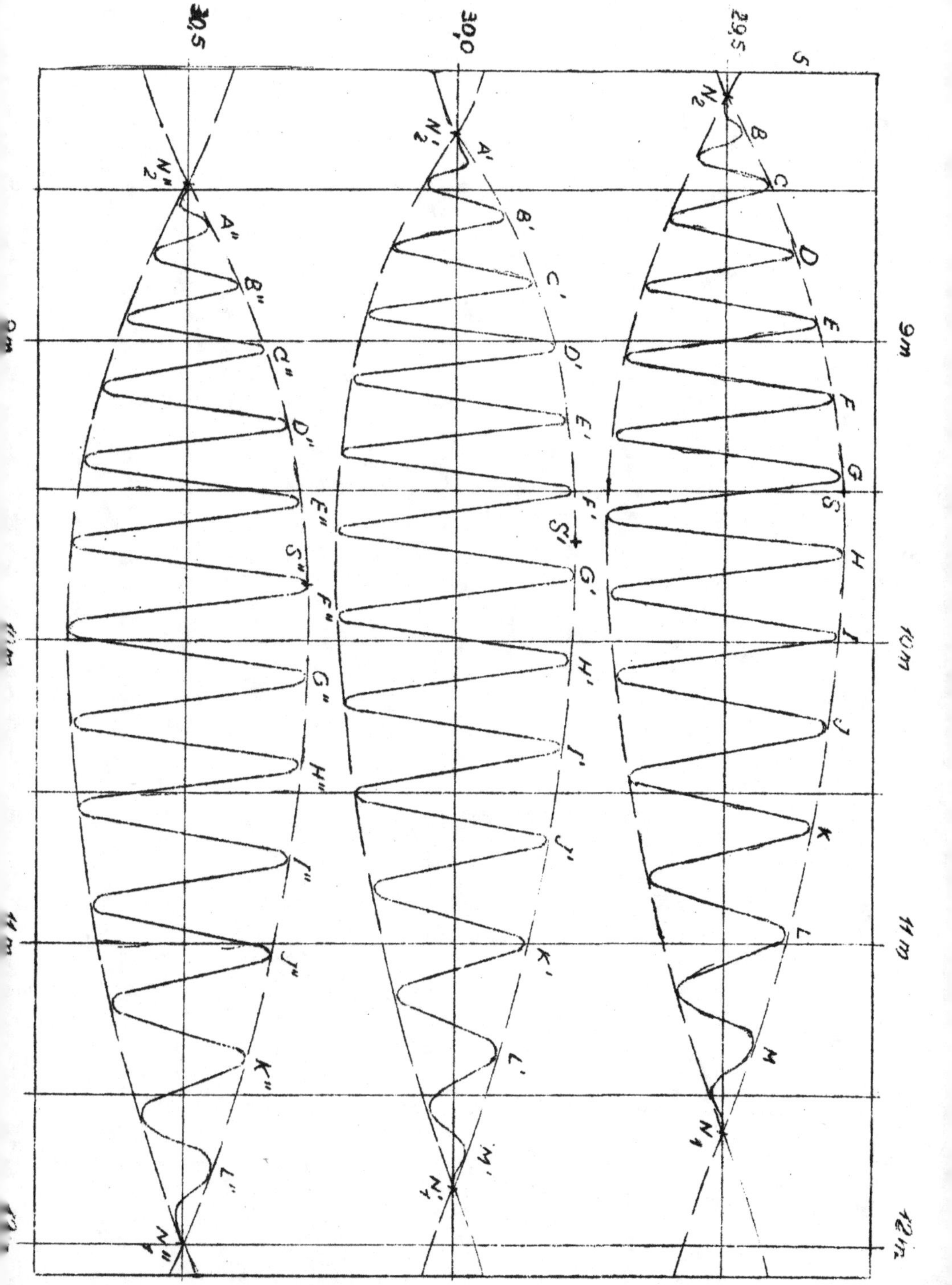

Fig. 7